U0898000

职业教育数字媒体技术应用专业系列教材

三维数字展示制作项目教程

——3ds max

主　编　周永忠
副主编　刘兰迎　沈聪聪
参　编　刘峰波　何颖佳　刘佰畅

机　械　工　业　出　版　社

本书是职业教育数字媒体技术应用专业系列教材。本书共分3个学习单元，包括岗前培训和10个项目。学习单元1为产品设计，主要介绍产品模型的建造、材质和灯光的制作；学习单元2为广告设计，主要介绍室内外广告模型建造和电影、电视广告的制作，包括贴图、灯光和基础动画的制作；学习单元3为场景制作，主要介绍室内外环境的建造、环境贴图和摄影机的使用。

全书以项目实施的教学法，以真实项目为例，让读者以设计人员的身份直接参与到项目的实施中，在完成项目实施的过程中掌握3ds Max的使用，以尽快上岗实践。

本书适合各职业院校数字媒体技术应用专业的学生和广大三维动画展示制作爱好者自学使用。

为方便学生学习和教师教学，本书配电子课件及素材，读者可登录机械工业出版社教育服务网（www.cmpedu.com）免费注册下载或联系编辑（010-88379194）咨询。

图书在版编目（CIP）数据

三维数字展示制作项目教程—3ds max/周永忠主编.
—北京：机械工业出版社，2016.1（2022.2重印）
职业教育数字媒体技术应用专业系列教材
ISBN 978-7-111-52667-4

Ⅰ.①三… Ⅱ.①周… Ⅲ.①三维动画软件—职业教育—教材
Ⅳ.①TP391.41

中国版本图书馆CIP数据核字（2016）第001575号

机械工业出版社（北京市百万庄大街22号 邮政编码100037）
策划编辑：梁 伟 责任编辑：蔡 岩
责任校对：马丽婷 封面设计：鞠 杨
责任印制：常天培
北京机工印刷厂印刷
2022年2月第1版第3次印刷
184mm×260mm・14.25印张・317千字
2001—2500册
标准书号：ISBN 978-7-111-52667-4
定价：46.00元

电话服务 网络服务
客服电话：010-88361066 机 工 官 网：www.cmpbook.com
010-88379833 机 工 官 博：weibo.com/cmp1952
010-68326294 金 书 网：www.golden-book.com
封底无防伪标均为盗版 机工教育服务网：www.cmpedu.com

职业教育数字媒体技术应用专业系列教材编写委员会

前　言

3D Studio Max 简称为3ds Max，是Autodesk公司开发的基于个人计算机系统的三维动画制作软件，同时也是目前应用最广泛的三维动画制作软件之一，被广泛应用于产品设计、动漫游戏、建筑设计、室内设计、影视制作等。

为了能使设计人员在短时间内掌握3ds Max的使用操作，本书以项目实施的教学方法，直接以项目来贯穿全文，让读者既能马上完成一个项目，又能掌握3ds Max的操作技能。在设计项目时，展现的是真实工作中可能遇到的实际工作情境，让设计人员尽量贴近将来工作中可能遇到的情况，进入到工作角色中开展后续的学习，同时让设计人员学会与客户沟通、分析客户需求等方法。

本书内容除可满足培养学生学习3ds Max基本操作技能及动画设计基本知识的需求外，还具有以下特色。

1）项目实施贴近工作环境。

2）除了少数教师讲授的内容之外，所有以学生动手为主的项目都给出了任务要求及实施过程等内容，具有较好的教学操作性。

3）练习丰富有趣，实用性强。

4）在保障教学内容完整性的基础上，注重对学生综合素质的培养，特别是使学生具备“数字动画技术人员基本素质”的培养。

本书的主要内容如下。

岗前培训：帮助读者尽快掌握动画制作的步骤，熟悉3ds Max的操作环境，为开展项目的制作做好准备。

学习单元1　产品设计：通过5个项目的实施过程，掌握3ds Max基本操作、基本建模和修改、基本动画制作的方法。

学习单元2　广告设计：通过2个项目的实施过程，掌握动、静态广告牌的设计与动态电视广告的设计方法。

学习单元3　场景制作：通过3个项目的实施过程，掌握室内外场景的设计和展柜的设计方法。

本书建议采用工学结合的方式教学，建议学时为68学时。具体学时分配如下：

单　元	项　目	建议学时
岗前培训		2
学习单元1　产品设计	项目1　设计花瓶	2
	项目2　制作闹钟	4

（续）

单　元	项　目	建议学时
学习单元1　产品设计	项目3　制作双层对开式窗帘	4
	项目4　设计读书吧	6
	项目5　设计水果盘	6
学习单元2　广告设计	项目6　制作广告牌	6
	项目7　设计电影片头和广告片	6
学习单元3　场景制作	项目8　设计会议室场景	12
	项目9　设计花园	12
	项目10　制作展柜	8
合　计		68

本书由周永忠担任主编，刘兰迎、沈聪聪担任副主编。参与编写的还有何颖佳、刘佰畅、刘峰波。其中岗前培训、项目1、项目4、项目5、项目7由广州市电子信息学校的周永忠老师编写，项目2、项目3、项目10由汕头市澄海职业技术学校的刘兰迎老师编写，项目6由广州市电子信息学校的刘峰波老师编写，项目8由深圳市第二职业技术学校的刘佰畅老师编写，项目9由广州市电子信息学校的何颖佳老师编写。

由于计算机技术发展迅速，加上编者水平和经验有限，书中难免有不妥和错误之处，敬请读者批评指正。

编　者

目　录

岗前培训

一、三维数字展示

三维制作包含三维图像和三维动画的制作，三维图像和动画与平面的相比更加逼真，尤其是三维全景动画展示让人们的交流更加直观生动、效率更高。以产品宣传动画为例，三维制作可对产品的全局和细节作出高度模拟，真实、立体、直观地向观看者展示产品的信息，并可根据客户的要求对产品特色、产品优势、产品结构以及在产品操控、安装、拆卸、维修等方面做出突出表现，突破以往无法拍摄产品内部结构，单靠文字和CAD图纸说明的瓶颈，将产品以动画视频的形式清晰直观地呈现给客户，加深观看者对产品的了解，是企业数字化营销良好的推广媒介。现在，三维数字制作已广泛应用于产品、房地产、旅游景点、家具展厅、博物馆、校园、开发区、医疗卫生等方面的展示。

三维数字展示作品既可以单独采用三维制作软件来产生，也可以是采用三维制作软件及影视后期处理软件联合来制作。由于学时的限制，根据教学计划，本书只介绍独立采用三维软件来制作三维数字展示作品。

三维制作属于CG（Computer Graphics，电脑图形）行业的范畴。其核心意思为数码图形。随着时代的发展，CG的含义有所拓展，现在人们将利用计算机技术进行视觉设计和生产的领域通称为CG。CG行业已经形成一个可观的电脑视觉艺术创意型经济产业。

CG制作的软件可简单地分为平面软件、三维软件、后期软件和其他软件等。三维制作软件主要有3ds max、Maya、XSI、Lightwave、C4D、HuDini等，其中3ds max和Maya相对来讲比较常用。

3ds max是全球用户使用最多的三维制作软件，易上手，针对行业广泛，插件强大，制作效率较高，正如它的广告语所讲：在最短的时间内制作出令人惊叹的3D作品。3ds max的缺点是它的特效表现力较弱，几乎都要依靠插件来完成。

Maya的功能强大，表现真实，它是团体配合和动画片制作的首选软件，但它不易上手，支持该软件的优秀插件较少。学习Maya通常最好是先有3ds max的基础。

现在，各行业需求三维制作的人才越来越多，这是我们的良好机遇。然而，社会对三维制作人才的要求也很高。粗略而言，一是技术要求：我们至少要熟练掌握一种常用的三维制作软件，具有一定的美术基本功，具有健康的、积极的、开放的、包容的审美观；二是基本素质的要求：具有良好的道理品德，较强的交流能力、创新能力、实践能力，具有良好的团队合作精神。因此，在本课程的学习过程中，既要提升自己的美术兴趣、注重软件技术的学习，也要注重自身基本素质的养成。

二、三维演示动画制作流程介绍

1. 前期准备

1）与客户一起探讨制作的内容和制作背景、制作目的。

2）依据客户的设想，提供初步的项目规划建议以及预算。

3）客户提供详细的产品资料，包括图纸，图片等介绍。

4）确定制作意向，签订合同，收取预付款。

5）制订详细的创意方案、生产计划书，交付给客户确认。

2. 进入制作

项目由一个制作团队的人员来共同完成，人员主要分为建模和动画两个小组。

（1）文案脚本策划

根据客户要求，制作出创意文案与客户沟通并通过确认。依据创意文案，绘制出分镜头脚本。

（2）3D建模

建模组根据客户提供的资料，制作出动画所需的模型。建模人员将完成的模型输出成单帧图片，提交客户确认。

（3）动画设定

动画组根据分镜头脚本，开始制作动画镜头。动画人员将完成的动画输出成“小样”，提交给客户确认。

（4）材质灯光调配

根据产品风格定位，由灯光师对动画场景打光亮、描绘、调节材质，结合产品的自身特点进行材质及灯光的调配。

（5）3D特效

根据动画需求，由特效师制作3D特效如水、烟、雾、火、光效的表现方法。

（6）渲染输出

动画、灯光制作完成后，由渲染人员根据后期合成师的意见把各镜头文件分层渲染，输出合成用的图层和通道。

（7）配音配乐

根据动画需要，由专业配音师根据解说词（配音稿）配音，并配上合适的背景音乐和各种音效。

（8）后期剪辑

后期人员将渲染好的各图层影像合成、校色，并根据脚本的内容及客户的意见剪辑，最终输出完整的成片。

3. 产品交付

填写产品交付确认单，并与客户沟通后续服务的内容。

三、3ds Max 2014的基本介绍

3ds max是应用于PC平台的三维建模、动画和渲染软件。使用3ds max可以很方便地在个人计算机上快速创建专业品质的 3D 模型、照片级真实感的静止图像以及电影品质的动画。通过3ds max软件可以很容易地制作出几乎所有见过和想像到的对象，并把它们放入经过渲染的类似真实场景中，从而创造出一个美丽的3D世界。

本书使用的是3ds max 2014版本。与学习其他软件一样，要想精通并灵活地应用3ds max 2014，首先应该从其基本操作入手。本任务就是全面认识3ds max 2014的操作界面和基本要素，为接下来的学习打下基础。

3ds max 2014界面如图0–1所示。

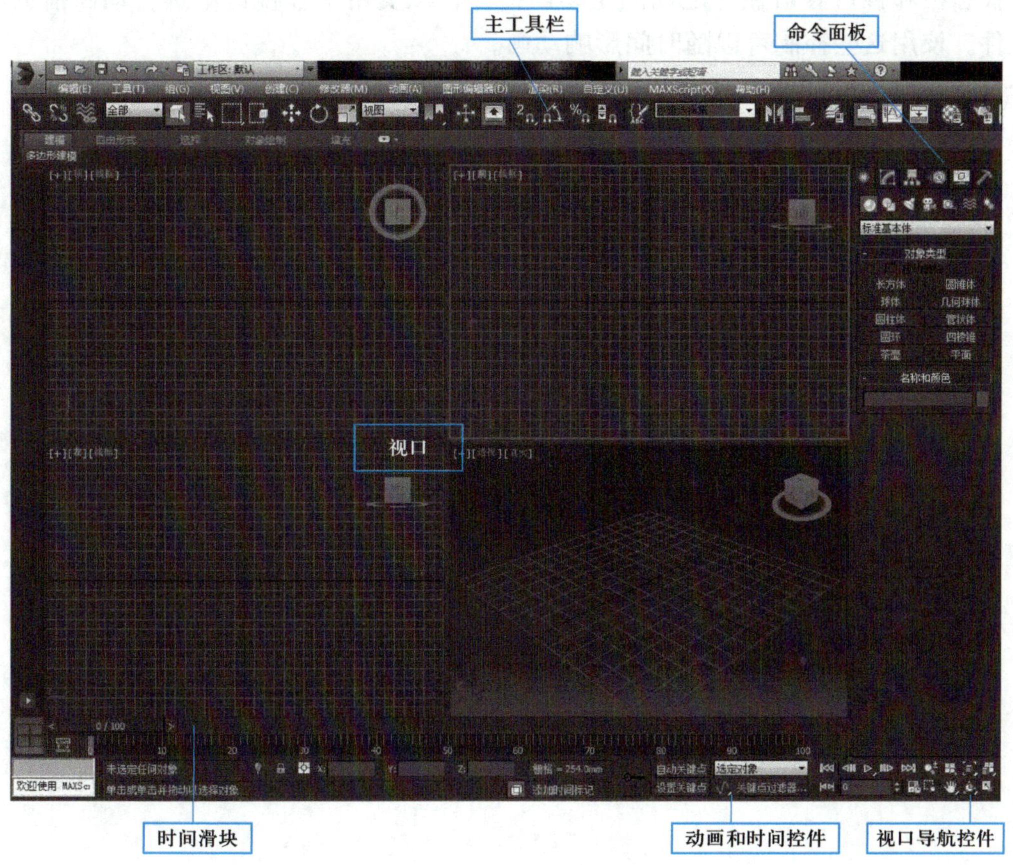

图0–1 3ds max 2014界面

(1) 主工具栏

通过主工具栏可以快速访问 3ds max 中用于执行很多常见任务的工具和对话框。

(2) 命令面板

命令面板由6个用户界面面板组成，使用这些面板可以访问 3ds max 的大多数建模功能，以及一些动画功能、显示选择和其他工具。要在不同的面板之间切换，请单击其各自命令面板顶端的选项卡。

(3) 视口

启动 3ds max后，主屏幕包含4个视口，分别从不同角度显示场景。可以设置视口以显示场景的简单线框或明暗处理的视图，也可以利用高级且易于使用的预览功能（如“阴影”（硬边或软边））、“曝光控制”和“环境光阻挡”以实时显示高度真实、近似渲染的结果。

(4) 时间滑块

时间滑块允许用户沿时间轴导航，并跳转到场景中的任意动画帧。可以选择“时间滑块”并单击鼠标右键，从弹出的快捷菜单中选择“创建关键点”命令，在打开的“创建关键点”对话框中选择所需的关键点，快速设置位置和旋转或缩放关键点。

(5) 动画和时间控件

状态栏和视口导航控件之间的是动画控件，以及用于在视口中进行动画播放的时间控件。使用这些控制可以随时间影响动画。

(6) 视口导航控件

使用这些按钮可以在视口中导航场景。

学习单元1 产品设计

单元概述

本单元通过完成5个项目，学习3ds Max从二维图形的绘制到三维模型的建造过程。在二维建模中，需要掌握点、线、面的绘制与修改等操作；在三维建模中，需要掌握几何体的建立、修改和变形等操作。学习不同的建模方法，包括基础建模、放样建模、合成建模、修改建模和复制建模等方法。通过本单元的学习，希望读者在掌握3ds Max的基本操作的基础上可以举一反三、融会贯通，大胆地发挥想像力，设计出高质量的产品模型。

学习目标

（1）知识目标

- 认识和掌握3ds Max中点、线、面的概念与操作方法。
- 掌握创建二维模型命令的使用，熟悉二维模型编辑和修改的方法。
- 掌握创建三维模型命令的使用，熟悉三维模型编辑和修改的方法。
- 掌握基础建模、放样建模、合成建模、修改建模和复制建模等方法。

（2）技能目标

- 熟练地进行3ds Max的基本操作。
- 掌握二维模型的建立、编辑和修改操作的方法。
- 掌握三维模型的建立、编辑和修改操作的方法。
- 掌握并能熟练一些基本的修改模型的方法，包括Lathe（旋转）、Loft（放样）、Extrude（拉伸）、Bevel（倒角）建模等。

（3）情感目标

- 严谨求实，培养学生良好的学习习惯与职业道德。
- 分组实训，互帮互教，培养学生的团队协作能力和沟通能力。
- 培养学生的审美情趣和艺术修养，感受艺术与美的熏陶，在科技与艺术所营造的现代艺术设计过程中享受成功与快乐。

项目1 设计花瓶

花瓶的设计草图如图1-1所示。

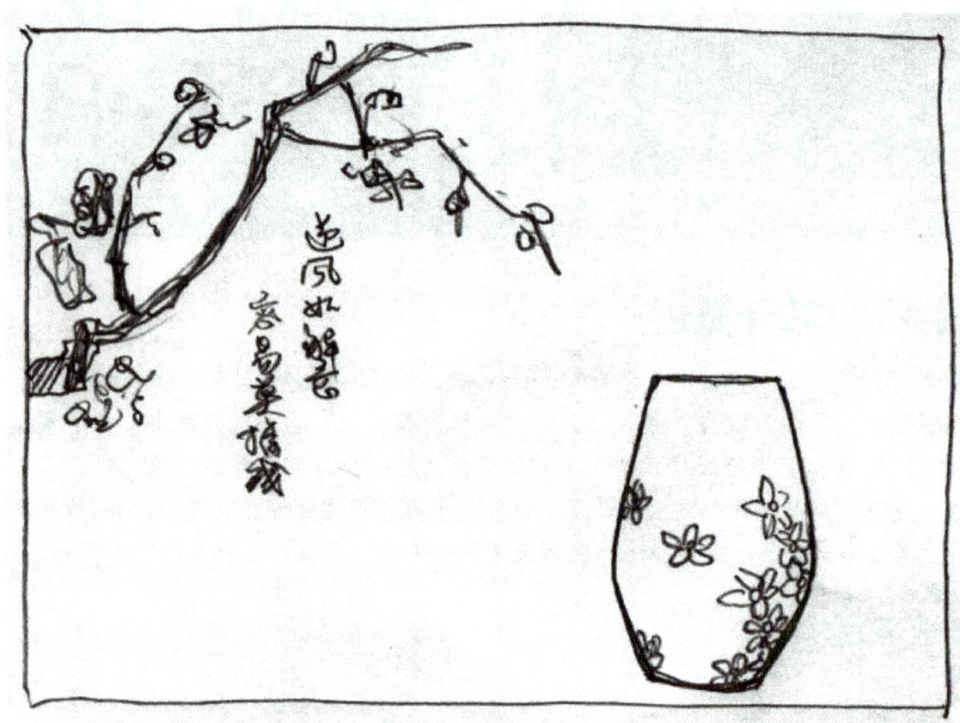

图1-1 设计草图

项目描述

本项目要完成一个花瓶的设计，这里将分成4个任务来完成本项目。第一个任务是：绘制花瓶的截面曲线。产品的设计一般都是从线条开始绘制，再把二维的线条变为三维的作品。所以先要完成基本的线条绘制。第二个任务是：生成花瓶。在第一个任务的基础上，把绘制好的线条变成三维图形，从而形成三维的花瓶图形。第三个任务是：给花瓶增加材质、添加质感。第四个任务是：渲染出花瓶的效果图交给客户，并与客户分享设计理念。

一般客户的要求有两种：一种是设计一个全新的产品，要产生多种效果图供客户选择使用。这种方式需要详细了解和尊重客户的需求，在设计过程中及时与客户沟通，让客户了解设计理念，最后设计出多个效果图供客户选用。客户确定某个（些）效果图后如还需修改，则再进一步对作品进行完善和优化，直到客户满意为止。另一种是客户已有现成的产品，要求绘制出该产品的三维效果图，以便用于宣传或存档。

这种情况下就必须还原产品的真实效果，必要时还要使用其他技术手段，比如，拍摄、扫描等。

任务1 绘制花瓶截面曲线

任务分析

在设计三维产品时，首先需要分析产品的规律性。比如，是否对称，是否规整，与3ds Max中现有的基本图形是否接近？如果接近，则可以利用现有的基本图形进行修改，这样就可以用更快更完美的方式去完成任务。本任务是设计花瓶，如果不是艺术花瓶，则一般都是对称的，因此，只要绘制出花瓶的一半截面图，就可以利用3ds Max中有关对称的功能来完成三维的花瓶图形，能达到事半功倍的效果。

任务实施

初次接触3ds Max绘画，请跟着老师的笔迹耐心地完成。如果不满意，一定要删除重新做。经过多次练习，一定能够熟练地使用3ds Max来绘画。

1. 准备工作：打开栅格捕捉、视口呈单屏显示

在用线绘制草图的时候，为了能精确地接近草图，可以设定并打开栅格捕捉，系统此时会把定位点锁在栅格点上运动。这种方法最适合初学者，帮助初学者在视口中准确定位。

步骤1：单击屏幕左上角的按钮，在菜单中单击（重置）命令按钮，重新设定系统。

步骤2：激活前视图（用鼠标在前视图上点一下），单击屏幕右下角的（最大化视口切换）按钮，使前视图呈单屏显示。

步骤3：在上方工具栏中，按住（捕捉开关）按钮不放，从中选择（2D栅格捕捉）按钮，打开栅格锁定控制，这样鼠标定位点就能锁定在栅格点上。

2. 绘制截图草图

现在开始学习用“线”工具来绘制图案。画出线条，只要相似就可以了，如图1-2所示。注意：绘制线条的时候要以视口的中心线为参考作对称，花瓶的底线要平行。

步骤1：选择二维图形的建立方式，单击命令面板中的（创建）命令下的（图形）按钮。

步骤2：开启画线工具，单击 线 按钮。

步骤3：参照图1-2进行逐点绘制，在最后接口处，系统提示“是否闭合样条

线？”时，单击 是(Y) 按钮得到封闭的截面图形。

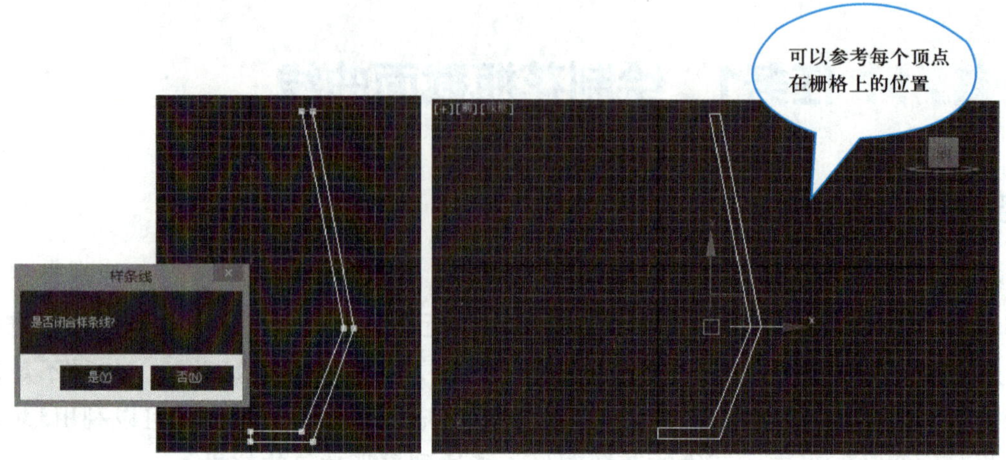

图1-2 花瓶截面图

3. 完善截面图形

使用“修改”的功能，对截面图形进行修改，使它变成圆滑的外线。

步骤1：单击（捕捉开关）按钮，关闭栅格捕捉。因为要细改，所以操作不能指定在栅格上。

步骤2：单击命令面板中的（修改）按钮，进入修改命令面板。

步骤3：单击（顶点）按钮，进入顶点的子对象级别，准备对线条的顶点进行修改。

步骤4：单击工具栏中的（选择并移动）按钮。

步骤5：参照图1-6对线段进行调整。

选择花瓶中部的点，在这点上单击鼠标右键，弹出调节方式，如图1-3所示，使用 Bezier （Bezier）曲线调节方式进行调节，能看到这一点的两边直线都变成了圆滑曲线，再调节点上的两个调节杆并上下左右移动，使曲线变圆滑，结果如图1-4所示。如果点的一边是直线，一边是曲线，那么可以使用 Bezier角点 （Bezier角点）调节方式。

用鼠标框选花瓶中顶端的两个顶点，在命令面板上单击 圆角 按钮，在顶点上按鼠标左键向上移动，使顶点变成圆角，从而花瓶的顶端不那么锋利。顶点比较小，难以看清，可以利用屏幕右下角的（缩放区域）工具放大视口的指定部分，如图1-5所示。

同样，也可以选择其他点，让它变得圆滑，比如底部的顶点，但花瓶底部在中心线的点不适宜做圆角，因为做了圆角花瓶的底部就不能闭合了。

利用移动工具，移动各个点，让它符合要求。至此，花瓶的基本截面图完成。

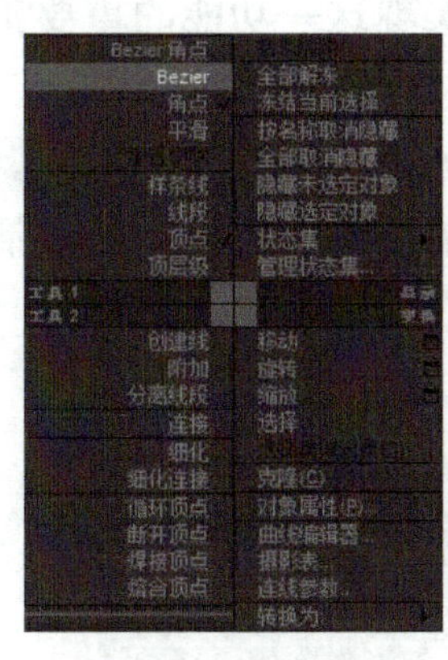

图1-3　修改面板

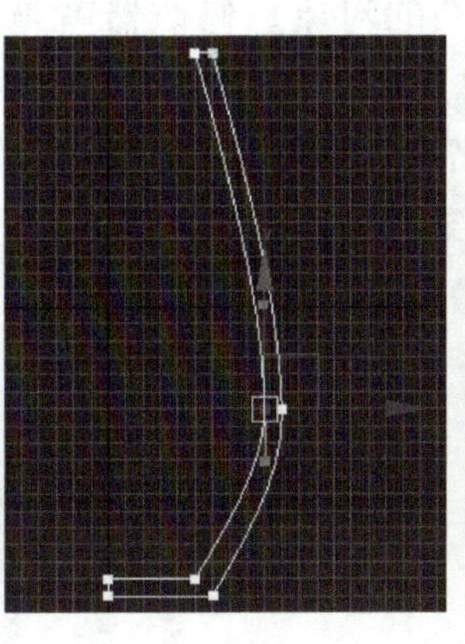

图1-4　圆滑

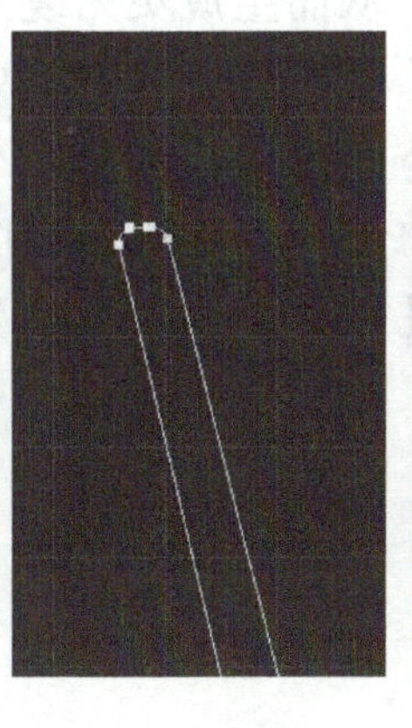

图1-5　修改细节

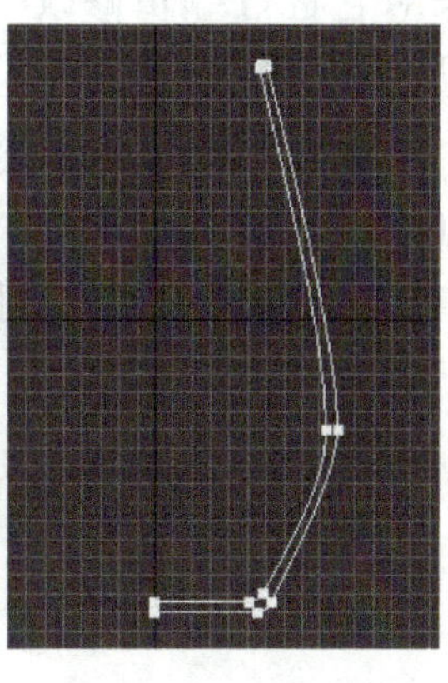

图1-6　修改完毕

必备知识

1. 线条的绘制

在创建命令面板中单击（图形）按钮，进入图形创建面板，在下拉列表中选择“样条线”命令。二维图形的创建包括了线、矩形、圆、椭圆、弧、圆环、多边形、星形、文本、螺旋线、卵形以及截面的模型，这些建立起来的线条，都称为样条线，如图1-7所示。可以根据不同的设计要求，采用不同的样条线，尝试每种线形的用法，结果如图1-8所示。

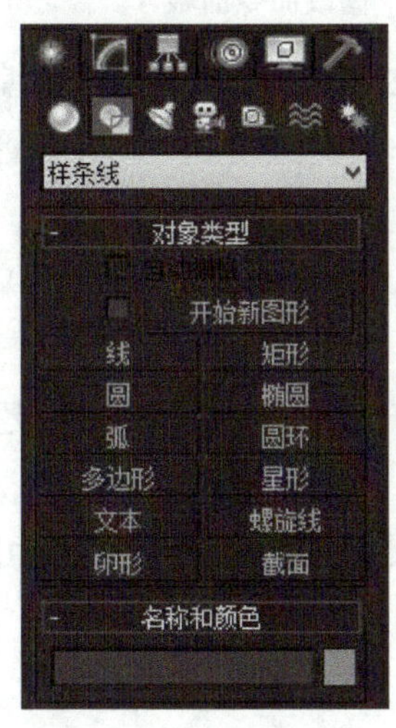

图1-7　创建面板

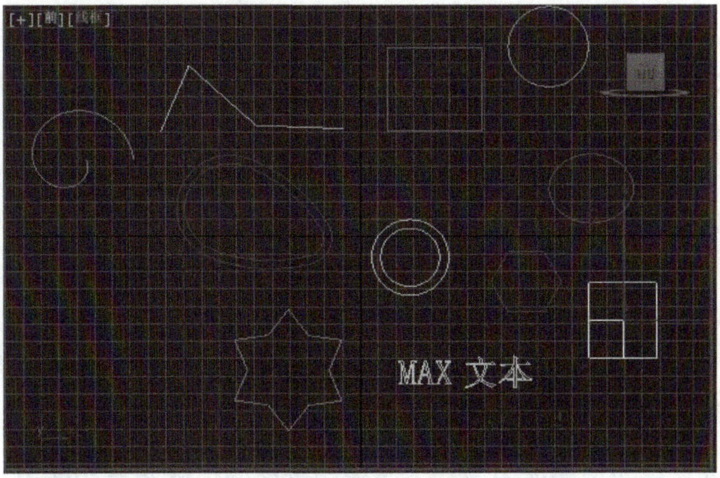

图1-8　各种线条

2. 认识修改面板

创建了一个初步的几何对象后，单击（修改）按钮，可进入修改面板。在修改面板中，可以通过修改几何对象的参数来改变其几何形状，也可以使用一系列的功能来对它进行编辑修改，从而生成更为复杂的对象。修改器就是实现这一功能的重要工具，其功能非常强大。

例如，在创建命令面板中，创建一个多边形的二维模型，如图1-9所示。单击（修改）按钮，进入修改命令面板，如图1-10所示，可以对多边形的“渲染”、“插值”和“参数”等项进行设置。

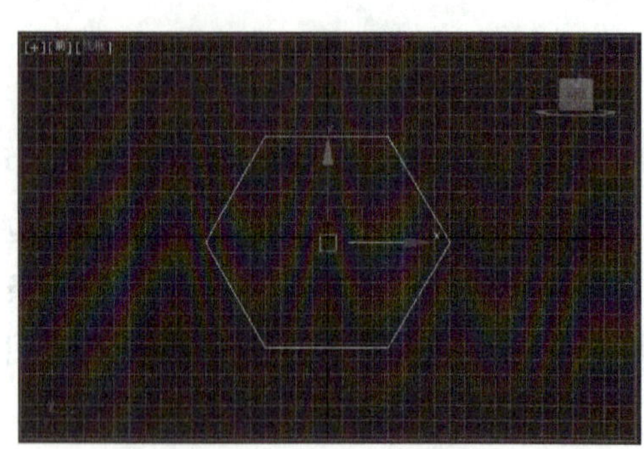

图1-9　创建多边形

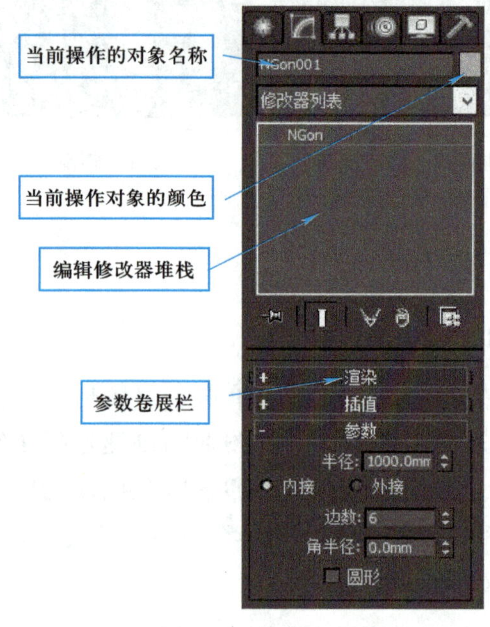

图1-10　修改命令面板

在修改面板中，最上面的一栏可以修改所选择对象的名称和颜色。向下则是编辑修改器的面板部分，主要包括一个下拉列表、一个编辑修改器堆栈窗口和5个用于管理编辑修改器堆栈的按钮。

在修改面板的“修改器列表”下拉列表中，罗列了3ds Max所包含的大部分“编辑修改器”。

编辑修改器堆栈位于“修改器列表”下拉列表的下方，在这里罗列了最初创建的几何体对象和作用于该对象的所有编辑修改器。

在编辑修改器面板下方是各个编辑修改器对应的参数卷展栏部分，卷展栏中可以设置修改器使用的具体参数。

3. 修改器的使用之一：“编辑样条线”修改器的使用

步骤1：建立一个多边形的二维模型，然后单击（修改）按钮，进入修改命令面板，如图1-11所示，单击修改器列表，选择“编辑样条线”，在修改命令面板中的“选择”栏中单击（顶点）按钮，此时可以看到在前视图中多边形的6个顶点均显示出小正方形点的形状，如图1-12所示，这样就可以对多边形的各个顶点进行编辑操作了。

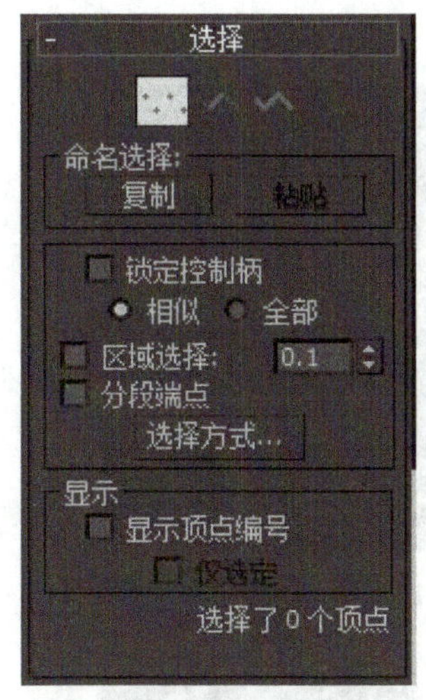

图1-11　修改命令面板

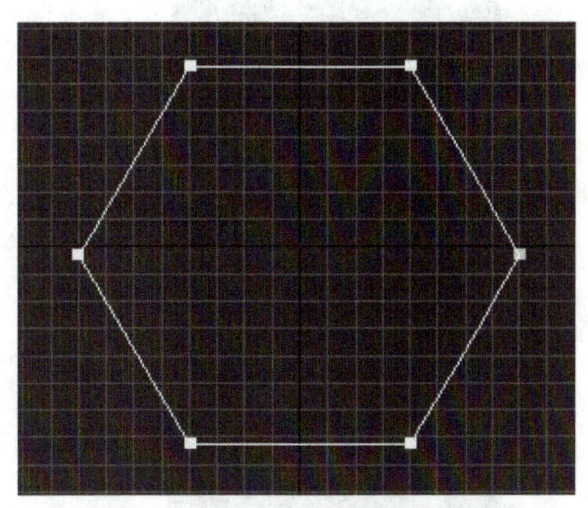

图1-12　多边形的顶点

步骤2：在工具栏中单击 （选择并移动）按钮，先单击图形中的一个顶点，此顶点的旁边就会出现两个绿色的小方块，拖动顶点使图形产生变化，也可以拖动绿色的小方块使矩形的边线产生弯曲，如图1-13所示。

步骤3：将光标移到一个顶点上，单击鼠标右键，弹出快捷菜单，如图1-14所示，这里有5个选项可以帮助调节顶点。其中前四个命令的功能如下。

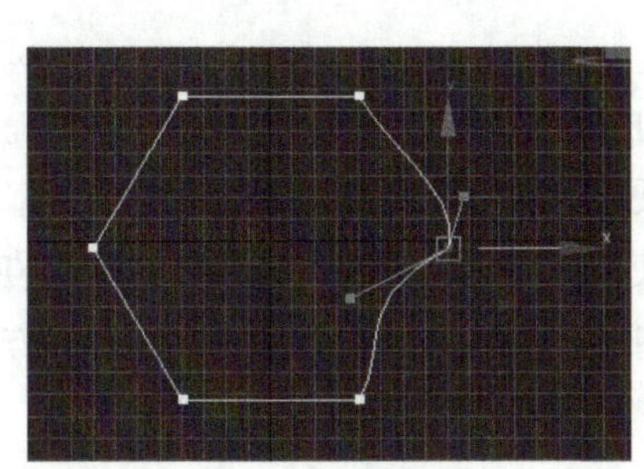

图1-13　修改顶点

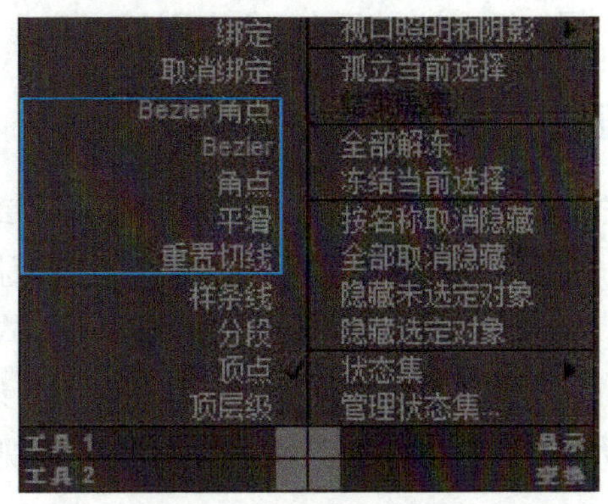

图1-14　修改方法

Bezier角点：两根调整杆可以随意调整，选择编辑样条线后，3ds Max中默认此选项已经被激活，可以通过移动两条调整杆完成对图形的改变，如图1-15所示。

Bezier：为顶点提供两根调整杆，但两根调整杆成一条直线并与顶点相切，使点两侧的曲线总保持平滑；可以通过鼠标拖动的方式调整顶点两端线段的弧度，如图1-16所示。

角点：让顶点两边的线段能呈现任何角度，这样通过拖动顶点可以改变角度效果和角度大小，如图1-17所示。

平滑：强制地把线段变成平滑的曲线，但仍和顶点呈相切状态，无调节手柄，如图1-18所示。

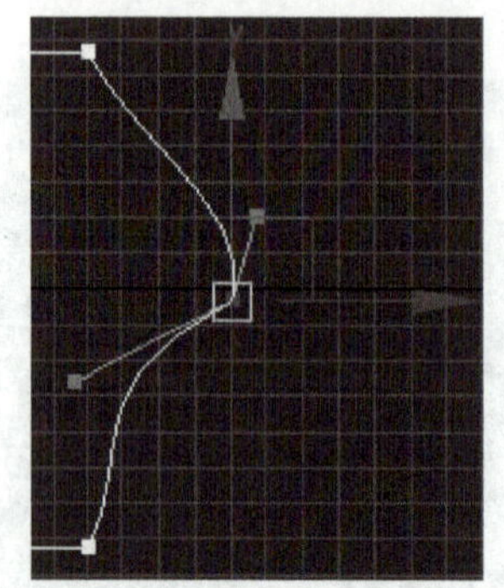
图1-15 两根调整杆随意调整

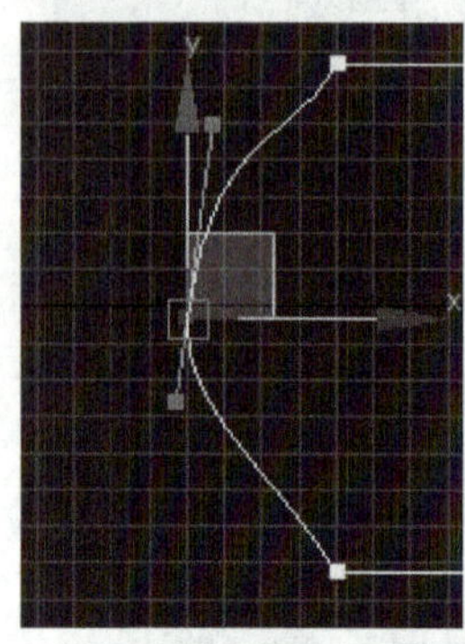
图1-16 为顶点提供两根调整杆

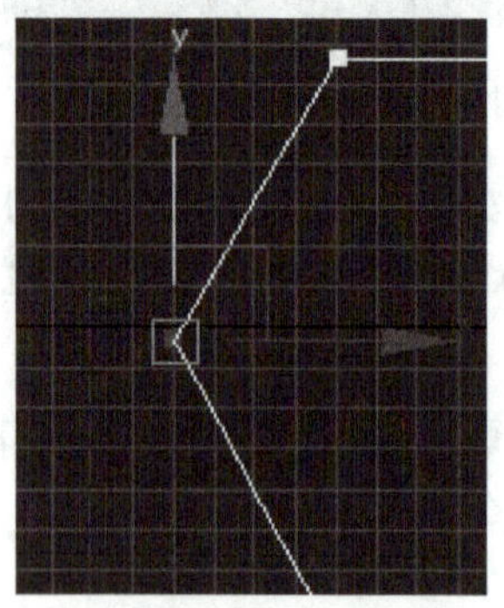
图1-17 让顶点两边线段呈现任何角度

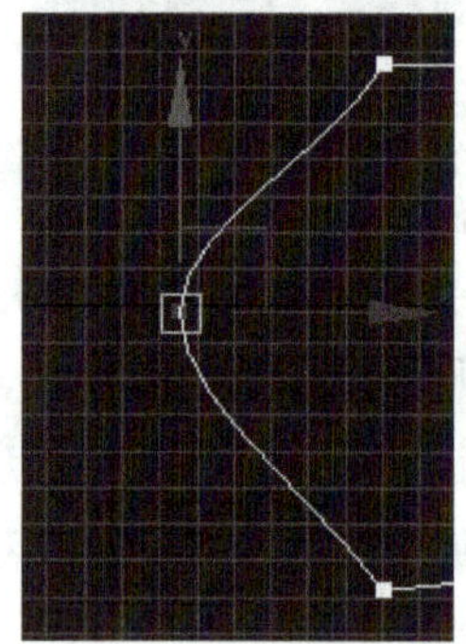
图1-18 强制地把线段变成平滑曲线

任务拓展

完成任务后能领略到3ds Max中一些绘画的关键点吗？下面来总结一下吧。

- 善于利用（捕捉开关），它会让你更轻松更精确地完成任务。
- 掌握图1-19所示的5种曲线调节方式的使用，它会令你绘制曲线时得心应手。
- 掌握图1-20所示的8种视口显示工具，根据不同的情况改变视口显示方式，它可以放大、缩小，可以整体、局部地查看视口，帮助把图看得更清晰更准确。

图 1-19

图 1-20

- 要耐心和细致，不要怕麻烦，做得不满意就重新做。

下面再来练习一下绘制图形。将3ds Max作为一张画纸，画上喜欢的图画，参考图1-21所示的图形进行练习。

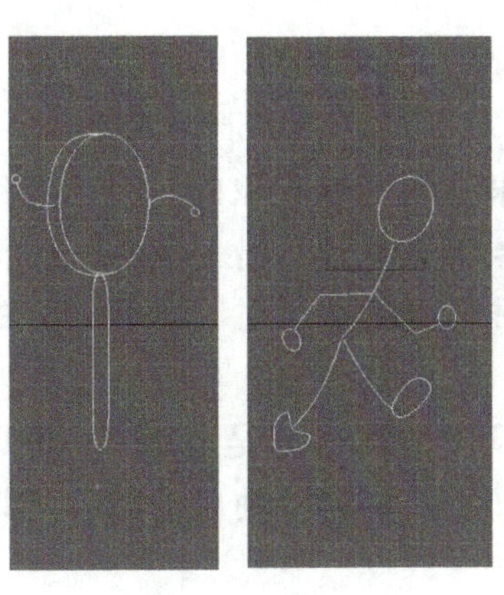
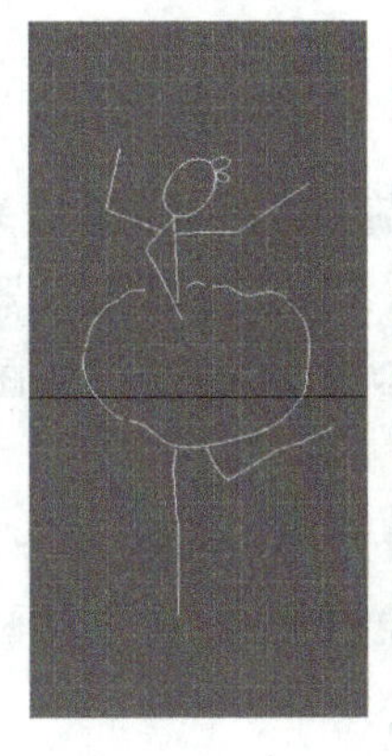
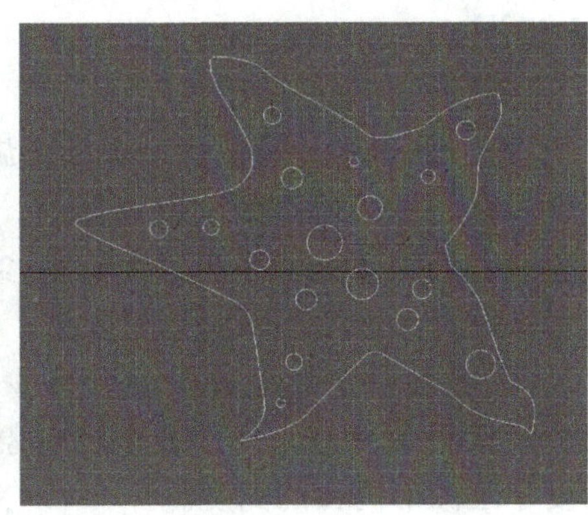

图1-21　练习题

任务2　生成花瓶

任务分析

完成了花瓶的二维设计，现在要生成其三维图形。在3ds Max中有多种方法可以把二维图形转换成三维图形，其中一种方法是使用“车削”修改器。

本任务需要使用修改器中的“车削”修改器，制作轴对称的图形，把3D花瓶“变”出来，一起来“变魔术”吧，你会马上爱上3ds Max的。

任务实施

步骤1：单击“修改器列表”，在弹出的下拉列表中选择“车削”修改器。

步骤2：设置参数，勾选“焊接内核”使图形的中心点能够平滑，将“参数”栏中的“分段”值设为60，使图形圆润自然。参数如图1-22所示。

步骤3：在“方向”栏中单击 Y 按钮，以Y轴为中心进行旋转成型，然后单击 最小 按钮成型，结果如图1-23所示，这样就可以轻易地完成一个简单的花瓶了。

图1-22　参数面板

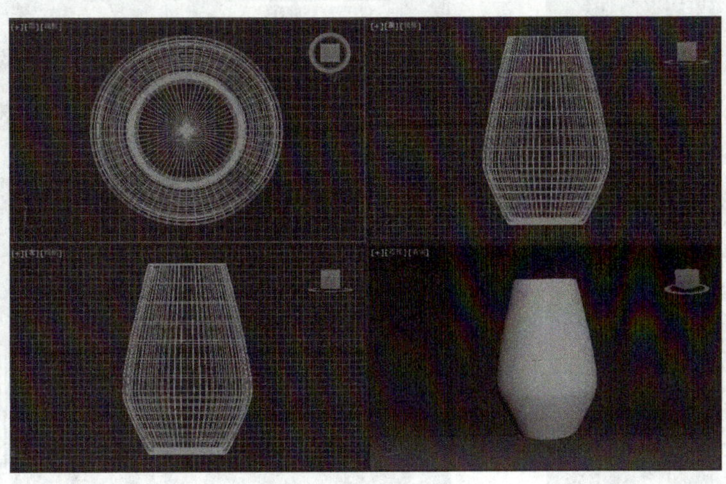

图1-23　车削成形

必备知识

“车削”修改器的使用：

“车削”修改器是通过绕一个轴来旋转一个样条线来生成三维对象的。当对已经创建好的样条型使用“车削”修改器后，将在编辑修改器堆栈中显示出“车削”，而在编辑修改器面板下则会弹出其对应的参数卷展栏，如图1-24所示。对“参数”栏的参数进行修改，会产生不同的车削效果。

1）度数：确定对象绕轴旋转多少度（范围：0～360，默认值是360）。可以给“度数”设置关键点，来设置车削对象圆环增强的动画。“车削”轴自动将尺寸调整到与要车削图形同样的高度。

2）焊接内核：通过将旋转轴中的顶点焊接来简化网格。如果要创建一个变形目标，则禁用此选项。

3）翻转法线：依赖图形上顶点的方向和旋转方向，旋转对象可能会内部外翻。

4）分段：在起始点之间，确定在曲面上创建多少插补线段。此参数也可设置成动画。默认值为16。

封口始端：封口设置的“度”小于360°的车削对象的始点，并形成闭合图形。

封口末端：封口设置的“度”小于360°的车削的对象终点，并形成闭合图形。

变形：按照创建变形目标所需的可预见且可重复的方案排列封口面。渐进封口可以产生细长的面，而不像栅格封口需要渲染或变形。如果要车削出多个渐进目标，则主要使用渐进封口的方法。

栅格：在图形边界上的方形修剪栅格中排列封口面。此方法产生尺寸均匀的曲面，可使用其他修改器将这些曲面变形。

X/Y/Z：相对对象轴点，设置轴的旋转方向。

最小/中心/最大：将旋转轴与图形的最小、中心或最大范围对齐。

设置不同的参数，车削产生的效果都不一样，如图1-25所示。同样酒杯的车削，效果就不一样了。

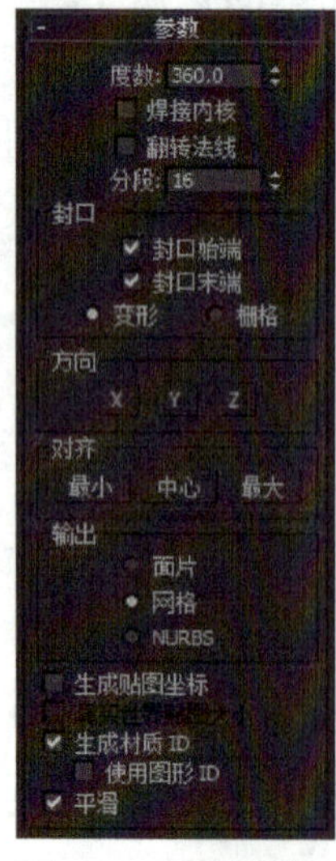

图1-24　参数面板

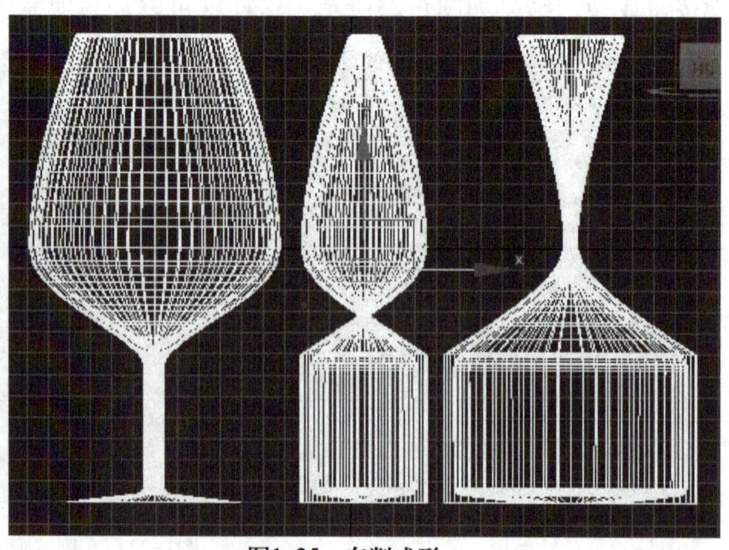

图1-25　车削成形

任务拓展

参照图1-26画出酒杯的截面图，然后完成“车削”功能，结果如图1-27所示。

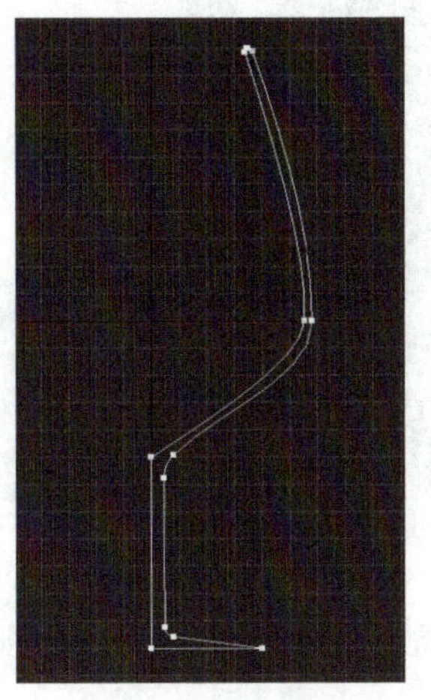

图1-26 截面图

图1-27 车削成形

任务3 给花瓶增加材质、添加质感

任务分析

在任务2中完成了花瓶的基本形状，但这仅是花瓶的泥坯，不好看，还需要添加颜色和质感。

一个完美的模型设计，不仅形状接近，关键还是靠它的材质和贴图来使它更加逼真。材质就是用来表现物体表面视觉特征的图案。无论多么简单的场景，无一例外都需要用材质来模拟真实的视觉效果，如果没有恰当的材质与之配合，那么再精巧细致的模型都要大为失色，而一个糟糕的材质甚至会破坏模型和场景的艺术效果。

任务实施

如果3ds Max系统还没设置好渲染器，那么请参照“必备知识”中的“渲染器设置”。

子任务1：设计一个光面陶瓷花瓶。

步骤1：打开材质编辑器。单击屏幕上面工具栏的（材质编辑器）按钮。

步骤2：选择“示例球”。打开材质编辑器下面的“示例窗”面板，单击第1个示例球选择它，如图1-28所示。

步骤3：选择材质：打开材质编辑器的“Autodesk Material Library”面板，这是3ds Max自带的材质，单击下面的“陶瓷”面板，选择“冰白色”。这样就可以利用3ds Max中现成的材质给作品上光，如图1-29所示。

步骤4：给示例球设置材质。单击冰白色（冰白色材质）按钮并按鼠标左键不放，拖动到“示例球01”上，这时，示例球上会显示一条红线，松开鼠标后第01个示例球的材质就是“冰白色陶瓷”了。到此为止，就编辑完成了一个简单的材质，如图1-30所示。

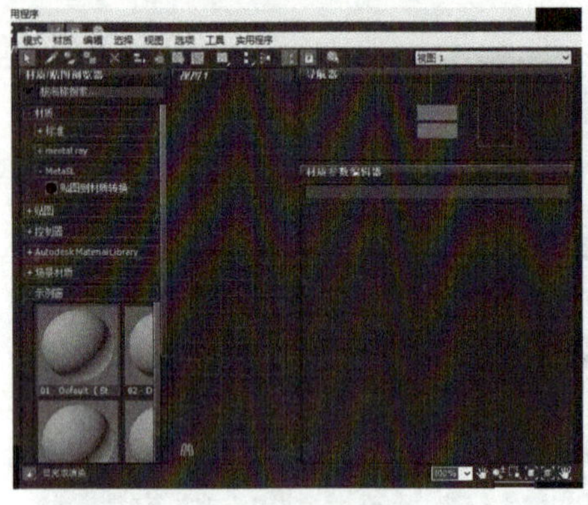

图1-28　材质编辑器

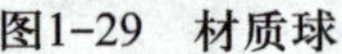
图1-29　材质球

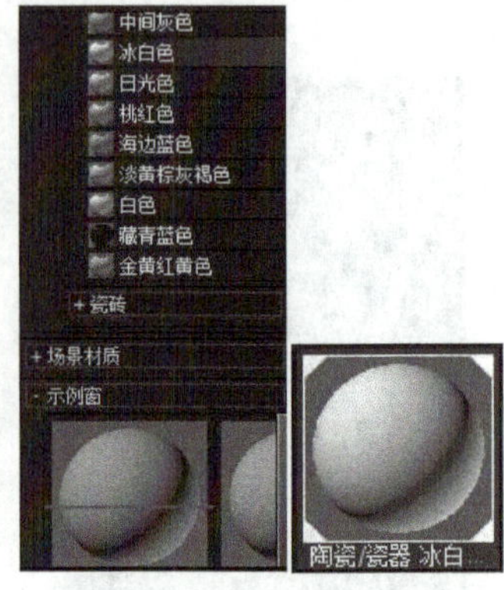

图1-30　设置材质

步骤5：把编辑好的材质赋给花瓶。单击并按鼠标左键不放，拖动到任意一个视口的花瓶上，这时花瓶的颜色会闪动一下，说明已经成功。

步骤6：看效果图。单击屏幕上方工具栏上的 （渲染产品）按钮，就能看到效果图了。结果如图1-31所示。

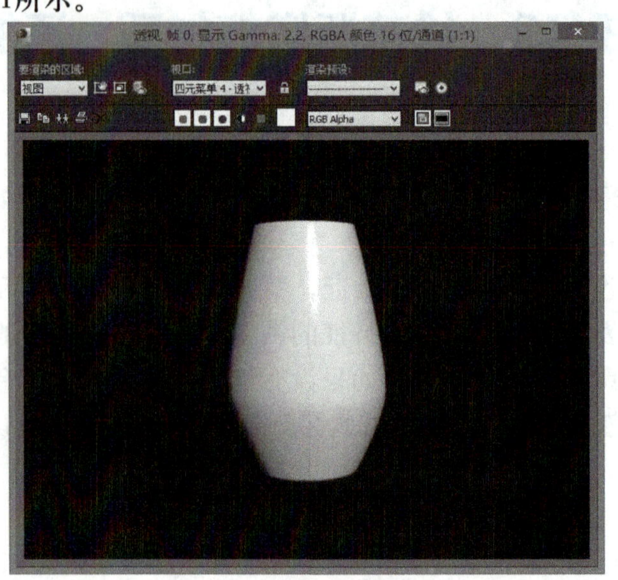

图1-31　成形花瓶

子任务2：设计青花瓷瓶。

子任务1完成的只是一个光面的陶瓷花瓶，如果要设计一个青花瓷瓶，则还要继续编辑材质，在光面陶瓷的基础上添加青花图案。

步骤1：选择基本材质。在材质编辑器面板上执行“材质”→“标准”→“合成”命令。因为是陶瓷与青花的结合，所以要设计为“合成”材质，即多种材质结合而成。

步骤2：给示例球设置材质。单击“合成”材质不放，拖动到“示例球02”，这样“示例球02”就是合成材质了，因为还没编辑，所以还看不出效果，如图1-32所示。

步骤3：编辑材质。双击“示例球02”，在活动窗中出现如图1-33所示的材质面板。说明合成材质可能由若干个材质结合而成。

步骤4：编辑每个子材质。双击“材质1”，出现如图1-34所示的“合成基本参数”面板。

图1-32 示例球

图1-33 材质面板

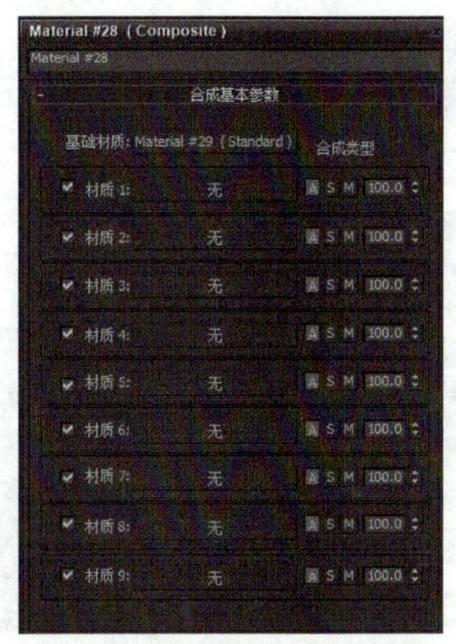

图1-34 “合成基本参数”面板

在该面板上，单击“材质1”右边的 无 按键，同子任务1一样，选择“冰白色”陶瓷，这样“材质1”设置完成。

单击“材质2”右边的 无 按键，执行“材质”→“标准”→“标准”命令，设为标准的材质，然后再进行编辑。结果如图1-35所示。

单击“材质2”右边的按钮进入修改，系统弹出如图1-36所示的“明暗器基本参数”面板，打开下面的“贴图”面板，进入贴图功能，单击“漫反射颜色”右边的 无 按钮，出现如图1-37所示的贴图方式。双击选择“位图”，并在文件夹中选择图片“青花瓷.jpg”图片，现在可以看到“示例球02”上的效果了，如图1-38所示。

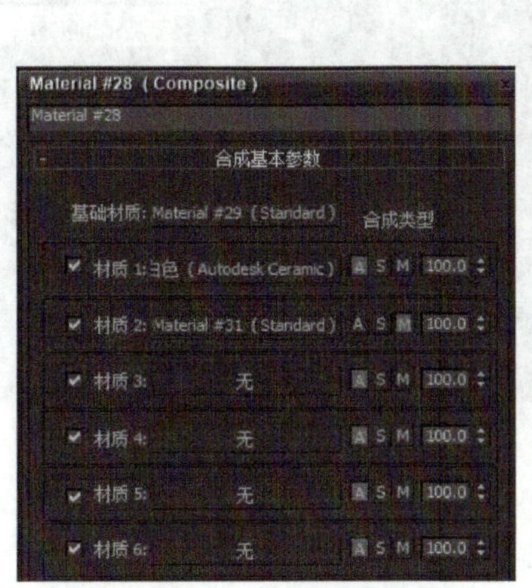

图1-35 合成基本参数

图1-36 “明暗器基本参数”面板

鼠标点在“示例球02”上不放，拖动鼠标到花瓶上，这样就把选择好的材质指定给了花瓶。单击工具栏上的（渲染产品）按钮，就能看到效果图了，如图1-39所示。至此，基本的青花瓷花瓶就做好了。

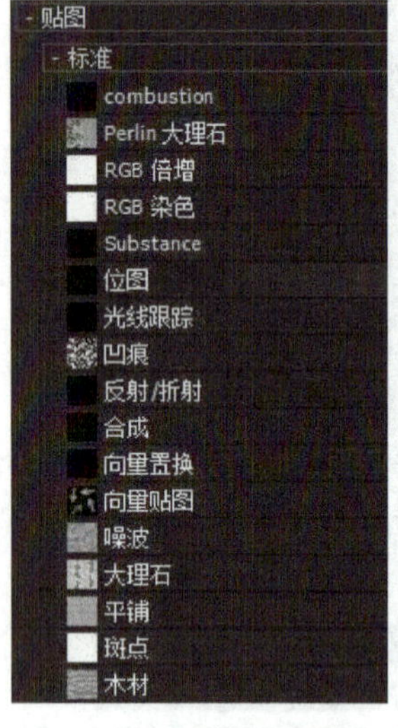

图1-37 贴图方式

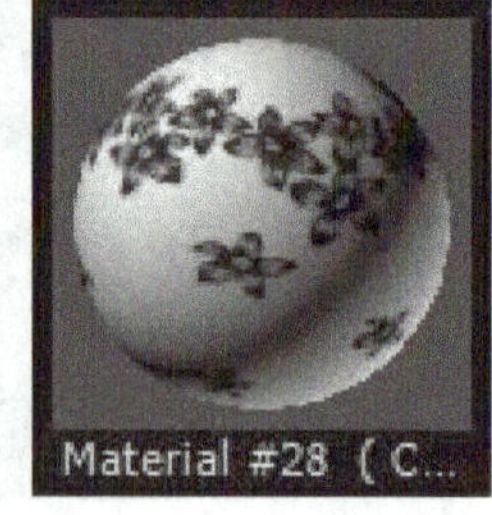

图1-38 示例球

图1-39 贴图后的花瓶

步骤5：调节参数。

上面制作的青花瓷花瓶虽然已基本成形，但颜色比较暗，与真实的陶瓷还有距离。下面继续调节光线和花纹。

调节“反射高光”中的“高光级别”为120，“光泽度”为80，参数设置如图1-40所示。

打开“贴图”面板，进入贴图功能，单击“漫反射颜色”右边的 贴图 #85 (青花瓷.jpg) 按钮，修改“坐标”面板上的参数，参数设置如图1-41所示。

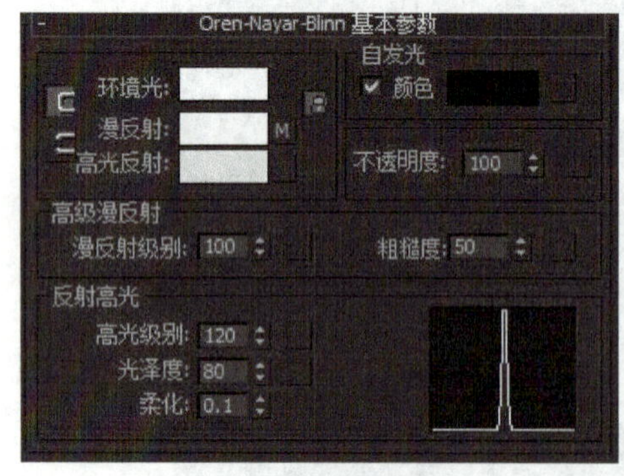

图1-40 调节参数面板

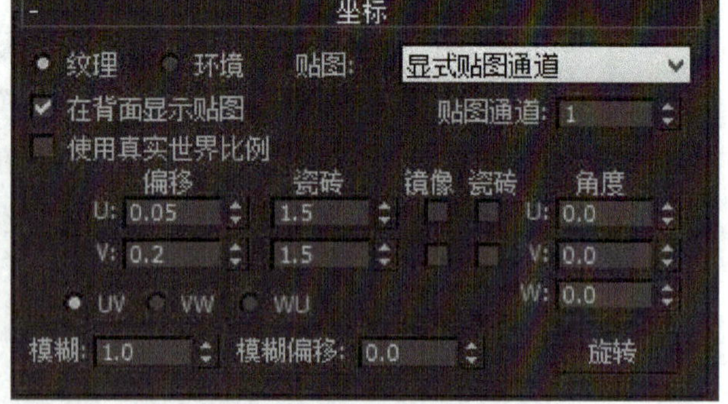

图1-41 坐标面板

单击工具栏上的（渲染产品）按钮，观看到效果图，如图1-42所示。

图1-42　渲染后的效果

必备知识

3ds Max的材质是一个比较独立的概念，它像染色工具一样，为模型表面加入色彩、光泽和纹理。在3ds Max中，材质是在材质编辑器中创建和编辑的。打开材质编辑器，如图1-43所示。

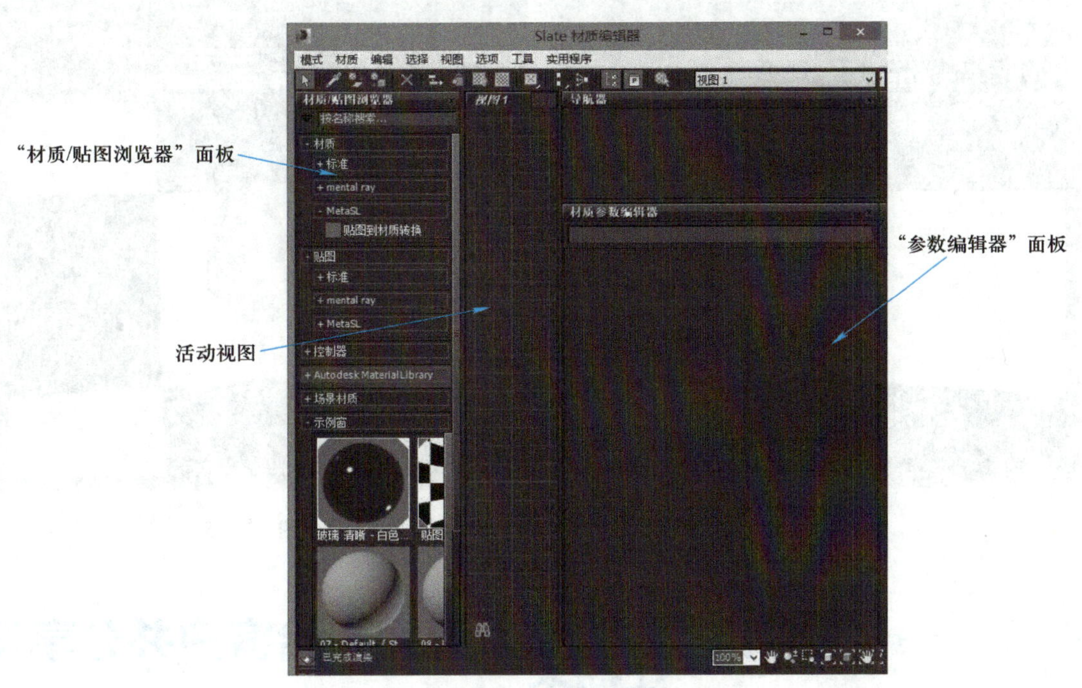

图1-43　材质编辑面板

通常，在创建新材质并将其应用于对象时，应该遵循以下步骤。

1）选择要使用的渲染器，并使其成为活动渲染器。最好使用特定渲染器设计材质。如果需要对物理上精确的照明进行建模，那么 mental ray 渲染器是最佳选择。默认扫描线渲染器不要求精确照明，它支持 mental ray 渲染器无法实现的一些效果。

2）选择材质类型。对于mental ray渲染，建议使用Autodesk材质组中的材质。这些都是具有精确真实世界属性的常用材质（陶瓷、混凝土、硬木等）。

3）决定了要使用的材质类型后，打开材质编辑器。

4）将所需类型的材质从“材质/贴图浏览器”面板拖动到活动视图中。

5）在“参数编辑器”面板中双击材质节点可显示其参数。

6）使用参数编辑器可以输入各种材质组件的设置：漫反射颜色、光泽度、不透明度等。

7）使用贴图来增强材质，指定给要设置贴图的组件，并调整贴图参数。

8）在“材质编辑器”工具栏上单击（将材质指定给选定对象）按钮将材质应用于对象。

9）如有必要，应调整UV贴图坐标，以便正确定位带有对象的贴图。

10）保存材质。

任务拓展

为任务2中做好的酒杯添加材质，让它变成玻璃酒杯，可以参考图1-44和图1-45，也可以发挥想像力做出更多的效果。

图 1-44

图 1-45

任务4 将渲染效果图交给客户并分享设计理念

作品设计完成后，就要把效果图交给客户。交给客户的效果图有两种：JPG格式的图片和AVI格式的动画。本任务先学习如何将3D作品生成JPG格式的图片。还可以根据客户的需要，在计算机上将效果图打印出来，为了突出产品的效果，也可以为作品制作一个背景来衬托。

任务实施

步骤1：在前视图加上一个平面，贴上图片作为背景，并调节好位置。

步骤2：渲染效果图。单击屏幕上方工具栏上的 （渲染产品）按钮，系统输出渲染效果，如图1-46所示。

图1-46　最后效果图

步骤3：把效果图存为图片文件。单击窗口左上角的 （保存图像）按钮，将文件保存，这时就可以根据客户的要求存储成不同格式的图片文件，一般把它存成JPG格式。

步骤4：打印效果图。单击窗口左上角的 （打印图像）按钮，就可以把效果图打印出来。

步骤5：撰写设计文档。这是所有公司的基本要求，同时便于有条理地给客户介绍作品的设计思路和情况。如果能形成写日记的良好习惯，每天都将设计工作情况和心得体会写下来，那么就可以不断提高设计水平，也极大地方便了以后的工作。

必备知识

1. 产品设计文档

产品设计文档的格式会根据不同行业的特性而不同，并没有统一格式，下面以本产品为例建立一个设计文档。把一些重要的内容和效果图记录下来，如图1-47所示为产品设计文档范例。

产品设计文档

设计文件名称			（文件代号）	
产品型号、名称	青花瓷		共 页	第 页
客户信息	单位			
	部门			
	要求			
产品草图				
	资料来源			
产品效果图				
设计人员			完成时间	
设计环境			版本	
设计理念				

图1-47 产品设计文档范例

2. 渲染器的设置

3ds Max系统默认扫描线渲染器，而mental ray渲染器是一种通用渲染器，它可以生成灯光效果的物理校正模拟，包括光线跟踪反射和折射、焦散和全局照明，所以要使用mental ray渲染器对产品进行渲染时，就要先设置指定渲染器。

步骤1：执行“渲染”→“渲染设置”命令，打开“渲染设置”对话框。

步骤2：在“公用”面板上，打开“指定渲染器”卷展栏，如图1-48所示。然后单击产品级渲染器的“...”按钮，打开“选择渲染器”对话框。

步骤3：在“选择渲染器”对话框中，高亮显示 mental ray渲染器，然后单击“确定”按钮。

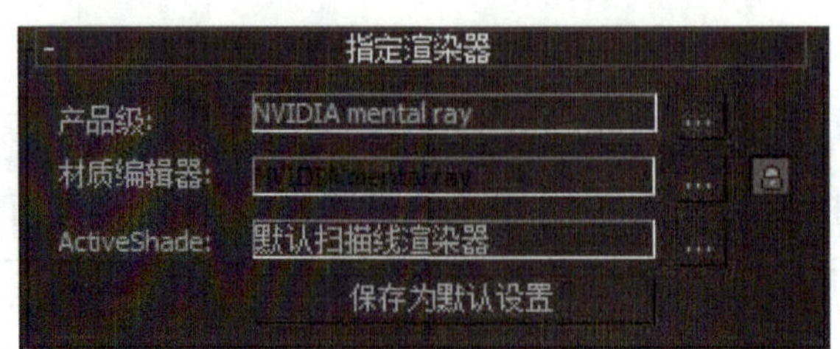

图1-48 “指定渲染器”卷展栏

任务拓展

把任务3中的玻璃杯渲染出效果图。

项目评价

在本项目中，学习了在3ds Max中线条的绘制与修改、“车削”修改器、材质贴图和渲染器的使用。通过本项目的学习，可以给自己做个评价，见表1-1。

表1-1 项目评价表

	很满意	满意	还可以	不满意
项目的完成情况				
与同组成员沟通及协作情况				
掌握的知识点				
产品设计评价				
体会和经验				

实战强化

完成如图1-49所示的练习。

提示：步骤1：画出瓶子的截面图。

步骤2：“车削”成形。

步骤3：利用3ds Max的标准材质，分别设置为“线框”材质、“金属”材质和“塑料”材质，最后加上“光线跟踪”。

图1-49 练习

项目2 制作闹钟

闹钟制作草图如图1-50所示。

图1-50 设计草图

项目描述

本项目学习制作一个卡通猫头鹰闹钟，将分为四个任务来完成。第一个任务是制作闹钟外框架。前面学习了二维线绘制、编辑的方法。此处将利用制作猫头鹰闹钟框架的模型，学习倒角、布尔运算等更为复杂的、组合型的二维样条线的编辑。第二个任务是制作闹钟指针。根据标准基本体和扩展基本体的创建及编辑方法，完成长、短指针的制作。第三个任务是制作闹钟刻度。钟表的刻度是按照一定的规律来排列的，具有明显的重复性特点，在这个任务中将学习应用阵列工具进行旋转复制，学会快速制作表盘的刻度。第四个任务是设置猫头鹰闹钟的材质与灯光。利用3ds Max 2014提供的标准材质，结合明暗属性及材质选择设置方法，学会给闹钟赋予塑料、金属等类型的材质。通过闹钟环境效果设计，学习光线跟踪及阴影设置。

目前客户衡量产品效果图的重要标准之一是“真实”，因此产品设计应该是基于“真实”这个标准来进行，通过各种方式、技法表现出最真实的产品效果，做到客户满意。当然，要设计制作出一个具有真实感的效果图，还要注重作品的细节要求，除了需要掌握相应的技术之外，还需要具备一些艺术修养和生活经验，建议读者多看一看摄影照片，通过摄影照片可以快速学到色彩、灯光和材质控制方面的知识。

从造型上让它更酷，从材质上让它更靓丽，从灯光上让它更有品质，是在这个项目中要实现的目标。

任务1 制作闹钟外框架

任务分析

在许多情况下，直接用创建三维物体的方法不能满足制作效果图场景造型的需要，因此，就需要用其他方式来创建所需的三维模型。将二维线形通过修改方式转变成三维物体是最常用的一种方法，拉伸、车削、倒角等都是常用的修改命令。卡通闹钟框架的制作可运用倒角修改命令完成。

任务实施

步骤1：单击 (3ds Max图标）按钮，重新设置系统。设定并打开栅格捕捉。

步骤2：执行“创建”→“图形”→“椭圆”命令，在“前视图”中绘制一个椭圆，设置参数：长度为170、宽度为240，步数为18。

步骤3：继续在前视图中创建两个椭圆作为眼部轮廓，设置椭圆的参数：长度为80，宽度为60。绘制完毕后，使用“移动”工具对椭圆的位置进行调整，如图1-51所示。

步骤4：重复上面的操作。继续绘制椭圆，这次绘制的是身体部分的轮廓，设置参数：长度为260，宽度为200，使用“移动”工具将其移动到如图1-52所示的位置。

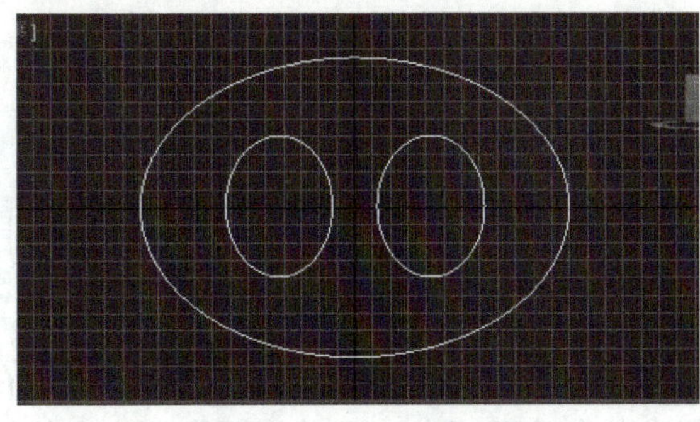

图1-51 绘制头部及眼部

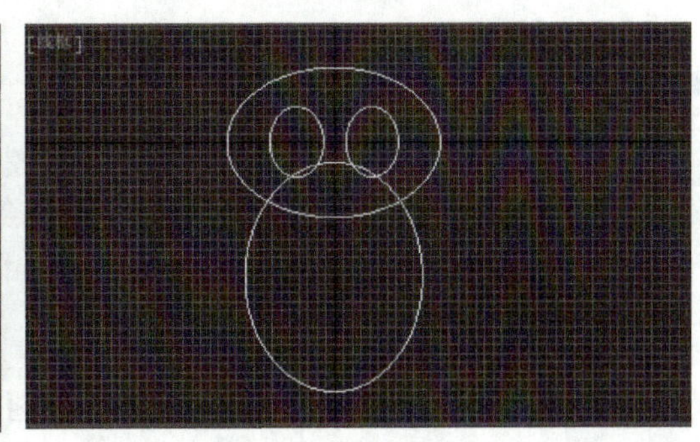

图1-52 绘制身体部分

步骤5：选中身体部分的椭圆，单击鼠标右键，在弹出的快捷菜单中选择“转换为”→“转换为可编辑样条线”命令，如图1-53所示。单击 (修改）按钮，在修改列表器的下拉列表框中选择“可编辑样条线中的顶点”，利用“移动”工具将其向下移动一定的距离，如图1-54所示。

步骤6：单击椭圆按钮，创建一个椭圆作为耳朵部分的轮廓，设置参数：长度为

130，宽度为40，并使用“移动”“旋转”工具对其位置进行调整。利用工具栏中的（镜像）命令复制另一个耳朵，镜像对话框中的“镜像轴”选择“X”轴，“克隆当前选择”选择“实例”。镜像设置及效果如图1-55所示。

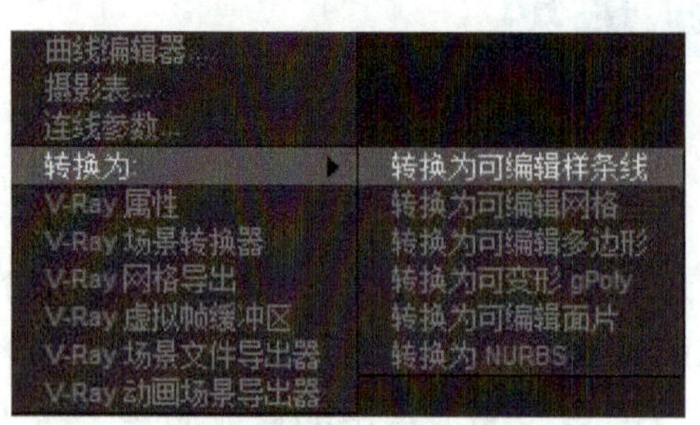

图1-53 选择可编辑样条线

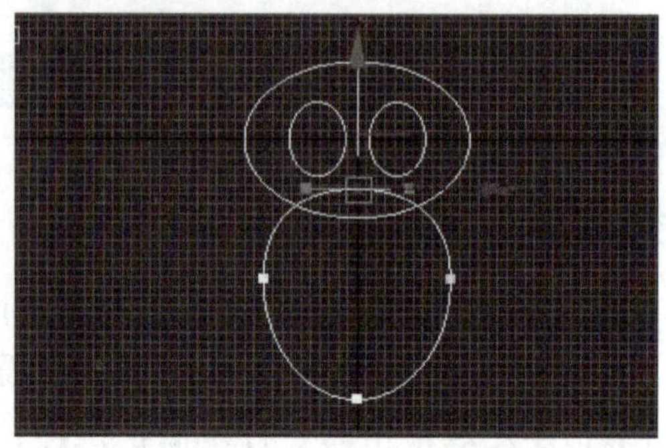

图1-54 调节身体部分椭圆顶点

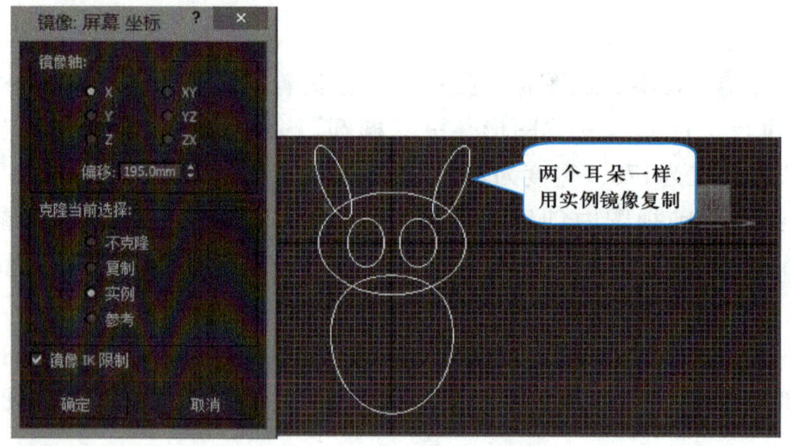

图1-55 创建耳朵部分的椭圆

小技巧

当建模需要创建两个对称的相同物体时，镜像就可以简单地解决这个问题。镜像复制时在“对象”选项中选择“实例”对以后修改会很方便的。镜像中选择实例是以原物体进行复制，产生一个相互关联的复制物体，改变其中一个物体参数的同时也会改变另外一个物体的参数。

步骤7：在视图中选中身体部分的椭圆，单击（修改）按钮，打开修改面板。在“修改器列表”下面的堆栈窗口中选择“样条线”次子对象，在前视图中选中身体部分的椭圆曲线，在“几何体”卷展栏中将“轮廓”参数设置为2。此时，将在原线条外侧两个单位处生成一个新椭圆线条，如图1-56所示。

步骤8：在视图中选中头部的椭圆曲线，在修改面板“修改器列表”下面的目录树中选择“样条线”次子对象。在几何体卷展栏中单击“附加”按钮，在视图中单击身体和耳朵部分的椭圆，使其成为一个整体。选中头部曲线，在几何体卷展栏中单击

“布尔”运算按钮，将运算类型设置为 （差集），单击刚生成的身体部分外侧的椭圆曲线，将其从头部椭圆的范围中减去。再将运算类型设置为 （并集），分别单击两只耳朵，将其与头部合并为一个整体图形，如图1-57所示。

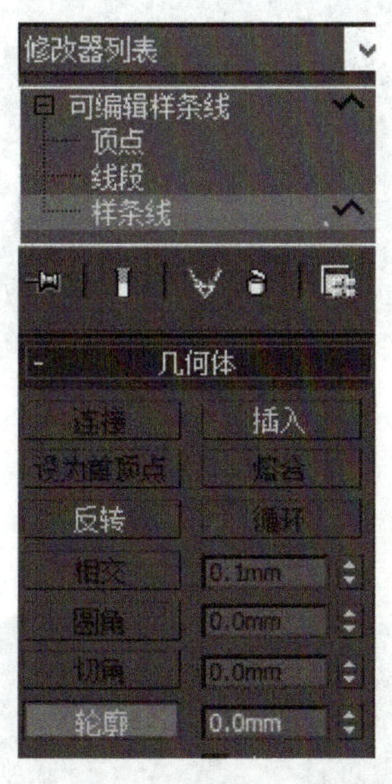

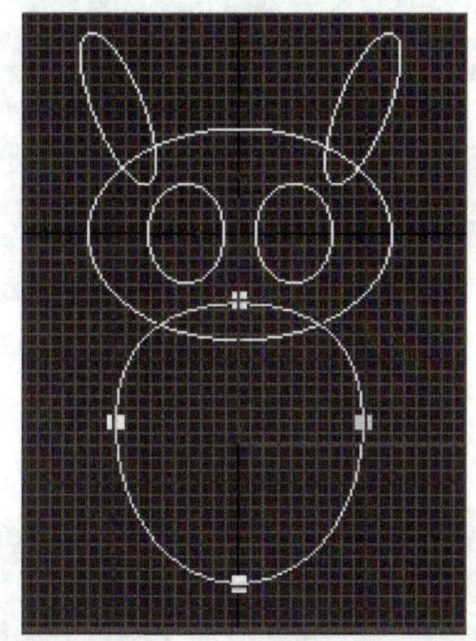

图1-56　参数设置及新生成的椭圆线条

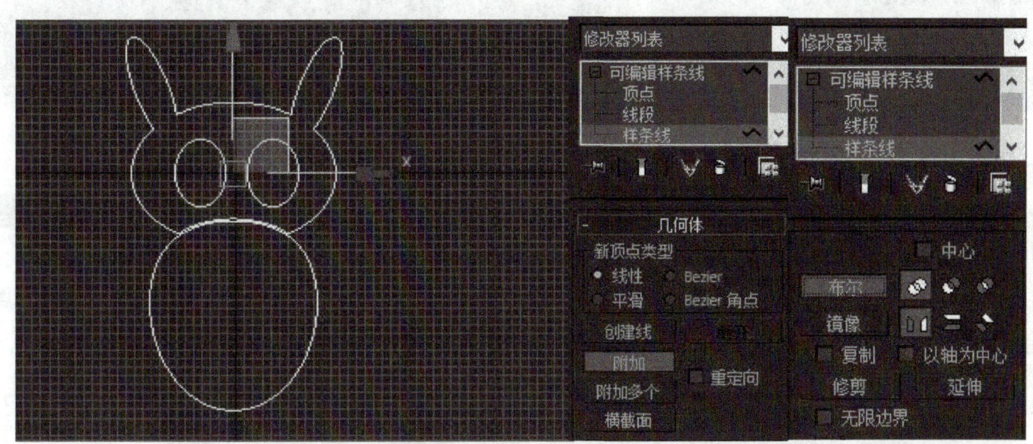

图1-57　布尔运算结果

步骤9：单击“圆”按钮，在“前视图”中身体椭圆内部绘制一个圆。在视图中选中刚完成布尔运算结果的图形，在修改面板的“修改器列表”下面的目录树中选择“样条线”次子对象，在几何体卷展栏中单击“附加”按钮，在视图中单击绘制的圆，使其成为一个整体。绘制完成的轮廓线如图1-58所示。

步骤10：将轮廓线转化为三维模型。首先选中头部椭圆曲线，单击 （修改）按钮，打开修改面板，在下拉列表框中选择“倒角”修改命令选项，在“倒角值”卷展栏中设置“级别1”的高度为40，设置“级别2”的高度为15，轮廓为-2。在“参数”卷展栏中设置“曲线侧面”的分段数为8，勾选“级间平滑”，如图1-59所示。生成的带倒角的三维模型如图1-60所示。

图1-58 绘制完成的轮廓线

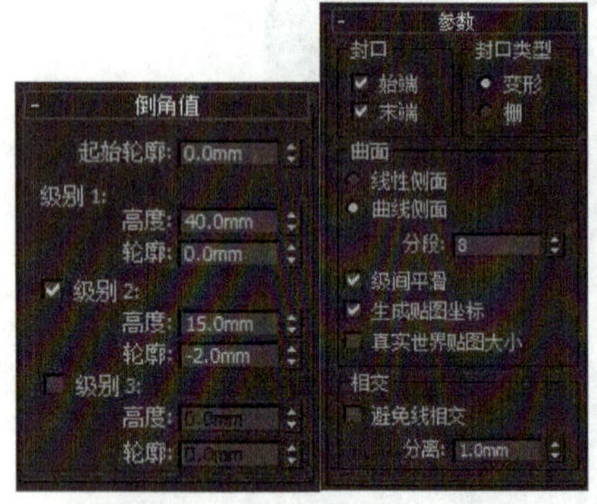

图1-59 设置倒角工具参数

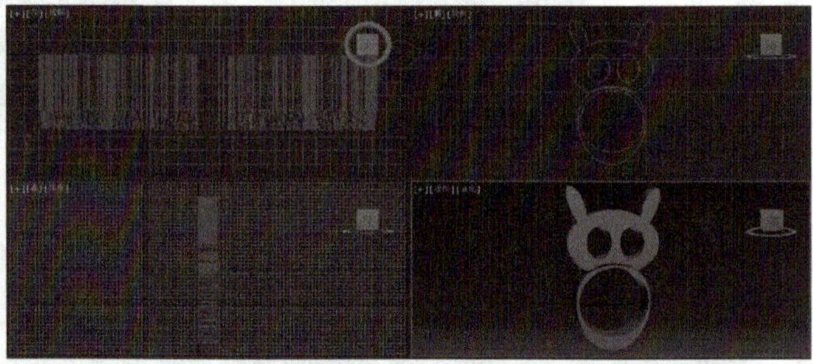

图1-60 生成的带倒角的三维模型

步骤11：制作眼睛。打开物体创建面板，单击 （几何体）按钮，再单击 球体 按钮，在前视图的眼眶位置创建一个球体。

步骤12：在工具栏中单击 （非均匀缩放）工具按钮，沿Y轴方向进行缩放调整至合适位置。利用“移动”工具进行实例复制得到另一只眼睛，如图1-61所示。

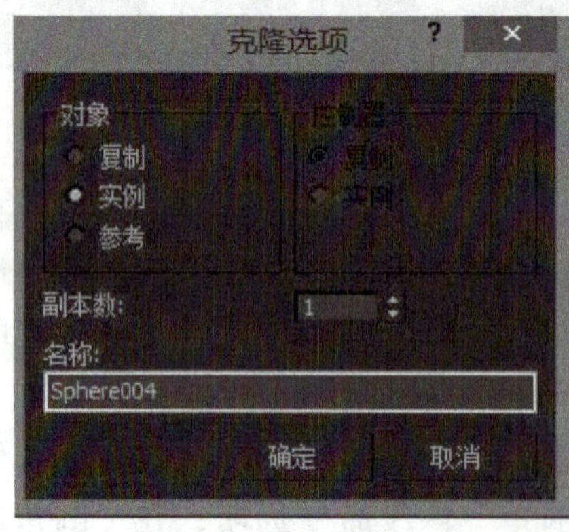

图1-61 实例复制眼睛及效果

步骤13：制作钟摆。执行“创建→图形→线”命令，在“渲染”卷展栏中设置厚度为10，边为12，勾选“在渲染中启用”和“在视口中启用”，在前视图创建一条直线，使用 （移动）工具将直线移动到合适的位置。执行“创建→几何体→球体”命令，在前视图创建一个半径为15的球体，用 （移动）工具将球体移动到直线下方。

步骤14：制作底座。单击“线”按钮，在“渲染”卷展栏中设置厚度为20，边为12，勾选“在渲染中启用”和“在视口中启用”，在前视图中创建一条折线，并移到合适的位置，如图1-62所示。单击 （修改）按钮，进入修改命令面板，在下面的“选择”栏中单击 （顶点）按钮，选择需要修改的折线中间的两个节点，在几何体面板中单击 圆角 按钮，设置其值为100，将两个节点调整为圆角，如图1-63所示。

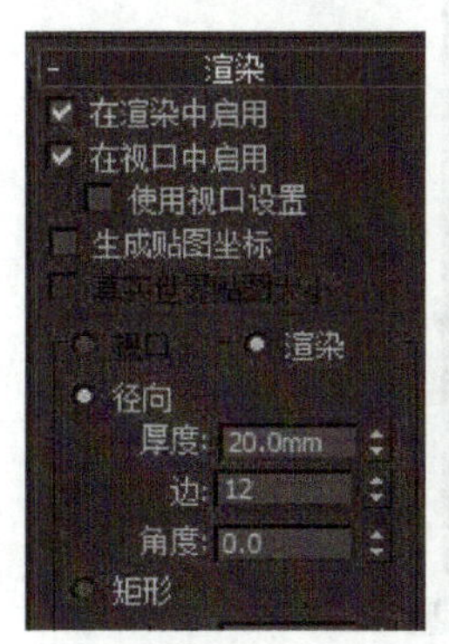

图1-62　底座绘制参数设置及效果

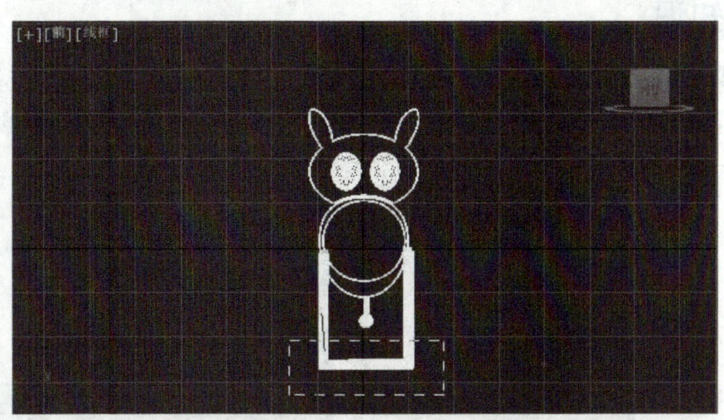
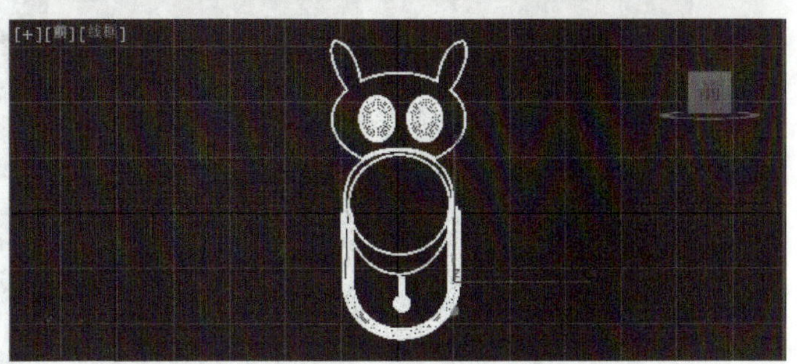

图1-63　设置倒圆角参数及效果

步骤15：执行“创建→几何体”命令，在下拉列表框中选择“扩展基本体”选项，然后单击 切角长方体 按钮，在顶视图中创建切角长方体，在参数面板中设置切角长方体的参数：长度为150，宽度为300，高度为35，圆角为16，如图1-64所示。使用 （移动）工具将切角长方体移动到合适位置。闹钟框架制作完成，效果如图1-65所示。

按<Ctrl+S>组合键，将模型命名为“闹钟外框架模型”进行保存。

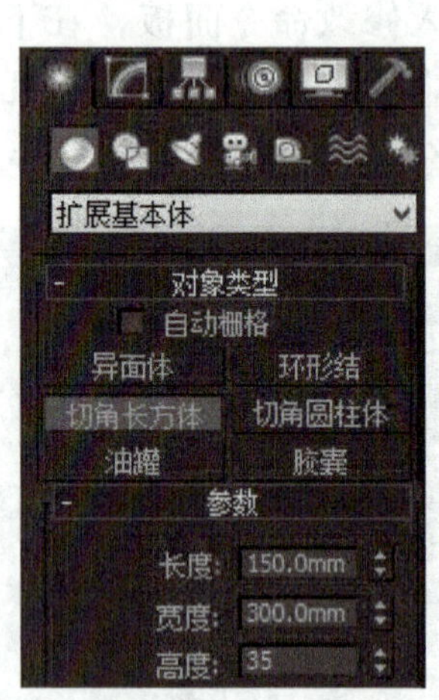

图1-64　底座切角长方体参数设置

图1-65　闹钟外框架模型

必备知识

线的参数设置。线条创建完成后，单击 （修改）按钮，在修改命令面板中会显示出线的渲染、插值、选择、软选择及几何体5个修改卷展栏。其中几何体的主要参数设置如图1-66所示。

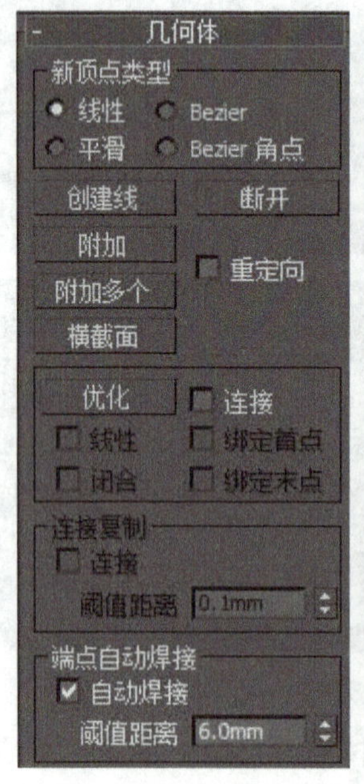

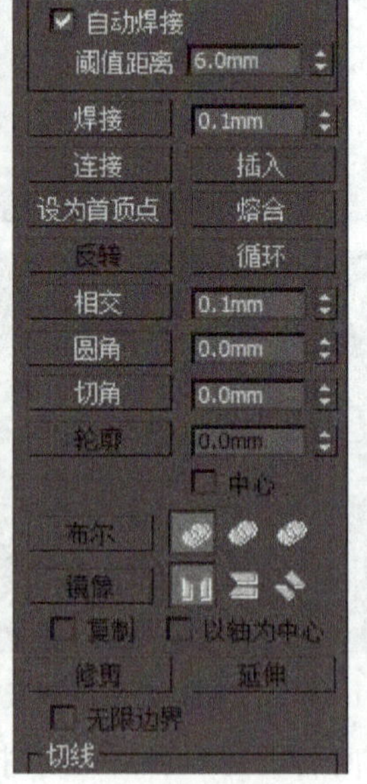

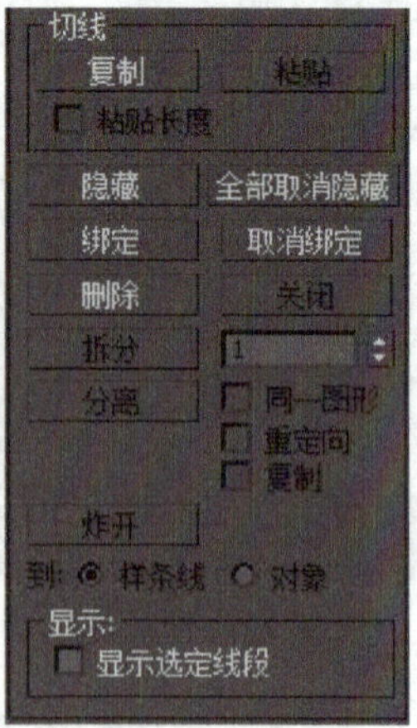

图1-66　几何体的参数设置

几何体卷展栏提供了大量关于顶点、线段和样条线的几何参数，在建模中对线的修改主要是对该面板中的参数进行调节。本任务在几何体卷展栏中应用了两部分内容：

1）顶点的附加和圆角命令。附加命令用于将场景中的二维图形与当前线条结合，使它们变为一个整体。圆角命令用于在选择的节点外创建角。

2）样条线中的轮廓和布尔运算。轮廓命令将曲线向内或向外扩展成为闭合的轮廓曲线，如图1–67所示。布尔运算提供并集、差集、交集三种运算方式。具体操作方法是首先在视图中选择一个图形，然后在几何体卷展栏中确定运算方式，单击“布尔运算”按钮，在视图中再选择另一个图形。布尔运算面板的形态如图1–68所示。

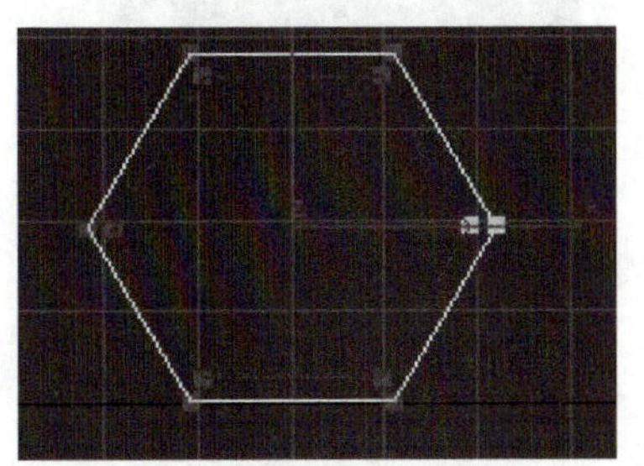

图1–67 曲线增加轮廓

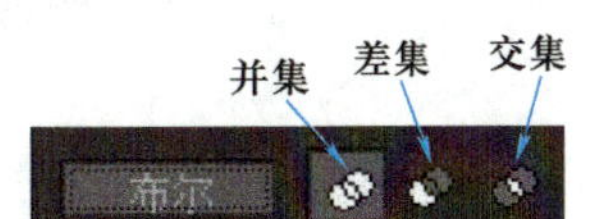

图1–68 布尔运算面板

布尔运算需要有两个条件：一是参加布尔运算的线形必须是封闭的；二是参加布尔运算的线形必须有重合部分，还必须同属于一个物体。布尔运算的结果如图1–69所示。

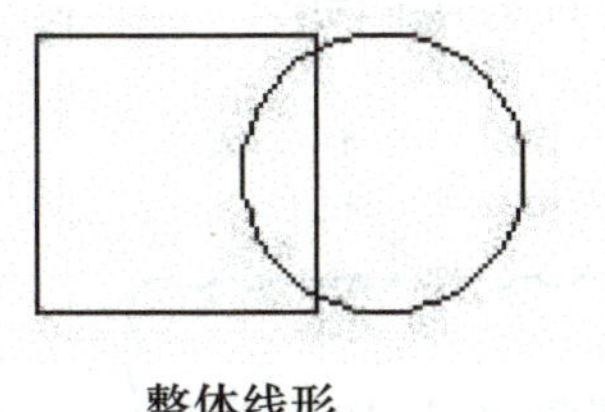

整体线形

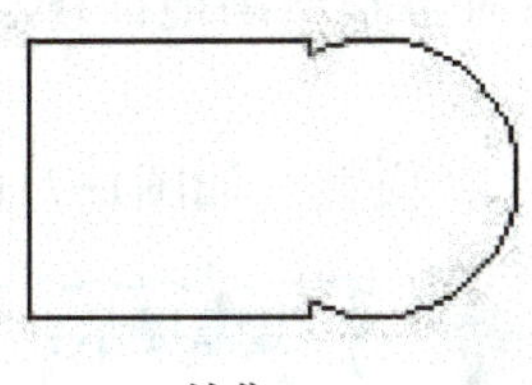

并集

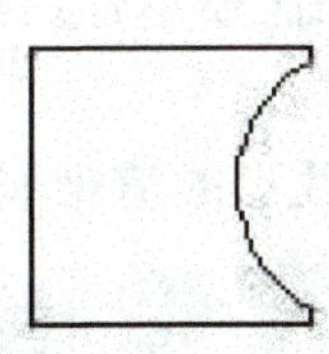

差集

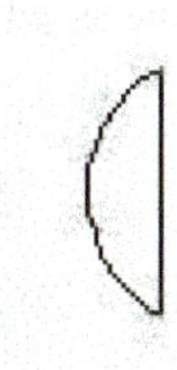

交集

图1–69 布尔运算的结果

3）倒角命令。倒角命令只用于二维形体的编辑，它既可以对二维形体进行挤出，也可以对形体边缘进行倒角。

倒角命令的操作方法：单击（修改）按钮，进入“修改”命令面板，在下拉列表中选择“倒角”命令。

“倒角”命令的参数设置主要分为两部分：

①“参数”卷展栏。其中，“封口”选项组用于对造型两端进行加盖控制，如果对两端都进行加盖处理，则成为封闭实体。“封口类型”选项组用于设置封口表面的构成类型，要使表面圆滑可考虑设置曲线侧面、分段数及级间平滑。“相交”选项组用于制作倒角时改进因尖锐的折角而产生的突出变形。

②“倒角值”卷展栏。用于设置不同倒角级别的高度和轮廓。起始轮廓是设置原始图形的外轮廓大小。级别1、级别2、级别3是分别设置三个级别的高度和轮廓大小，如图1–70所示。

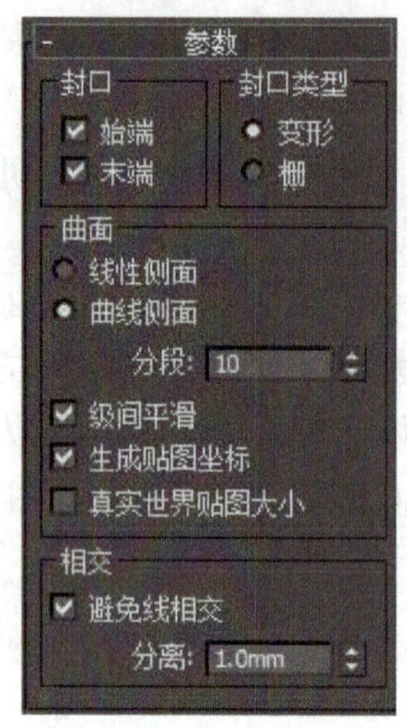

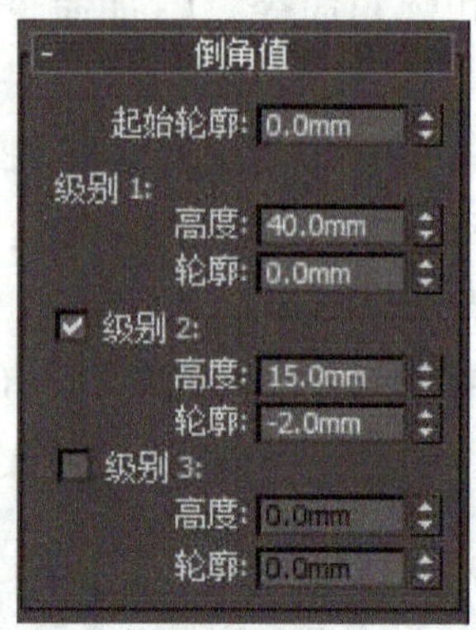

图1-70 “倒角”命令的参数设置及倒角值

任务拓展

图形命令面板有“物体类型”和“名字与颜色”两个卷展栏。在物体类型中有12种截面造型。默认状态下，顶端的“开始新图形”复选框是开启的，表示每建立一条曲线，都作为一个新的独立物体；如果将它关闭，则建立的多条曲线都作为一个物体对待。

修改样条曲线，有时不像修改立体几何造型那样直接由数值控制造型的结果，所以样条曲线的形态比较不容易控制，有时很难精确地创建某一种样条曲线。

练习：

1）运用二维线形的渲染属性制作栏杆模型，如图1-71所示。

图1-71 栏杆效果图

温馨提示：

- ◆ 绘制一条线形并拉出轮廓
- ◆ 设置渲染属性
- ◆ 镜像复制
- ◆ 绘制其他线形
- ◆ 实例复制

2）利用倒角命令制作斜切字，如图1-72所示。

温馨提示：

- ◆ 文字创建
- ◆ 运用倒角命令设置各项参数，修改文字形态
- ◆ 在参数设置中圆滑处理

图1-72 斜切字效果图

任务2 制作闹钟指针

任务分析

本任务学习闹钟指针的制作方法，熟悉标准基本体创建及编辑方法。标准基本体是制作模型和场景的基础，此处使用标准基本体中的长方体来完成时针的制作，使用标准基本体中的圆柱及圆环来完成分针的制作。

任务实施

步骤1：执行“重置”命令进行系统重新设定。单击（打开文件）按钮，打开任务1中保存的“闹钟外框架模型”文件。

步骤2：制作表盘。执行“创建→几何体”命令，在下拉列表中选择“扩展基本体”，在控件面板中单击切角圆柱体按钮，在前视图中的闹钟外框架脸面位置创建一个切角圆柱体，圆柱体参数设置：半径为90，高度为50，圆角为3，边数为30，如图1-73所示。再单击“几何体”按钮，在下拉列表中选择“标准基本体”，在其表面创建一个半径为6的球体，移到表盘中心位置。在其表面创建一个圆环，与表盘中心位置对齐，参数设置：半径1为50，半径2为2，分段数为35，边数为36，如图1-74所示。制作表盘的最后效果如图1-75所示。

图1-73 切角圆柱参数设置

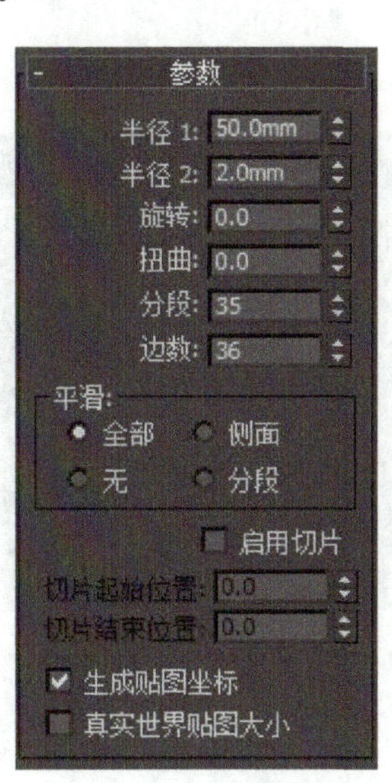

图1-74 圆环参数设置

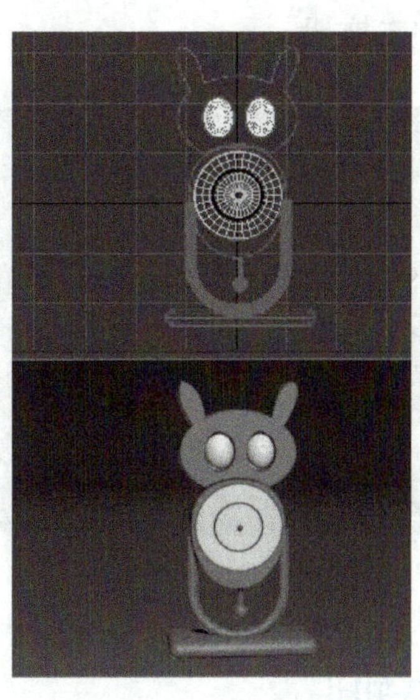

图1-75 制作表盘效果图

步骤3：制作时针。单击“几何体”按钮，在下拉列表中选择“扩展基本体”，在控件面板中单击切角长方体按钮，在前视图中创建一个切角长方体，参数设置：长、高为4，宽度为62，圆角为3，如图1-76所示。将其移动到与中心点垂直对齐。

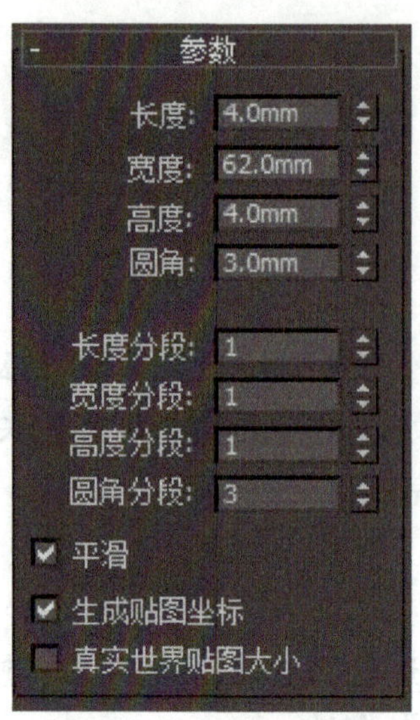

图1-76　切角长方体参数

步骤4：制作分针。单击“几何体”按钮，在下拉列表中选择“扩展基本体”，在控件面板中单击 圆环 按钮，在前视图中创建一个切角长方体，参数设置：长、高为3，宽度为30，圆角为2。将其移动到与中心点水平对齐。再单击“几何体”按钮，在下拉列表中选择“标准基本体”，单击按钮在前视图分针右侧创建一个圆环，参数设置：半径1为2.5，半径2为0.8。在圆环右侧再创建一个切角长方体，参数设置：长、高为3，宽度为8，圆角为2。效果如图1-77所示。将文件保存为“猫头鹰闹钟主框架”。

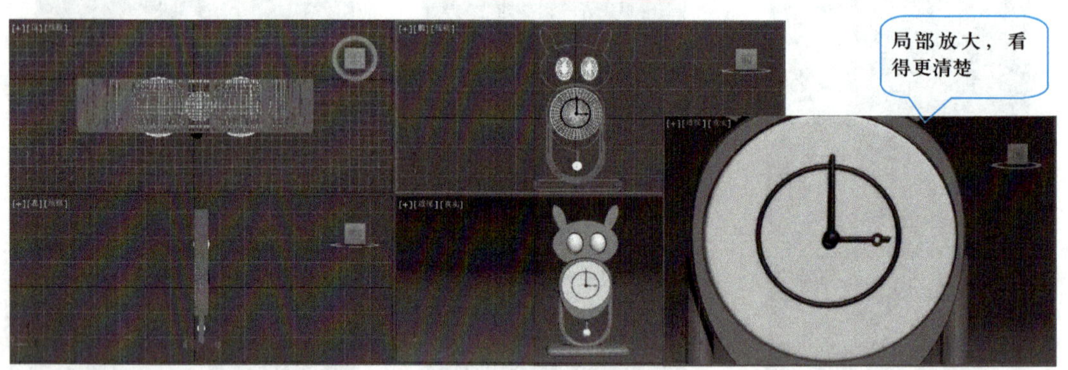

图1-77　完成指针的效果图

必备知识

3ds Max 2014提供了多种参数化的几何物体，包括标准基本体和扩展基本体两大类。就单个几何物体来说，形态较为简单，但合理地调节参数，再加上巧妙地组合运用，同样可以创建出复杂的模型。

1）创建标准基本体。单击命令面板上的“几何体”按钮，在下拉列表中选择“标准基本体”，可以进行标准基本体造型的创建，其命令面板的显示形态如图1-78所示。

2）创建扩展基本体。单击命令面板上的“几何体”按钮，在下拉列表中选择“扩展基本体”，可以进行扩展标准基本体造型的创建，其命令面板的显示形态如图1-79所示。

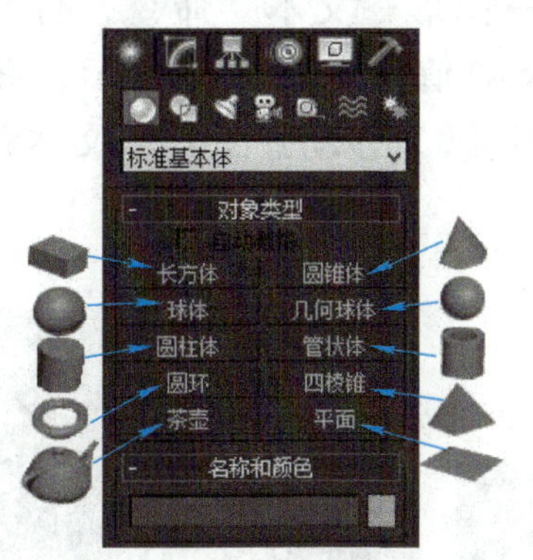

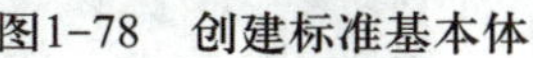
图1-78　创建标准基本体

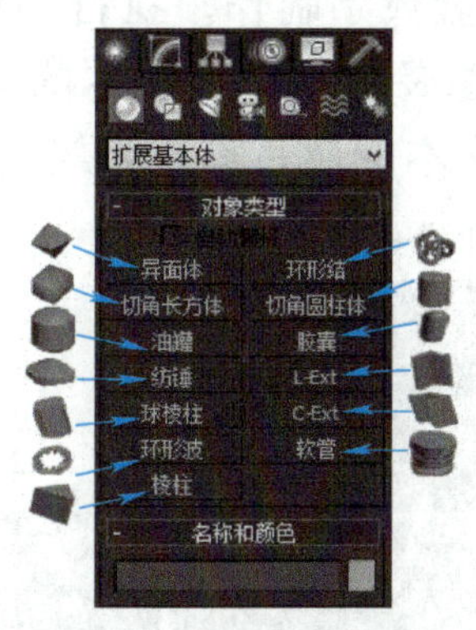

图1-79　扩展基本体的命令面板

3）几何体的参数主要分为两大类型：①名称和颜色。对创建的对象可以定义名称、设置颜色；②参数。可以设置与形态有关的数值，单击数值框 0.1mm 右侧的上下箭头更改数值，也可以直接用键盘输入数值。注意：在调整数值的过程中视图中的几何模型形态会同步发生变化。

任务拓展

练习：

1）运用球体、圆锥体完成雪人模型的制作，效果如图1-80所示。

2）使用圆柱体、长方体、圆环、圆管、线等来完成风铃模型的制作，如图1-81所示。

图1-80　雪人模型效果图

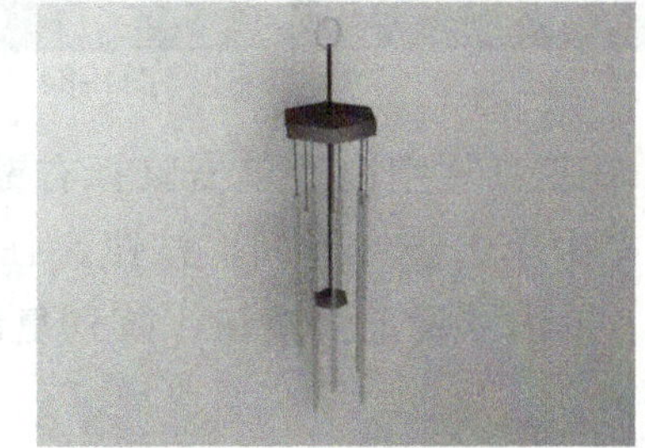
图1-81　风铃模型效果图

任务3　制作闹钟刻度

任务分析

闹钟的刻度、数字都是由多个相同的对象按一定的规律进行排列的，其特点是这些对象是围绕着中心点放射状均匀分布的。3ds Max 2014中提供的阵列工具可用于大量有序地复制图形，本任务中将使用阵列工具完成闹钟数字和刻度图形的制作。使用3ds

Max 2014的阵列工具可以提高工作速度。

任务实施

步骤1：重新设置系统。打开任务2中保存的“猫头鹰闹钟主框架”文件。设置闹钟外框架隐藏。

步骤2：表盘数字制作。执行“创建→图形→文本”命令，打开图形创建命令面板，在参数卷展栏中设置文本的大小及数值，如图1-82所示，在前视图创建文本“12”，将文本的颜色设置为黑色，使用（移动）工具将文本移动到合适的位置，如图1-83所示。

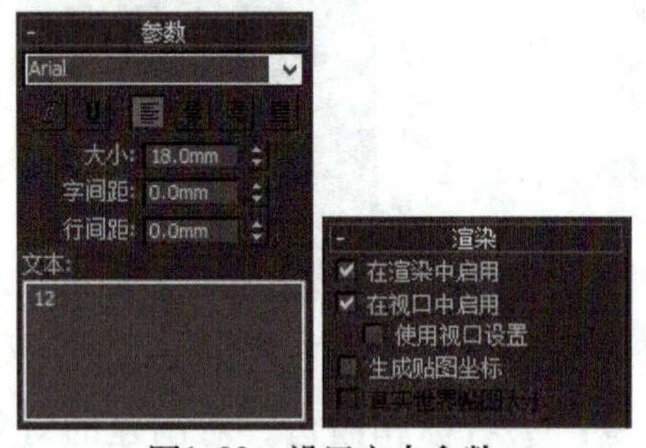

图1-82 设置文本参数

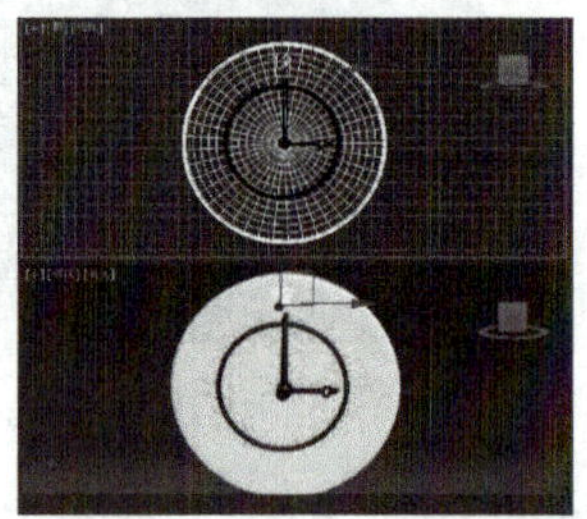

图1-83 创建文本到合适位置

步骤3：执行“层次→轴→仅影响轴”命令，在前视图中使用（移动）工具将文本轴心点移到表盘的中心位置，如图1-84所示。

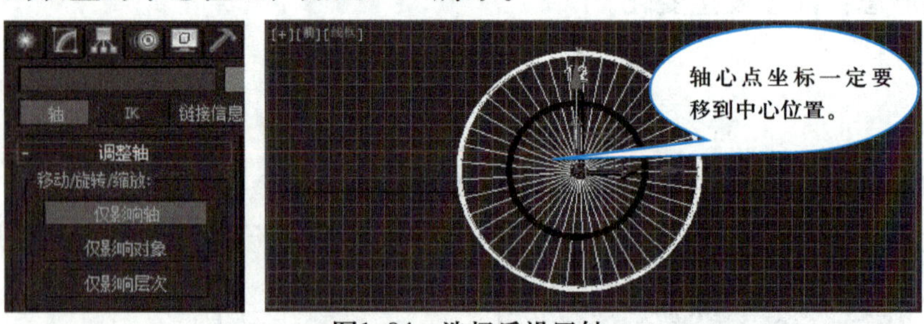

图1-84 选择反设置轴

步骤4：在工具栏空白处单击鼠标右键，在弹出的快捷菜单中选择“附加”命令，在浮动工具栏中单击（阵列）按钮，在弹出的“阵列”对话框中设置阵列参数，如图1-85所示。单击“确定”按钮，阵列复制完成，效果如图1-86所示。

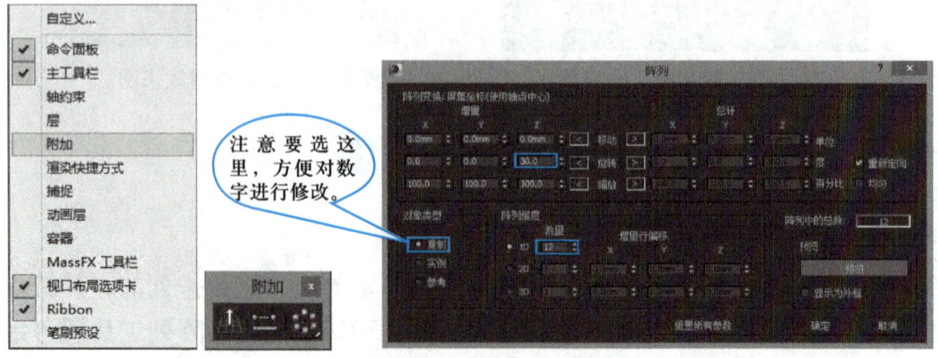

图1-85 阵列参数设置

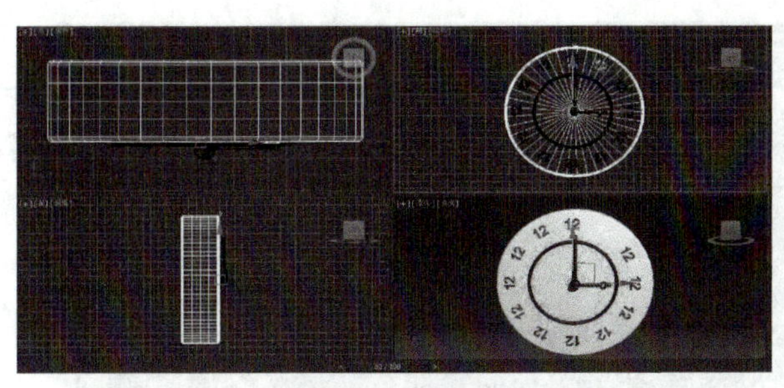

图1-86 阵列复制完成效果

步骤5：选中闹钟1点位置的文本“12”，单击（修改）按钮，在参数面板的文本输入区将数字“12”改为“1”。用同样的方法修改其他数字，效果显示如图1-87所示。

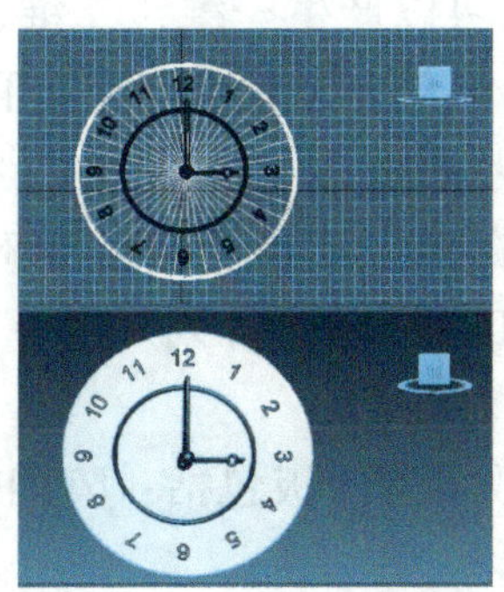

图1-87 修改文本数字

步骤6：表盘刻度制作。执行“创建→图形”命令，进入“图形创建”命令面板，单击 线 按钮，在前视图中创建一个短直线，用“移动”工具调整到数字“12”的上方。单击（修改）按钮，在渲染参数卷展栏中设置厚度值为2，参考步骤3和步骤4完成刻度阵列复制。

步骤7：对指向数字的直短线进行修改。在前视图中，选择数字文本“12”上方的短线，单击（修改）按钮，将渲染选项中的厚度设置为“3”，在修改列表下方选择次子对象“顶点”，将线段加长。效果如图1-88所示。

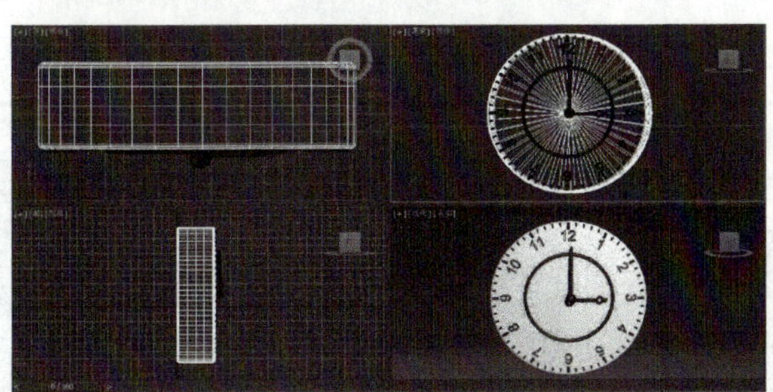

图1-88 表盘刻度制作完成效果

步骤8：在视图中单击鼠标右键，在弹出的快捷菜单中选择“全部取消隐藏”，适当调整位置，整个闹钟的模型就全部完成了。最终的效果如图1-89所示。将文件保存为“猫头鹰闹钟.max”。

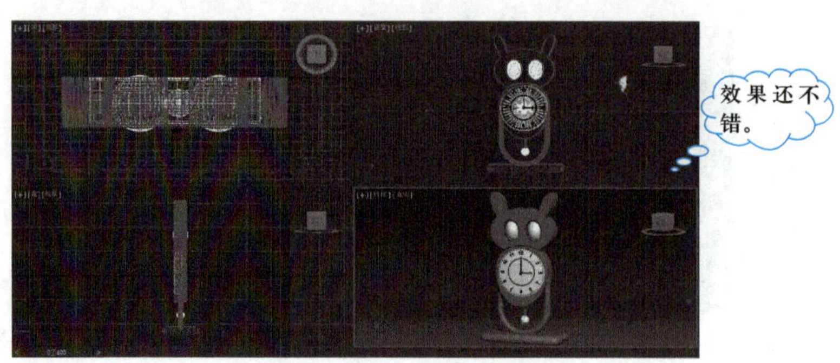

图1-89 猫头鹰闹钟模型图

必备知识

创建当前选中图形的阵列，可以产生一维、二维、三维的阵列复制，常用于大量有序地复制图形。阵列工具的操作方法及参数设置如下：

1）设置复制对象轴心点。选择需要复制的对象，执行“层次→轴→仅影响轴”命令，使用“移动”和“旋转”工具能够改变对象轴心的位置和方向。

2）选择阵列工具。执行“工具”→“阵列”命令，打开“阵列”对话框，或者通过“浮动”工具栏打开“阵列”对话框。

3）阵列参数设置。阵列参数设置面板包括：阵列变换、对象类型和阵列维度等选项组。

①“阵列变换”选项组用于指定如何应用3种方式来进行阵列复制。

增量：用于设置X、Y、Z三个轴向上的阵列物体之间距离大小、旋转角度、缩放程度的增量。

总计：分别用于设置X、Y、Z三个轴向上的阵列物体自身距离大小、旋转角度、缩放程度的增量。

②“对象类型”选项组用于确定复制的方式。

③“阵列维度”选项组用于确定阵列变换的维数。

设置相应的参数，可以阵列出有规律的物体对象，见表1-2所示。

表1-2 阵列参数设置效果

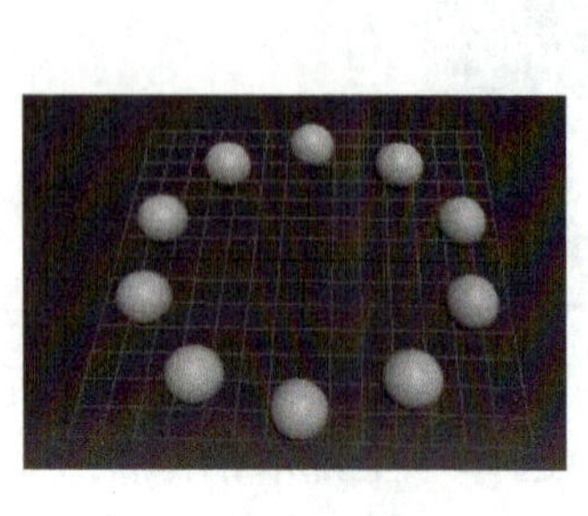	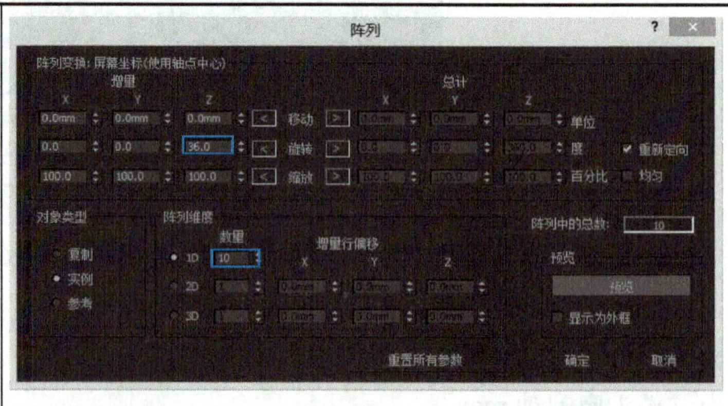

（续）

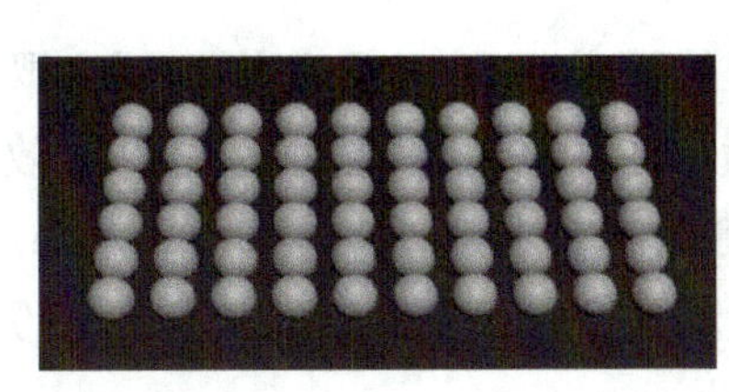

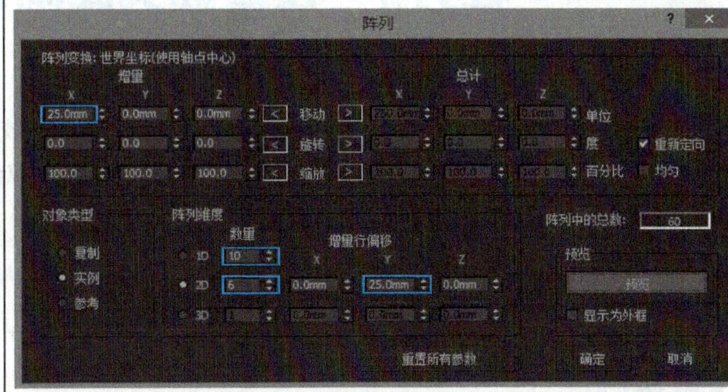

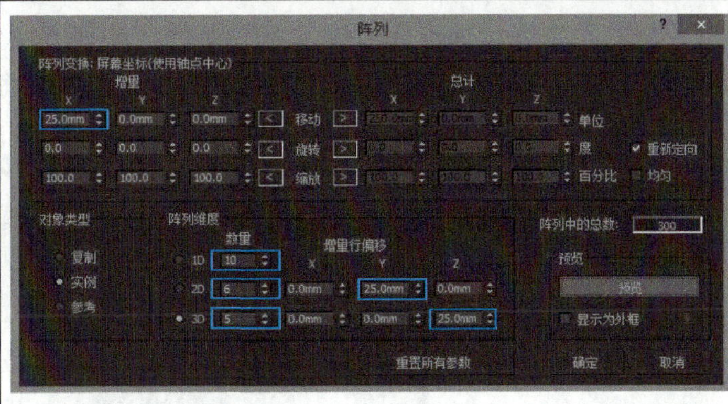

任务拓展

在制作三维场景时，经常需要制作大量形态相同的物体，这时就可以通过复制功能来快速完成这项工作，在3ds Max 2014中提供了克隆、镜像及阵列等多种常用的物体复制命令。

克隆、镜像及阵列是在绘图中常用的辅助工具，希望大家通过实例制作熟悉掌握。这里，还需进一步加强阵列复制的练习。

练习：

1）运用标准基本体及扩展基本体、二维线形及阵列工具完成椅子的制作，效果如图1-90所示。

2）完成生日蛋糕的制作，效果如图1-91所示。

图1-90　椅子制作效果图

图1-91　蛋糕制作效果图

任务4　设置猫头鹰闹钟的材质与灯光

任务分析

猫头鹰闹钟的主要用户对象是儿童。如果制作的效果图是用于产品宣传，那么既要在材质的选用时考虑产品的真实感，又要在灯光的设置中考虑海报画面的视觉效果，这样才能够吸引小朋友的眼球。本任务通过卡通闹钟场景的制作，学习3ds Max 2014材质编辑器和标准灯光的使用方法，掌握塑料材质明暗属性和玻璃透明效果的设置方法，学习利用光线跟踪使产品的场景更加逼真的方法。

任务实施

步骤1：打开“猫头鹰闹钟.max”文件。在顶视图创建切角圆柱体作为圆桌面，参数设置：半径为1800，边数为24。利用“移动”工具将其调整放在闹钟下面。

步骤2：外框架塑料材质。按<M>键，打开“材质编辑器”窗口，如图1-92所示。选择第一个材质样本球，将其命名为“外框”，在“Blinn基本参数”选项组中单击“环境光”右侧的色块，在弹出的“颜色选择器”对话框中设置颜色红、绿、蓝的数值分别为243、8、60。

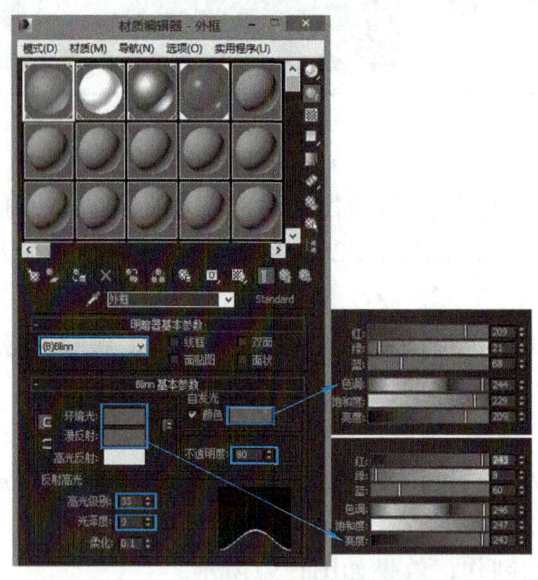

图1-92　外框架塑料材质参数设置

步骤3：单击子选项组“自发光”右下角的色块，在弹出的“颜色选择器”对话框中设置颜色红、绿、蓝的数值分别为209、21、68。在子选项组“反射高光”中设置“高光级别”为33，“光泽度”为9，“不透明度”为80。将设置好的材质指定给框架。

步骤4：设置下摆捶的材质。选择第二个材质球，将其命名为“摆捶”，在“明暗器基本参数”卷展栏的“明暗器类型”下拉列表框中选择“金属”选项。设置漫反射为白色，高光级别为180，光泽度为22，将编辑好的材质赋予下摆捶。

步骤5：眼睛材质。选择第三个材质球，将其命名为“眼睛”，在“明暗器基本参数”卷展栏的“明暗器类型”下拉列表框中选择“Blinn”选项。设置漫反射为灰色（红、绿、蓝均为82），高光级别为92，光泽度为10，不透明度为65，将编辑好的材质指定给猫头鹰眼睛。

步骤6：目标聚光灯设置。执行“创建”→“灯光”→“目标”命令，在视图中创建一盏目标聚光灯，然后参照图1-93调整聚光灯的位置。

步骤7：目标聚光灯参数设置。切换到“修改”命令面板，展开“常规参数”卷展栏。在“阴影”选项组中勾选“启用”复选框。展开“强度/颜色/衰减”卷展栏，设置倍增为0.8，颜色为白色。展开“聚光灯参数”卷展栏，设置聚光区/光速为30，衰减区/区域为45。展开“阴影参数”卷展栏，设置颜色为灰色（红、绿、蓝均为69），密度为0.8，如图1-94所示。

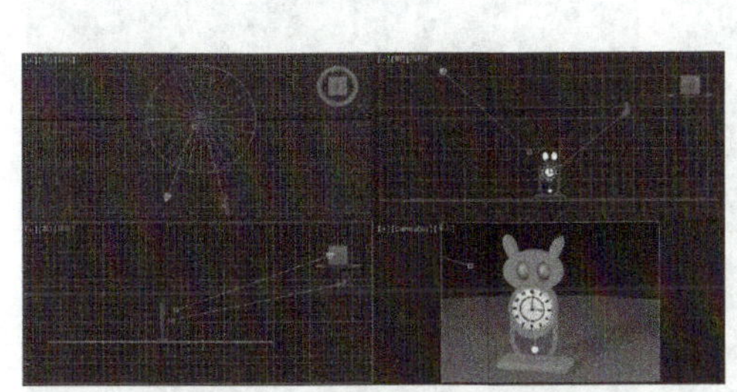
图1-93 创建目标聚光灯

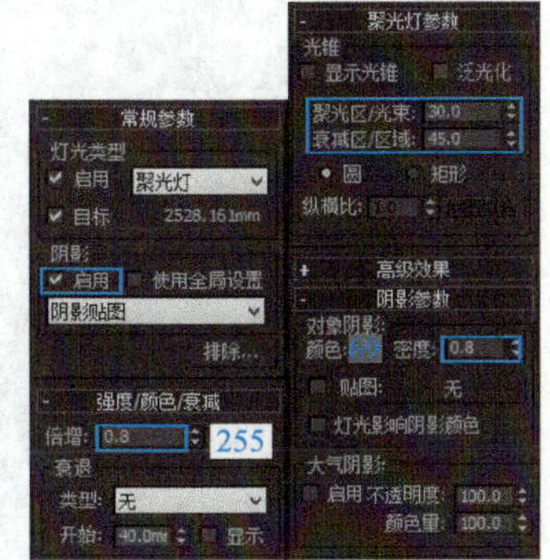

图1-94 聚光灯参数设置

步骤8：设置泛光灯。为使卡通闹钟右边不出现黑影，提高右侧的亮度，在右侧摄影机下方添加一个泛光灯，如图1-95所示。切换到“修改”命令面板，展开“强度/颜色/衰减”卷展栏，设置倍增为0.4，颜色为白色（RGB为255）。

步骤9：激活透视图，单击（渲染产品）按钮，对场景进行渲染，完成实例的制作。最终效果图如图1-96所示。

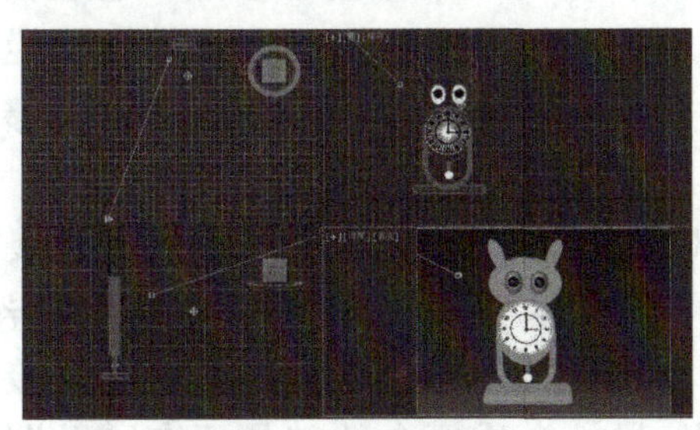
图1-95 创建泛光灯

图1-96 最终效果图

必备知识

1. 几种常用材质的设置方法

“材质”实际上就是3ds Max系统对真实物体视觉效果的模拟，这种视觉效果又可以分解为颜色、纹理、反光、自发光、透明等诸多要素，对这些要素进行不同的调整就能产生塑料、玻璃、金属等逼真的质感。材质的编辑制作是通过3ds Max 2014的材质编辑器来完成的，如图1-97所示。

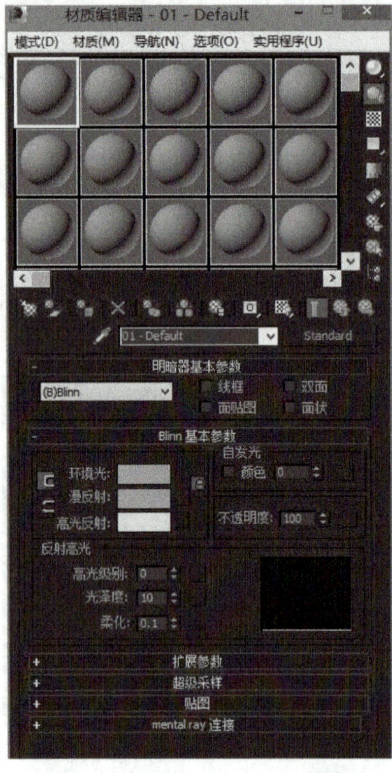

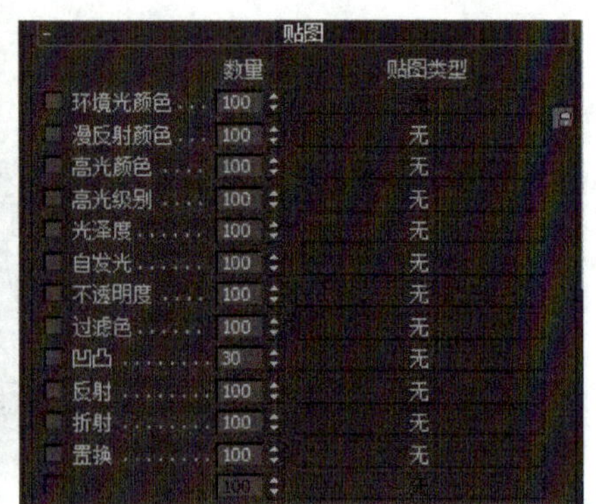

图1-97　材质编辑器

1）塑料材质的设置。在材质编辑器对话框的“明暗器基本参数”卷展栏中，明暗属性若选择“Blinn（胶性）”或“Phong（塑性）”，则可以很好地模拟从高光到阴影区自然色彩变化的材质效果，使塑料质感表现得较强。在基本参数卷展栏中，塑料材质的高光级别取值为20～40，光泽度取值在10左右，不透明度取值为80～100。

2）金属材质的设置。在材质编辑器对话框的“明暗器基本参数”卷展栏中，明暗属性选择“金属”，这是专门模拟金属材质的明暗模式。在基本参数卷展栏中，金属材质的颜色一般为白色或灰白色，高光级别取值为100～200（一般取值足够高），光泽度偏低。

3）玻璃材质的设置。在材质编辑器对话框的“明暗器基本参数”卷展栏中，明暗属性若选择“Blinn（胶性）”或“各向异性”，则可用于模拟具有反光异向性的材料。在基本参数卷展栏中，高光级别取值为50～70，光泽度与高光级别较接近，玻璃的一个重要设置就是不透明度一般低于80。另一个重要参数就是要在“贴图”卷展栏中设置“反射”，贴图类型选择“光线跟踪”，贴图数量选择为15～30。

2．灯光主要参数的设置

摄影机和灯光的设置是场景组成的重要部分，摄影机和灯光效果的好坏直接影响整体效果。在效果图的制作过程中，灯光效果是最难控制的，这里需要读者多拿出一些时间和精力来练习。本任务中用到的摄影机及灯光的主要参数见表1-3。

表1-3 灯光创建与参数设置

类 型	图形符号	主要参数设置	说 明
目标聚光灯	（光源）◁—E（目标点）	1．常规参数：灯光类型，阴影启用，照射对象 2．强度/颜色/衰减参数：颜色、亮度倍率、衰减效果 3．聚光灯参数：光锥（聚光区和衰减区） 4．阴影参数：阴影颜色、密度、贴图	效果图场景中的灯光设置，应该先设置主光源，后设置辅助光源（如本任务中目标聚光灯为主光源，泛光灯为辅助光源），光线较强时主光源的“倍增器”数值要大于1，光线较弱时“倍增器”数值小于1。一般情况下辅助光源“倍增器”数值设置应该考虑小于1。
泛光灯	⊕（光源）	同上	

任务拓展

塑料、金属及玻璃材质是材质设置中经常都要用到的。给造型赋予材质在效果图制作中是很重要的一步，需要注意的是，材质不仅要与造型相配，而且还要与周围环境协调一致，参数只能提供参考，多数情况下是要通过反复试验才能达到满意效果的，所以要多练习，不断积累经验，才能打下坚实的基础。

练习：

1）打开本书配套文件素材中的“项目2\任务拓展\玻璃和金属.max”文件，使用反射贴图制作如图1-98所示的玻璃和金属效果。

2）打开本书配套文件素材中的“项目2\任务拓展\淋浴露.max”文件，进行塑料、贴图及灯光设置，制作如图1-99所示的淋浴露效果图。

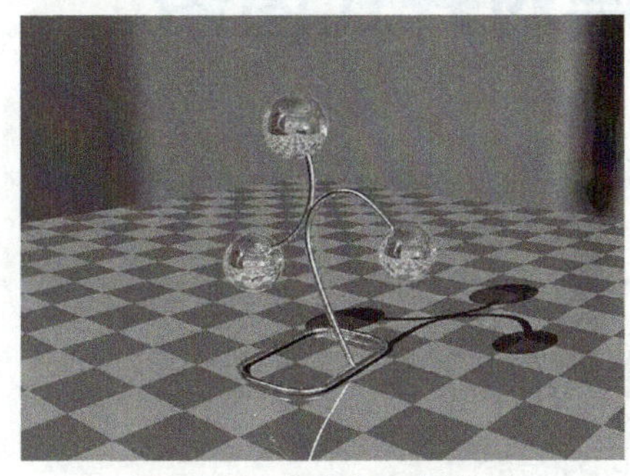

图1-98 玻璃和金属效果

图1-99 淋浴露效果图

项目评价

本项目通过制作猫头鹰闹钟模型，主要学习了二维线条子对象的编辑方法，包括节点调整、编辑样条线的轮廓、附加以及布尔运算。使用倒角修改命令将二维线条转化为三维形体，在制作表盘时还使用了阵列工具。可以说，这是一个典型的二维线形经过样条线编辑、加上修改命令转化为三维模型制作的综合运用实例。

猫头鹰闹钟模型在材质设置中，充分运用了几种典型的材质，如塑料、金属、玻璃材质等并通过灯光环境特效使场景气氛烘托得更加生动。

通过本项目的学习，给自己做个评价，见表1-4。

表1-4 项目评价表

	很满意	满意	还可以	不满意
项目的完成情况				
与同组成员沟通及协作情况				
掌握的知识点				
产品设计评价				
体会和经验				

实战强化

课后练习1：利用二维线形编辑及挤出修改命令制作钥匙效果图，如图1-100所示。

课后练习2：利用二维线形编辑及车削修改命令制作螺钉旋具效果图，如图1-101所示。

图1-100 钥匙效果图

图1-101 螺钉旋具效果图

项目3 制作双层对开式窗帘

设计草图如图1-102所示。

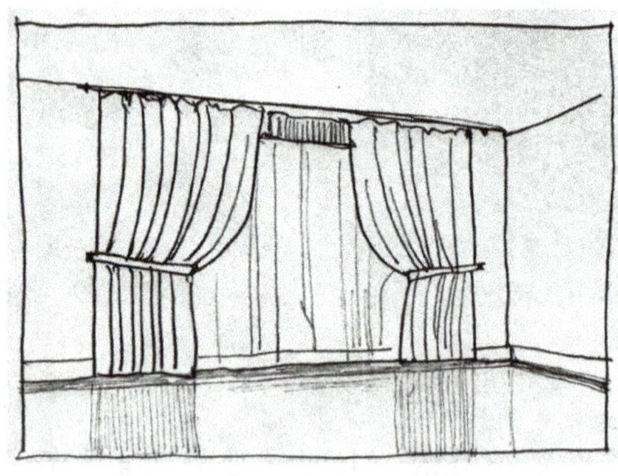

图1-102 设计草图

项目描述

本项目是学习制作双层对开式窗帘的效果图，将分为3个任务来完成。第一个任务是：运用创建二维线形命令绘制一条波浪线形，再通过对顶点的编辑得到窗帘的截面曲线。第二个任务是：生成对开式立体窗帘模型。将任务1中绘制编辑好的圆滑曲线通过放样变成三维立体直放式窗帘，再利用变形修改命令得到对开式窗帘模型。第三个任务是：设置窗帘材质及场景灯光。通过窗帘材质的操作，学习制作半透明纱窗类型和布艺材质的方法。在为窗帘场景设置灯光时，进一步学习场景灯光的设置。希望通过灯光的设置，既突出窗帘的主题又营造一个温馨惬意的室内场景。

目前，3ds Max已成为室内设计三维效果图的主流软件之一。室内软装饰是现代室内设计中的重要词汇，窗帘就是室内纺织品软装饰之一，是每家每户的必备用品。从古至今窗帘在室内装饰设计中都占有重要的地位。当人们为客户进行家居窗帘设计时，应该向客户了解窗帘的悬挂地方：客厅、卧室、餐厅还是书房？因为不同环境对窗帘的要求不同。现在大多数的业主一般都选择双层窗帘，里面一层是轻薄材质的纱帘，如尼龙绸、薄罗纱和网眼布，外面一层是厚重材质的窗帘，如灯心线、呢绒或金丝绒等，这样就可以根据季节和天气的变化轻松地变换窗帘。

任务1 绘制窗帘截面曲线

任务分析

有许多外形复杂的物体，如各种复杂表面的立柱、表面起伏的相框、线条各异的现代派雕塑、一些形态不对称的造型等，这些复杂物体可以建立一个或多个二维截面，然后使其沿一条路径生长从而得到三维物体，这种建模方法称为放样。窗帘是放样建模的典型实例，本任务是通过窗帘造型制作学会放样建模的基本方法。利用“线”命令绘制一条规则的开放型圆滑波浪线，作为窗帘的截面，再利用“线”命令绘制一条垂直的直线，作为放样的路径，通过“放样”操作就可以得到窗帘的造型。

任务实施

步骤1：执行“文件”→“重置”命令，重新设置系统。设定并打开栅格捕捉。

步骤2：单击（创建）按钮，进入创建命令面板。单击（图形）按钮，进入图形创建命令面板。单击（线）命令按钮，在“前视图”中绘制如图1-103所示的折线。

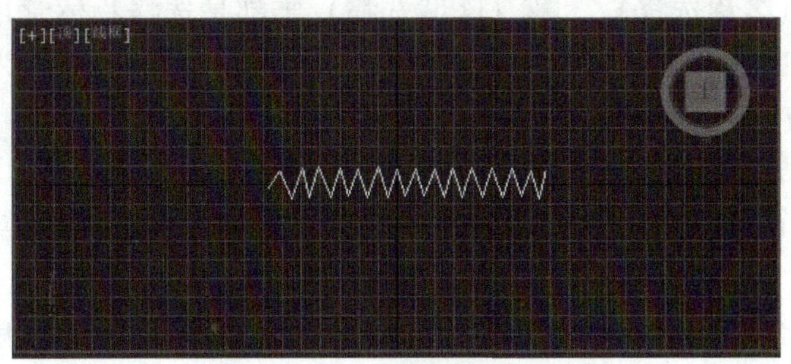

图1-103 绘制窗帘截面折线

步骤3：单击（修改）按钮，进入修改命令面板，在下面的“选择”栏中单击（顶点）按钮，选择需要修改的顶点，单击鼠标右键打开快捷菜单，利用“光滑”“Bezier”命令和“移动工具”对线形的顶点进行修改，使其符合窗帘截面曲线，结果如图1-104所示。

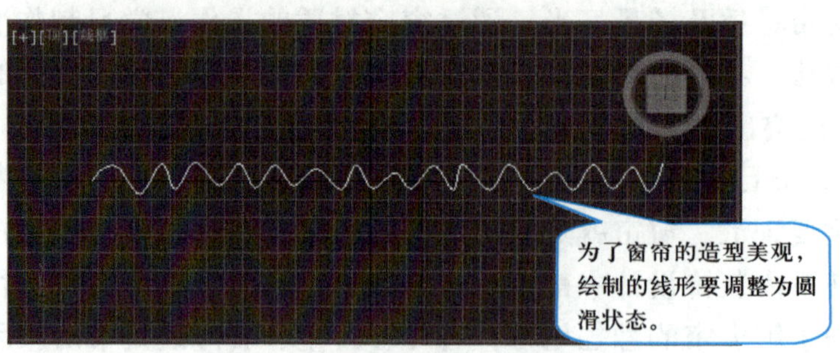

图1-104 修改后的窗帘截面曲线

小技巧

对折线进行顶点调整时，可利用（区域选择）方式选择除两端点以外的全部顶点，一次性设置“光滑”或“Bezier”顶点，这样可以提高编辑修改的效率。

步骤4：在前视图中，从上至下绘制一条垂直直线，两端点设置为角点方式，作为窗帘路径，如图1-105所示。

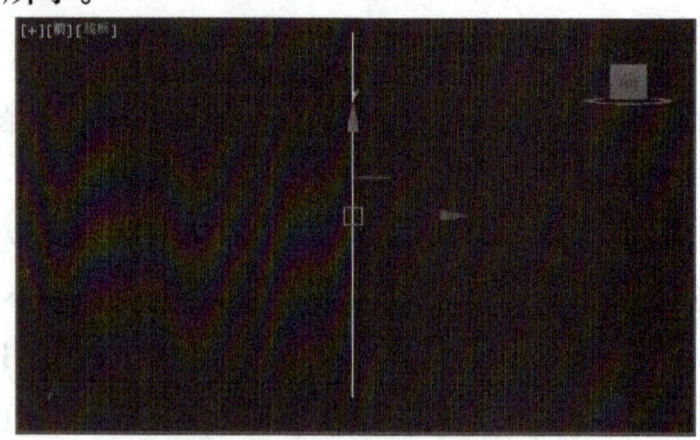

图1-105 创建窗帘的路径

步骤5：执行“文件”→“保存”命令，将文件保存为“窗帘截面曲线.max”。

必备知识

1）3ds Max提供了多种选择物体的工具和方法。（选择物体）、全部（过滤器选择集）、（名称选择）、（区域选择）等都是选择物体常用的方法。这几种选择方式都可以与（窗口/交叉）配合使用，“窗口/交叉”分为两种方式：一是（交叉选择）方式，选择框内以及与选择框接触的对象均被选择；二是（窗口选择）方式，只有完全在选择框内的对象才能被选择。

同时选择多个物体，可以按住<Ctrl>键；取消其中个别物体的选择，可以按住<Alt>键。

2）对物体进行移动、旋转和缩放是3ds Max的三种基本操作。单击主工具栏中的移动、旋转、缩放工具按钮，可分别对物体进行移动、旋转和缩放的变换。

任务拓展

在效果图的制作中，只要有足够的想象力和制作技巧，就可以通过较为复杂的二维线形创建出形态更为复杂的造型。

在默认状态下，二维线形在渲染时是看不见的。二维线形若要显示出来，必须选择渲染展卷栏中的“在渲染中启用”或者“在视口中启用”复选框。另外，“插值”卷展栏中的“步数”可以调整曲线的圆滑度，其默认值为6。

练习1：根据图1-106所示的香蕉、苹果、休闲椅效果图，参照图1-107所示绘制香蕉、苹果、休闲椅轮廓的截面曲线。

图1-106 香蕉、苹果、休闲椅效果图

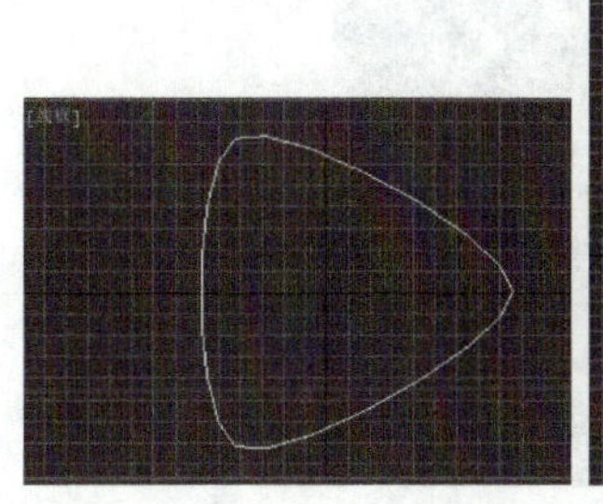
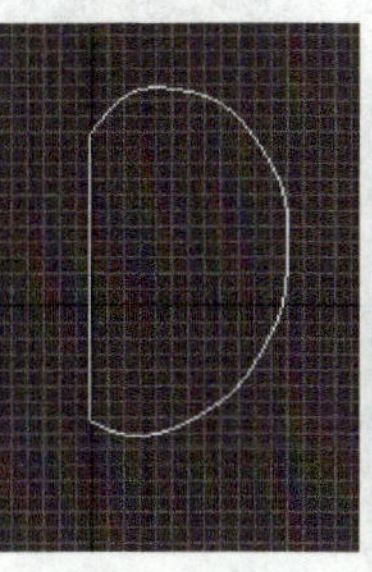
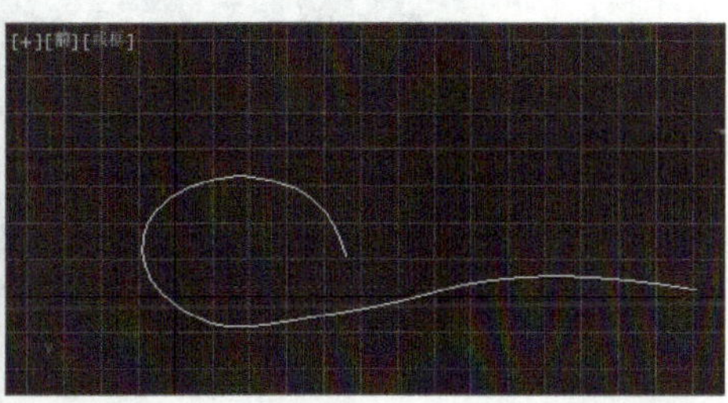

图1-107 香蕉、苹果、休闲椅轮廓的截面曲线

练习2：利用二维图形中的绘制图形，并结合渲染卷展栏中的“厚度”参数及线条颜色设置等功能，完成图1-108所示的二维曲线。

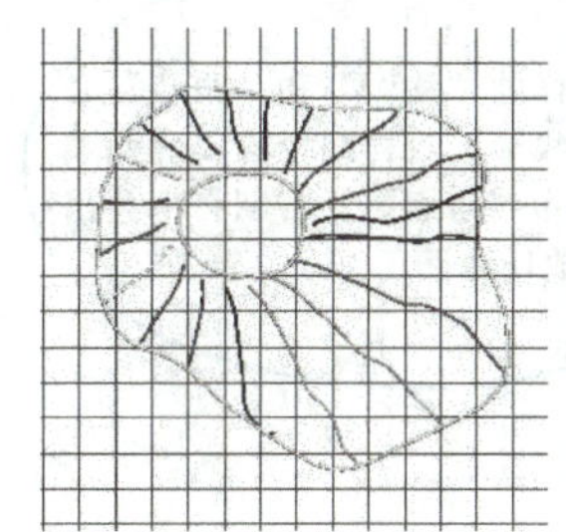
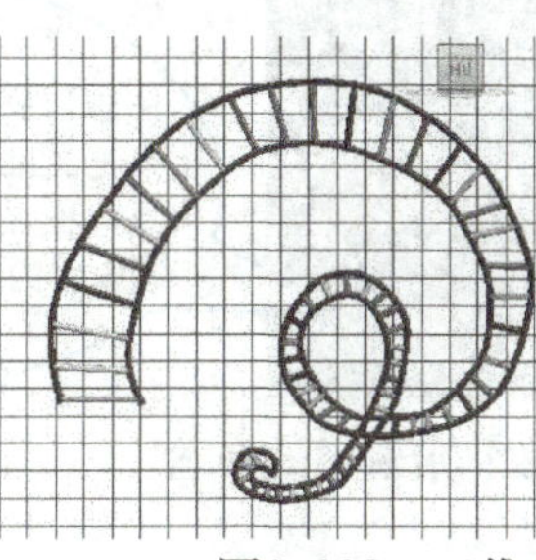

图1-108 二维曲线图形

任务2 制作对开式双层窗帘

任务分析

用“放样”方式制作模型，首先应该具备两个基本条件：一是要准备好生成模型的截面，二是要有截面生长的路径，只有两个条件齐备才可以在3ds Max中制作生成一个放样模型。本任务是在任务1已创建好的窗帘截面图和路径的基础上，通过放样工具来生成简单的直放式窗帘图形，再利用“变形工具”对次对象进行编辑生成拉向一侧的窗帘图形，最后运用镜像命令完成对开式窗帘的建模。

任务实施

步骤1：打开任务1中保存的“窗帘截面曲线.max”文件。

步骤2：确认截面曲线处于被选择状态，单击创建命令面板上的“几何体”按钮，出现标准几何体选项窗口，在其下拉列表框中选择“复合对象”选项。

步骤3：在“对象类型”命令面板上单击 放样 按钮，在创建方法面板中单击“获取路径”按钮，如图1–109所示。在视图中单击用作路径的直线，即可生成窗帘形态，如图1–110所示。

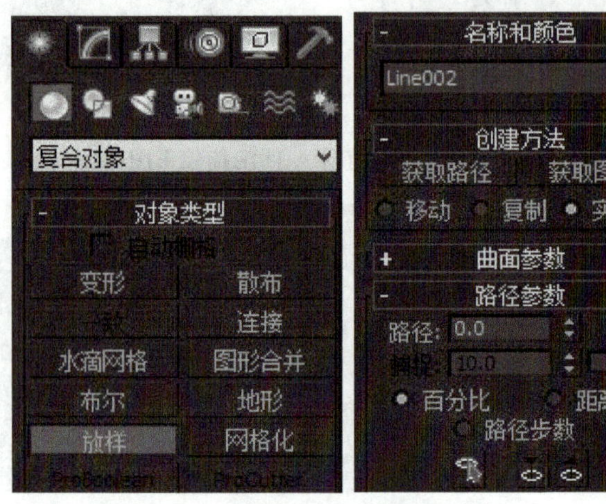

图1–109　放样命令面板

注意：放样的“截面”和“路径”必须是二维线形。放样路径直线的两端点应设置为“角点”，否则将不会出现窗帘的放样结果

图1–110　放样后窗帘的形态

小技巧

在放样的创建方法中，对于先指定路径再拾取截面图形，还是反之，对造型的形态都没有影响，只是根据位置的需要来选择而已。

步骤4：复制放样后的直放窗帘。将原直放窗帘隐藏，保留待用。

步骤5：确认复制的窗帘处于被选择状态，单击（修改）按钮，打开修改命令面板，如图1–111所示。单击“变形”卷展栏中的“缩放”按钮，弹出“缩放变形”对话框，如图1–112所示，单击（插入角点）按钮，在红色控制线上插入一个节点，其坐标为（35，100）。

步骤6：单击“缩放变形”对话框工具栏中的（移动）按钮，将插入的节点移动到如图1–113所示的位置，移动后的坐标为（35，10）。

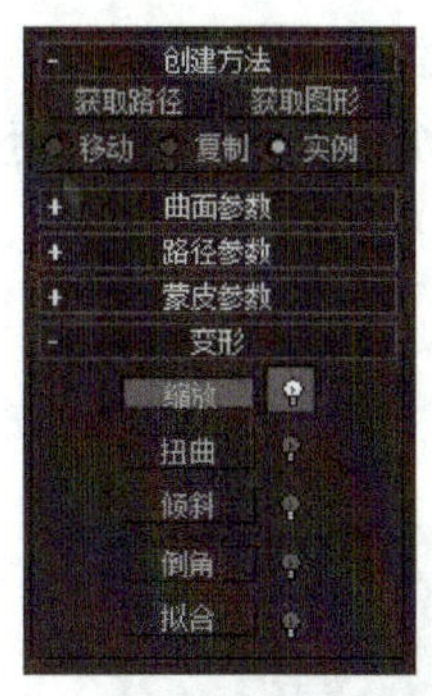

图1-111　修改命令面板

图1-112　“缩放变形”对话框及插入节点的位置

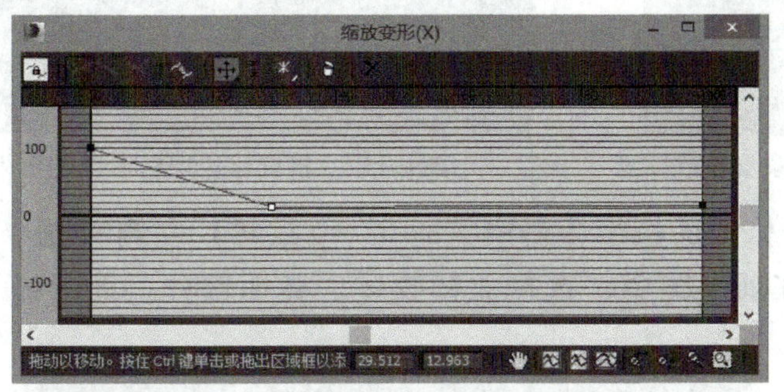

图1-113　节点移动后的位置

步骤7：从左边数起，在第二个节点上单击鼠标右键，在弹出的快捷菜单中选择“Bezier-角点”命令，调整节点上的调节杆，调整后的形态如图1-114所示。

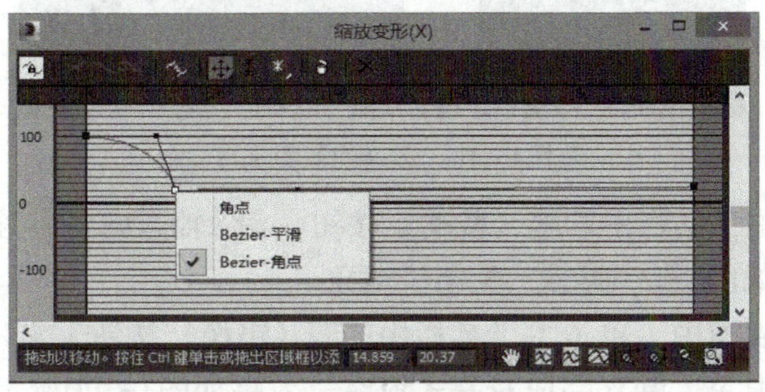

图1-114　节点平滑后的状态

步骤8：关闭“缩放变形”对话框。束起的窗帘制作完成，如图1-115所示。

图1-115　束起的窗帘

步骤9：对窗帘进行精细圆滑处理。在视图中选择窗帘，单击 （修改）命令按钮，在修改面板中选择“蒙皮参数”选项，设置参数如图1-116所示。精细化处理后窗帘的效果如图1-117所示。

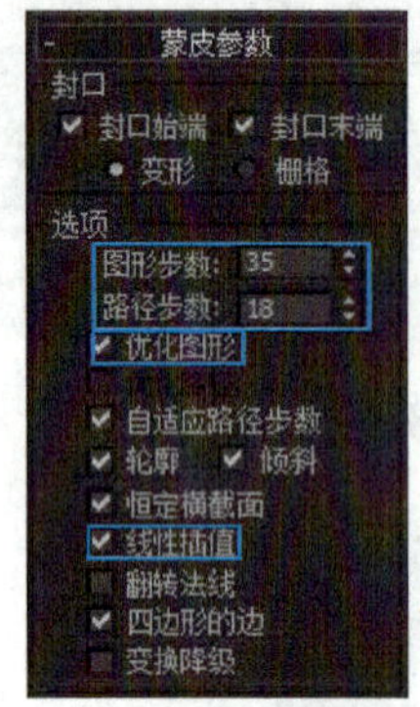

图1-116　蒙皮参数设置

图1-117　精细化处理后窗帘的效果

步骤10：单击修改面板堆栈器中“Loft”（放样）左侧的 号，展开其子对象，选择图形选项。在前视图中，选择放样物体的截面部分（此时显示为红色），如图1-118所示。

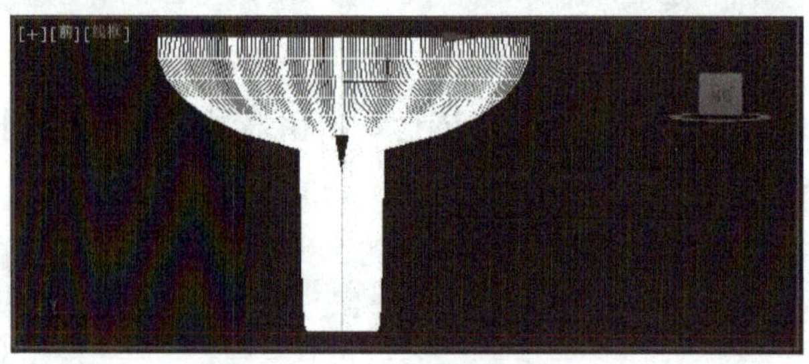

图1-118　选择的截面部分

步骤11：单击主工具栏中的 （移动）按钮，沿X轴方向将其移动至路径右侧，调整后的位置及形态如图1-119所示。关闭子对象。

步骤12：在前视图中，单击主工具栏中的 （镜像）按钮，沿X方向运用关联复制方式，生成另一侧窗帘，制作完成对开式窗帘，效果如图1-120所示。

图1-119　截面移动后的位置及形态

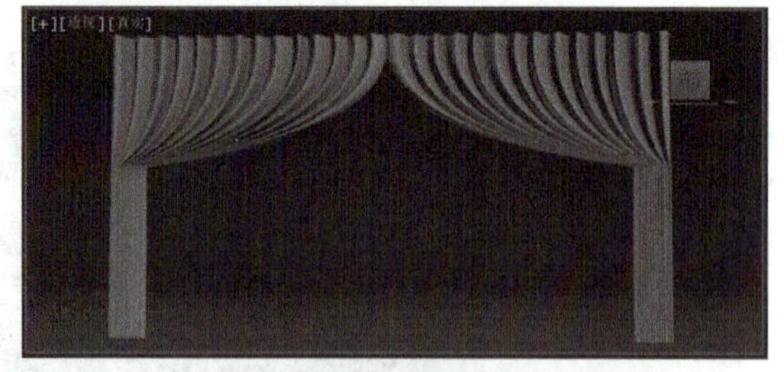

图1-120　镜像复制后的位置及形态

步骤13：取消原垂直窗帘的隐藏，通过移动、缩放调整至合适的位置，再利用缩放变形调整形状，直到满意为止。利用圆柱、球体等创建窗帘杆装置，自行设置室内环境。最终效果如图1-121所示。执行“文件”→“另保存”命令将文件保存为“对开式窗帘.max”。

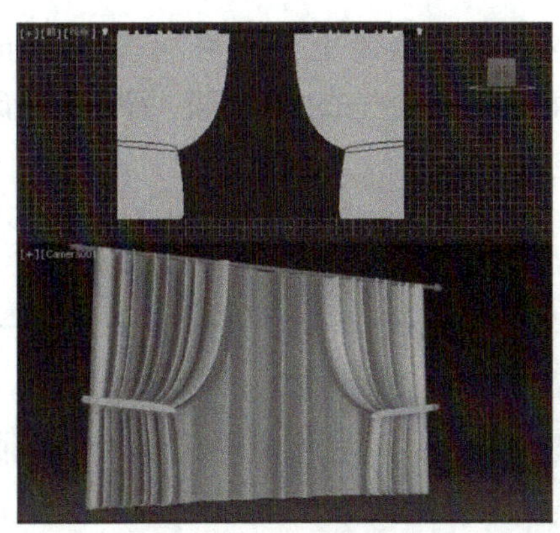

图1-121 窗帘模型图

必备知识

1）Loft Object（放样）：是将一个二维形体对象沿某个路径的截面排列而形成复杂的三维对象。放样功能顾名思义，“样”是指二维截面图形；“放”是指赋予截面图形延伸的方向，这个方向被称为路径。“截面”与“路径”必须是二维曲线。放样命令的用法分为两种，一种是单截面放样，只用一次放样截面变形即可制作出所需要的形体（如窗帘形体）；另一种是多截面放样，沿某个路径有多个不同截面排列变形，用于制作较为复杂的几何形体。

2）在3ds Max中通过“修改”面板的“变形”卷展栏，可以访问放样变形曲线。“变形”在“创建”面板上不可用，必须在放样之后进入“修改”面板才能访问“变形”卷展栏。“变形”卷展栏有5种变形曲线，即“缩放”“扭曲”“倾斜”“倒角”和“拟合”，在“变形”卷展栏中可以看到这5个变形曲线的命令按钮，在每个命令按钮的右侧都有一个 / （激活/不激活）按钮，只有该按钮处于激活状态，变形曲线才会影响对象的外形。所有的变形编辑都是针对截面图形的，截面图形上带有控制点的线条代表沿路径方向的变形。5种变形曲线的特点如下。

①“缩放”变形：是通过改变截面图形在X和Y轴上的缩放比例，使放样物体发生形变。

②“扭曲”变形：是使截面图形沿着路径方向旋转，从而产生盘旋或扭曲效果。变形曲线处于0位置上，当向正值方向拖曳控制点时，截面图形逆时针旋转；当向负值方向拖曳控制点时，截面图形将顺时针旋转。

③“倾斜”变形：是使截面图形围绕局部X轴和Y轴旋转。该命令常用来辅助与路径有偏移的图形生成其他方法难以创建的模型。

④“倒角”变形：此曲线命令用来为放样对象添加倒角效果，该变形曲线类似于“倒角”修改器，但是“倒角”变形曲线可以产生比“倒角”修改器更丰富的效果。

⑤“拟合”变形：将放样对象沿路径变形为所需的封闭曲线形状。拟合变形与上述4种变形不同，不是通过调整某个轴完成，而是由封闭的曲线所构成。

任务拓展

多截面放样是放样物体的一条路径上，允许有多个不同的截面图形存在，它们共同控制放样物体的外形。确定在路径上的何处插入新的截面图形，是通过路径参数卷展栏中“路径”的数值来控制。

练习：1）根据如图1-122所示的效果图，应用放样命令来制作台布模型。

图1-122 桌布效果图

> 提示：
> 创建两个用于放样的截面。
> 绘制一条用于放样的路径。
> 多截面放样生成台布模型（注意：路径参数的正确设置）。

2）根据如图1-123所示的效果图，应用放样命令来制作大堂柱模型。

图1-123 大堂柱效果图

> 提示：
> 创建一个用于放样的截面。
> 绘制一条用于放样的路径。
> 放样生成圆柱物体。
> 运用缩放变形命令进行修改。

任务3 设置对开式双层窗帘的材质与灯光

任务分析

当创建好窗帘模型后，需要给它添加相应的材质，才能看到逼真的窗帘效果。当确定了窗帘的造型及材质后，灯光设置也将直接影响到场景的整体效果。

这里将通过学习窗帘材质的设置，重点掌握透明纱窗材质及布艺类材质的编辑操作方法。纱窗材质设置，首先选择“Phong”明暗器材质，然后设置材质的不透明度，最后再指定漫反射和凹凸材质的贴图，将白色窗纱表现为透光、半透明的效果。布艺材质设置，首先为漫反射添加合适的贴图文件，然后对材质的基本参数进行设置，可以根据具体需求为材质添加噪波贴图。窗帘环境的灯光设置，运用标准灯光中的泛光灯照射窗帘，添加体积光实现纱窗透光的效果，最后再设置天光，使整个环境显现出空间自然光的效果。

任务实施

步骤1：打开任务2中保存的“对开式窗帘.max”文件，如图1-124所示。

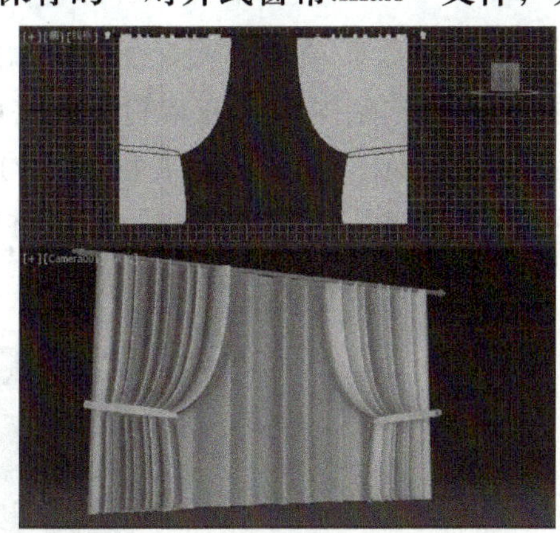

图1-124 对开式窗帘的组合模型

步骤2：设置白色纱窗材质。白色窗帘材质其实就是一种很薄的纱窗，可以投射光线，有一种朦胧的半透明效果。

按<M>键，打开“Slate材质编辑器”窗口，如图1-125所示。在窗口左侧“材质/贴图浏览器”下面的“材质”中选择“标准”。在窗口的右侧，将材质名称设置为“纱窗”。在“明暗器基本参数”展卷栏中，将“明暗器类型”选择为“（P）Phong”，勾选“双面”。在“Phong基本参数”展卷栏中，将“环境光”设置为灰色（红、绿、蓝均为86），“漫反射”设置为白色，“高光反射”设置为浅青色（红为87、绿为173、蓝为174），调整“不透明度”为65，“高光级别”为35，“光泽度”为21。

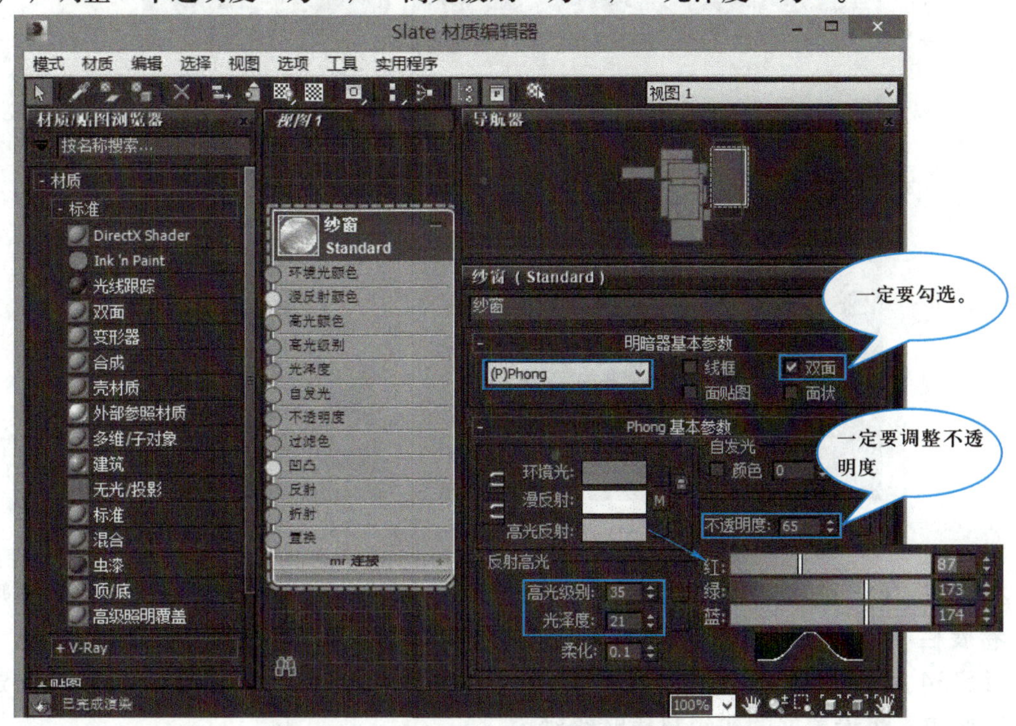

图1-125 Slate材质编辑器及纱窗材质设置参数

小技巧

在编辑模型材质时，通过修改基本参数中的不透明度，可以使模型变为半透明对象。

步骤3：为白色纱窗添加布纹材质。单击“漫反射”右侧的“M”按钮，在弹出的“材质/贴图浏览器”对话框中选择“贴图”，在素材文件夹中选择“doth.jpg”图片作为漫反射的贴图文件，如图1-126所示。在贴图卷展栏中，勾选凹凸贴图，数量调整为50，单击右侧的“无”贴图类型按钮，选择“凹痕”选项并单击“确定”按钮，如图1-127所示。

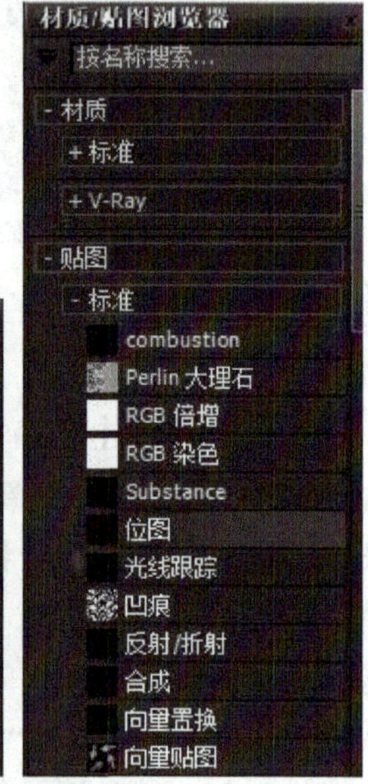

图1-126　漫反射选择贴图

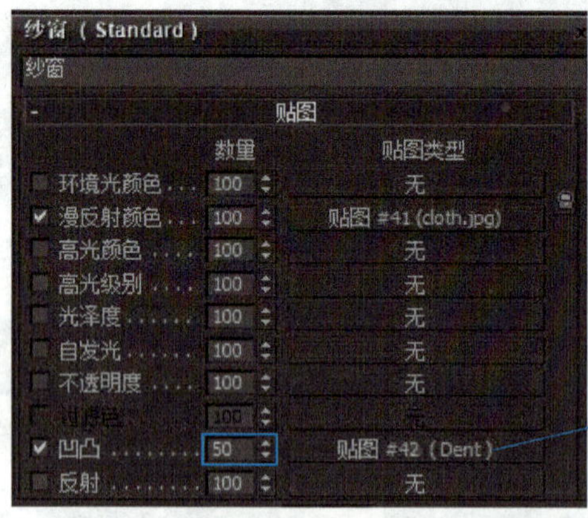

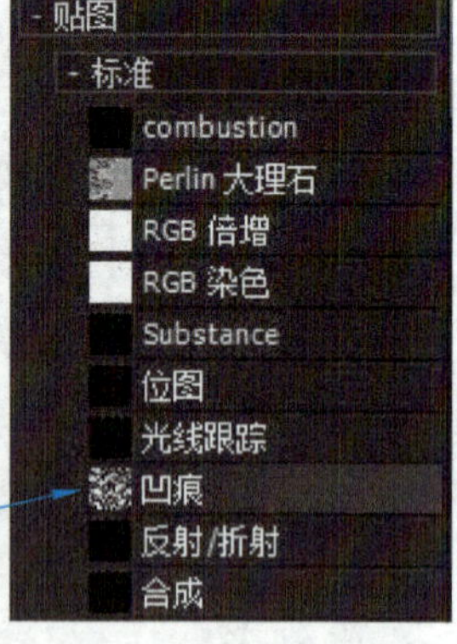

图1-127　凹凸贴图设置

步骤4：在“坐标”卷展栏中，设置“瓷砖”的X、Y、Z值均为0.1。在“凹痕参数”卷展栏中，设置“大小”为1500，“强度”为60，“颜色#1”为浅灰蓝色（红134、绿134、蓝209），“颜色#2”为白色，如图1-128所示。单击（将材质指定给对象）按钮，将设置好的布纹材质赋给纱窗。

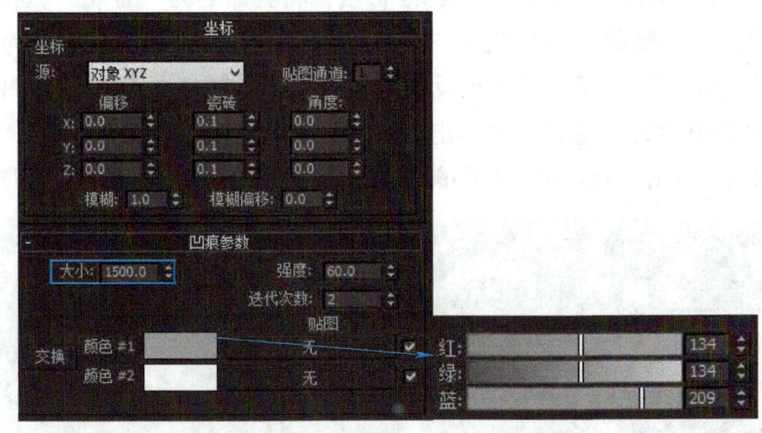

图1-128　设置“坐标”和“凹痕参数”

步骤5：对开式布艺窗帘材质设置。在“明暗器基本参数”展卷栏中，“明暗器类型”选择“（B）Blinn”。在“Blinn基本参数”展卷栏中，设置“高光级别”为58，“光泽度”为44。

小技巧

Blinn明暗器与Phong明暗器有细微的不同，最明显的区别是高光显示效果。使用“Blinn明暗器”可以获取灯光以低角度擦过表面产生的高光效果，而当增加Phong明暗器的“柔化”值时将丢失这些高光。

步骤6：单击“漫反射”选项右侧的“M”按钮，在“Slate材质编辑器”左侧“材质/贴图浏览器”中选择“贴图”，在“贴图”对话框中选择素材文件夹中的“th.jpg”图像作为漫反射的贴图文件。

步骤7：在“贴图”卷展栏中，勾选“凹凸”复选框，“数量”调整为15，单击其右侧的长按钮“无”，在打开的“材质/贴图浏览器”对话框中选择“th1.jpg”图像作为凹凸贴图，如图1-129所示。

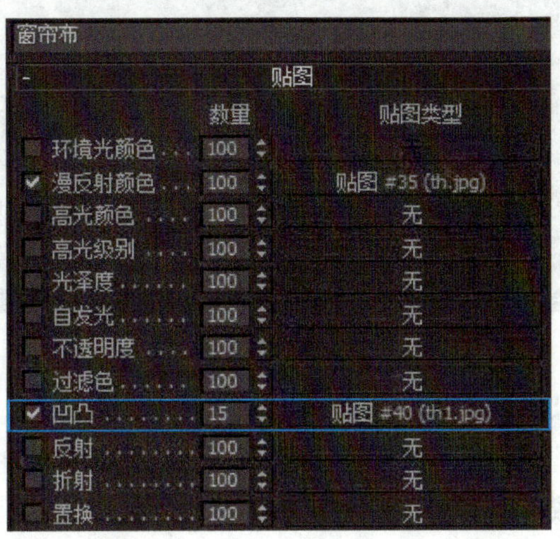

图1-129　窗帘布艺材质设置

步骤8：窗帘杆金属材质设置。添加标准材质，将其命名为“金属”。在“明暗器基本参数”卷展栏中，“明暗器类型”选择“（M）金属”。设置“漫反射”为白色，“高光级别”为95，“光泽度”为75。单击漫反射右侧的“M”按钮，在左侧贴图选择“RGB染色”，在“RGB染色参数”卷展栏中单击“贴图”按钮，选择“House.tga”图像。在“贴图”卷展栏中勾选“反射”复选框，在贴图类型中选择“House.tga”图像，如图1-130所示。

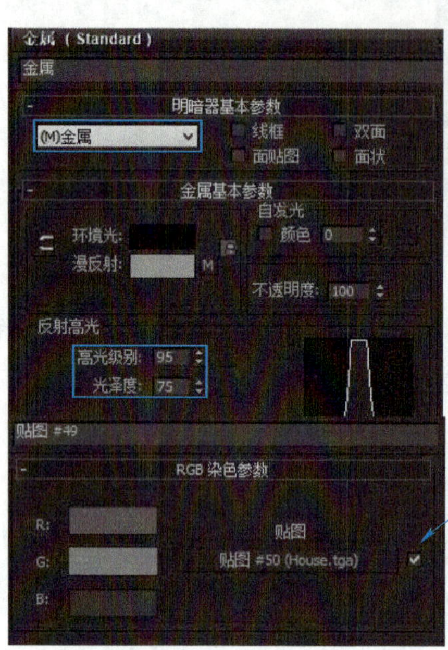

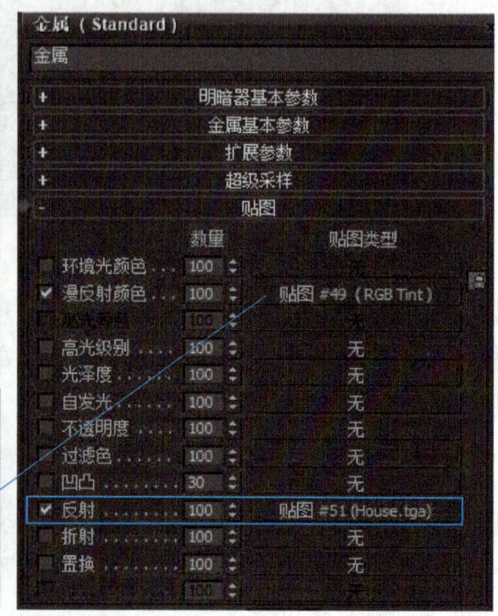

图1-130 窗帘杆金属材质设置

步骤9：摄影机设置。执行“创建”→“摄影机”→“目标”命令，在顶视图中指定摄影机的投射点和目标点，创建一架目标摄影机，设置参数：“镜头”为38，“视野”为50。激活透视视图，按<C>键，将透视图转换为摄影机视图，拖动摄影机的投射点和目标点，调整摄影机的观察角度，如图1-131所示。

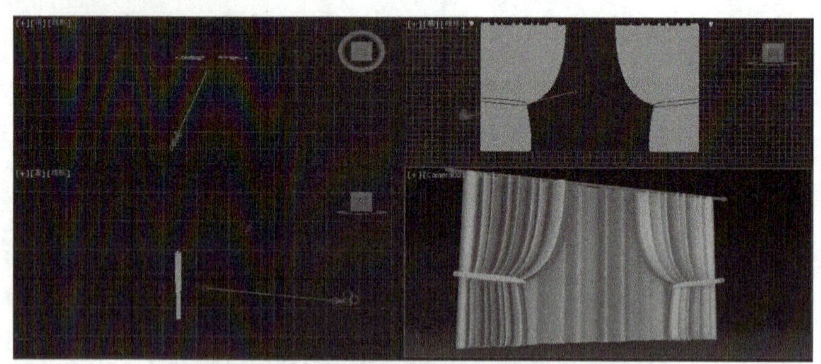

图1-131 创建摄影机

步骤10：窗帘室内灯光设置。在命令面板中执行“创建”→“灯光”命令，在下拉列表框中选择“标准”选项，然后单击“泛光灯”按钮。在前视图中创建一盏泛光灯。在“强度/颜色/衰减”卷展栏中设置“强度”为0.3，设置灯光颜色：红色146、绿色117、蓝色54。

步骤11：环境光设置。在“灯光”创建面板的“标准”选项中，单击“天光”按钮，在顶视图中创建一盏天光。在“天光参数”卷展栏中，设置“倍增”的值为0.4，在“渲染”选项组中勾选“投影阴影”复选框，设置“每采样光线数”为40。调整位置及参数设置如图1-132所示。

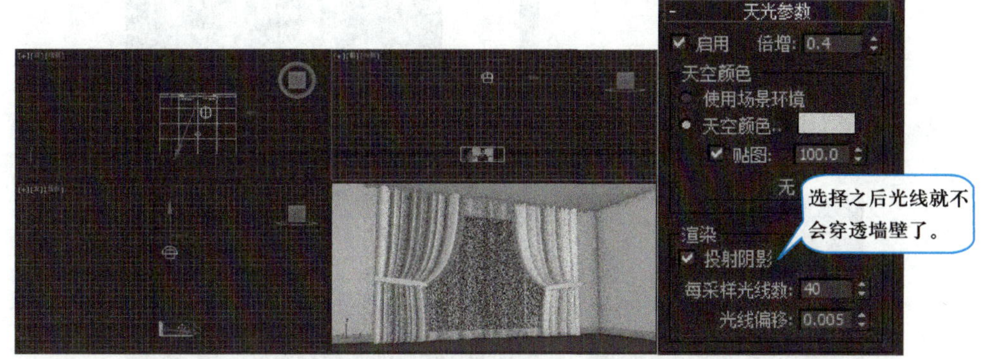

图1-132　创建天光及参数设置

步骤12：模仿太阳光设置。在命令面板中执行“创建”→“灯光”命令，在下拉列表框中选择“标准”，然后单击“目标平行光”按钮，在左视图室外创建一个目标平行光。

步骤13：目标平行光参数设置。在“常规参数”卷展栏中，启用阴影。在“强度/颜色/衰减”卷展栏中，设置目标平行光倍增值为0.6，灯光颜色：红221、绿191、蓝101，使用远距离衰减。在“平行光参数”卷展栏中，设置“聚光区/光束”为8、“衰减区/区域”为12。调整位置及参数设置如图1-133所示。

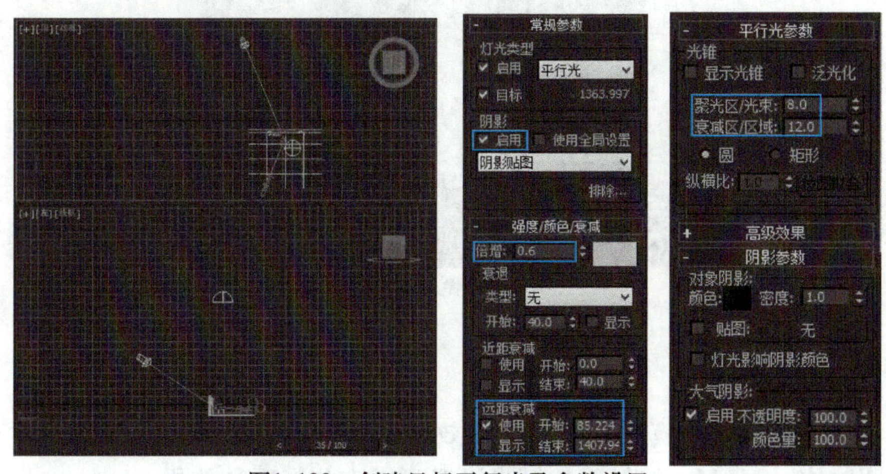

图1-133　创建目标平行光及参数设置

步骤14：增加纱窗透光效果。在目标平行光中添加体积光。在修改面板的“大气和效果”卷展栏中，单击“添加”按钮，在打开的对话框中选择“体积光”，单击“确定”按钮，如图1-134所示。选中“体积光”并单击“设置”按钮，打开“体积光参数”对话框，在“体积光参数”卷展栏中设置各项参数，“密度”为5，“级别”为3，“类型”为“分形”，如图1-135所示。

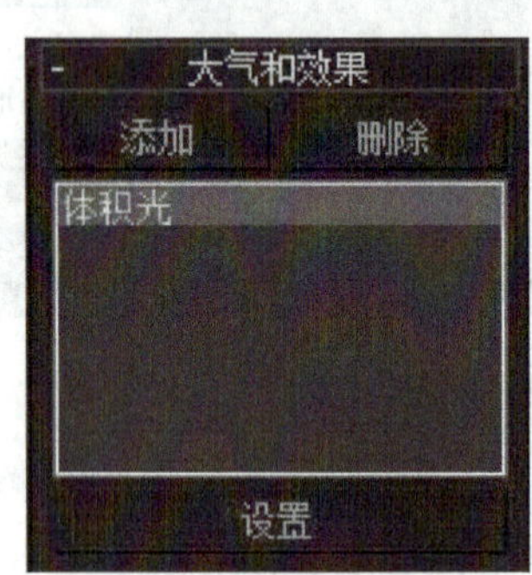

图1-134　体积光参数设置

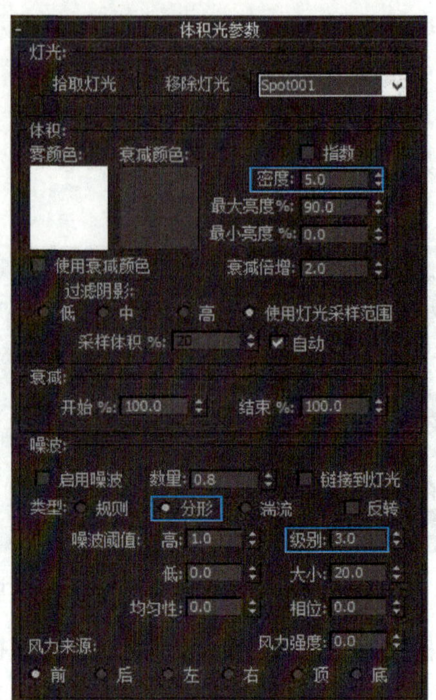

图1-135　体积光参数设置

步骤15：按<F10>键进行渲染。效果图如图1-136所示。

图1-136　对开式双层窗帘效果图

必备知识

材质与灯光效果是否真实是衡量一张效果图质量的重要因素，尤其是对于一些透明或半透明物体，3ds Max的材质与灯光设置可以充分展现其效果。

透明物体材质的设置参数及主要操作步骤如下：

1）在“Slate材质编辑器”窗口右侧的“明暗器基本参数”卷展栏中，“明暗器类型”选择“（P）Phong”。

2）设置材质参数。

① 调整“不透明度”。当“不透明度”为100时不透明，为0时完全透明。其值越

低越透明。

② 透明反射光较大时（如玻璃类），“高光级别”的值要设置得高一些，范围为80～180。透明反射光较低时（如纱窗），“高光级别”的值应该偏低一些，范围为25～60。

③ 当设置花纹布材质时，在漫反射中选择贴图。如需要呈现出凹凸效果，在“贴图”卷展栏中选择“凹凸贴图”。

④ 当设置反光效果时（如玻璃），在“贴图”卷展栏中选择“折射”，并将折射贴图类型设置为“光线跟踪”。

任务拓展

在应用中，透明或半透明、金属、布艺等是经常会遇到的具有特殊属性的材质，虽然已掌握了其基本的设置方法，但要熟练地应用这些材质，还需要不断地进行实操练习。

练习：1）打开任务1中任务拓展的练习1文件，参照图1-106所示完成休闲椅的模型制作，并设置材质和灯光，渲染出效果图。

2）打开任务拓展素材“淋浴房.max”文件，参照图1-137所示完成淋浴房的模型制作，并设置材质和灯光，渲染出效果图。

① 利用Slate材质设置玻璃、金属材质。

② 利用灯光设置制作冷暖光源的效果。

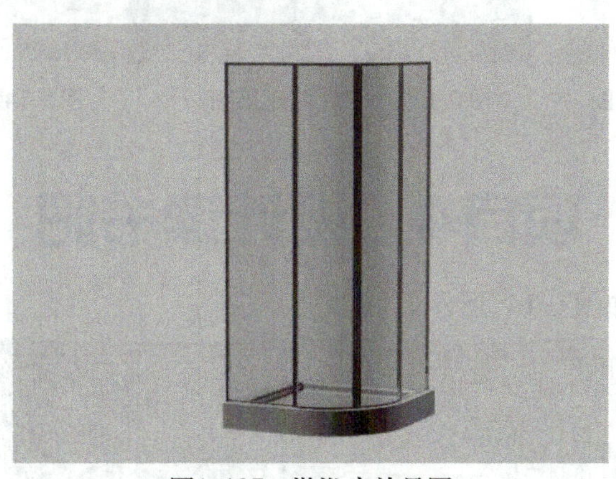

图1-137　淋浴房效果图

项目评价

本项目讲述了双层对开式窗帘效果图的制作方法。双层对开式窗帘是一个应用放样命令建模的典型实例，窗帘的建模几乎是包罗了放样的所有内容，如放样的创建、缩放变形修改、放样次子对象的修改等。希望读者通过本项目的学习，掌握放样方式创建模型及修改模型的基本技能，举一反三，创作出更多别具一格的模型。

通过本项目的学习，给自己做个评价，见表1-5。

表1-5 项目评价表

	很满意	满意	还可以	不满意
项目的完成情况				
与同组成员沟通及协作情况				
掌握的知识点				
产品设计评价				
体会和经验				

实战强化

课后练习1：利用放样命令制作完成像框效果图，如图1-138所示。

课后练习2：利用放样命令及放样变形中的缩放、扭曲命令制作冰淇淋效果图，如图1-139所示。

课后练习3：利用多截面放样命令及子对象调整制作洗面奶效果图，如图1-140所示。

图1-138 像框效果图

图1-139 冰淇淋效果图

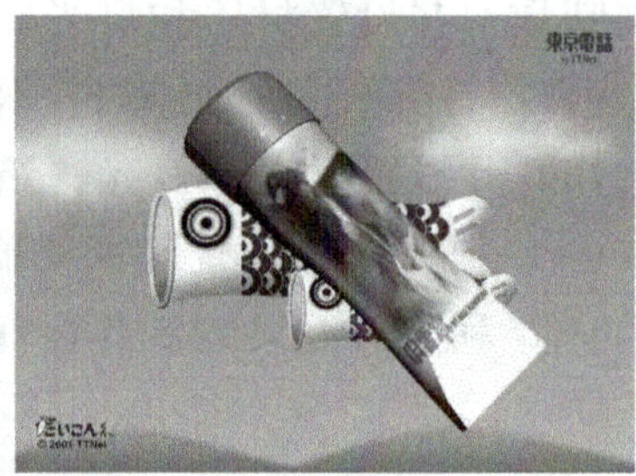

图1-140 洗面奶效果图

项目4 设计读书吧

读书吧设计草图如图1-141所示。

图1-141 设计草图

项目描述

公司为了给员工提供更好的办公和学习环境，打算创建一个读书吧，既能方便员工学习，也能让员工轻松地喝咖啡，现要求宣传部做出一个宣传画，展示读书吧的一角。本项目将分成4个任务来完成。第一个任务：设计立体字，为读书吧起一个名字，并用立体字来展示。第二个任务：设计书，立体的书也分两种，一是合上的书，二是翻开的书。第三个任务：制件咖啡杯。第四个任务：整合与设置周围环境。

任务1　设计立体字

任务分析

本任务是完成立体字的制作。在3ds Max的设计中，立体字的设计是经常有的。立体字的设计虽然不难，但做得好也不容易。可以用两种方法：①用3ds Max字库中的字体，产生一个二维线段的字，然后再用挤出、倒角、剖面倒角等方式变成三维的立体字。②如果字库中没有需要的字体，比如是名家留的手迹，则就要把它变成立体字，这就需要首先描绘字体，让它变成二维的线条，然后再用挤出、倒角、剖面倒角等方式变成三维的立体字。

任务实施

准备工作：重置系统。

步骤1：选择二维图形的建立方式。执行“创建”→“图形”命令。

步骤2：开启“文本工具”。单击 文本 按钮，在下面的文本框中设置字体为：隶书，大小为：20，文本为：读书吧。

步骤3：在前视图中央单击鼠标左键，创建一个文字“读书吧”，修改模型的名称为“立体字”。

步骤4：打开修改命令面板，在下拉菜单中选择“倒角”。

步骤5：在参数面板中设置倒角值参数，如图1-142所示。

步骤6：给立体字添加材质，这样就完成了立体字的制作，结果如图1-143所示。

步骤7：保存文件为“立体字.max”。

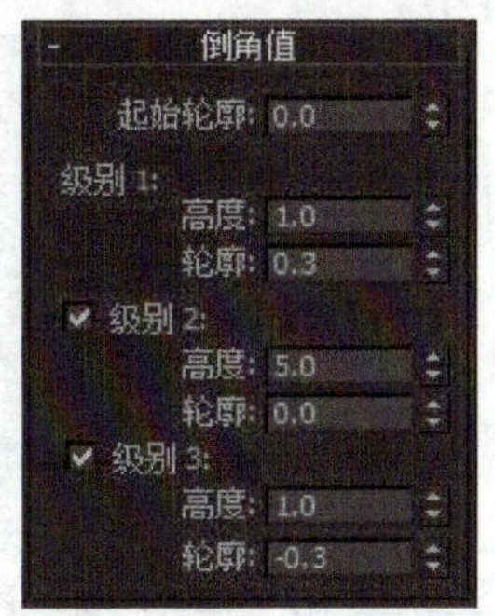

图1-142　倒角参数面板

图1-143　立体字

必备知识

立体字的设计。在3ds Max中，立体字设计是比较常用的，首先建立二维的字体，再把它转变成立体字，如图1-144所示。其制作有3种方法，分别是“倒角”“剖面倒角”和“挤出”。

图1-144　立体字

“倒角”修改器是将图形挤出为3D对象并在边缘应用平或圆的倒角。它最少需要两个层级：始端和末端。可以将倒角级别看作蛋糕上的层。起始轮廓位于蛋糕底部，级别1的参数定义了第一层的高度和大小。级别2和级别3是可选的并且允许改变倒角量和方向。启用级别2或级别3对倒角对象添加另一层，将它的高度和轮廓指定为前一级别的改变量。基本设置如图1-145所示。

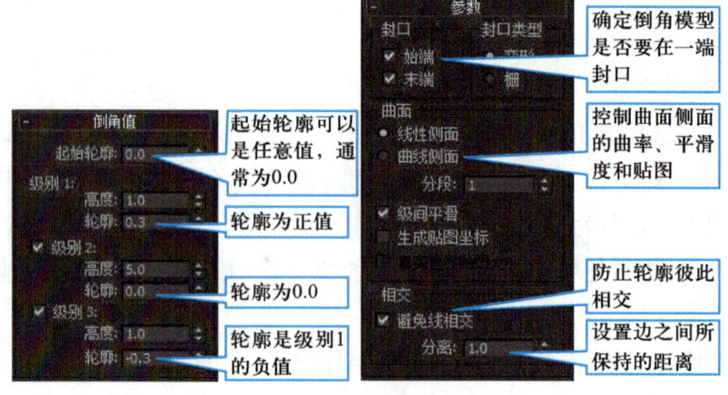

图1-145　倒角参数面板

“剖面倒角”修改器是使用一个图形作为路径或“倒角剖面”来挤出另一个图形。它的基本参数设置与“倒角”一致，如图1-146所示。

图1-146　倒角图和倒角参数

“挤出”修改器是可以把文字作为二维图形挤出三维的立体模型，如图1-147所示。

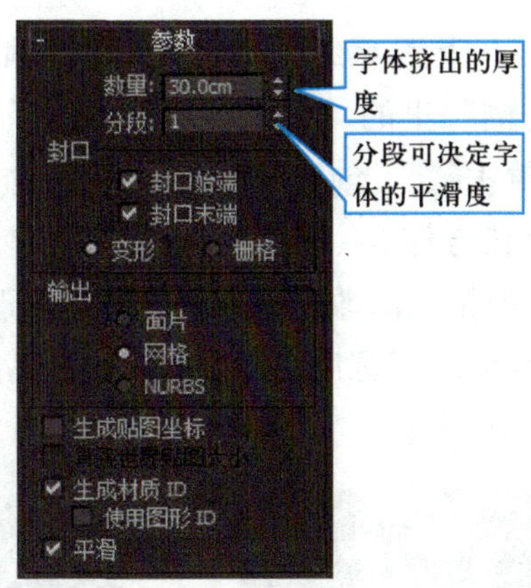

图1-147　挤出效果图和参数面板

任务拓展

立体标志制作。由于现有的标志是二维图形，因此要把它制作成三维图形，如图1-148所示。

提示：把标志图形作为视图的背景。执行菜单中的“视图”→“视口背景”→“视口配置”→“设置背景文件”命令。按标志的形状描绘出来，最后通过挤出修改器变成立体标志。

图1-148　标志图形

任务2　设计书

任务分析

本任务是书本的设计，书桌上一般有合上的书和翻开的书，合上的书形状与长方体相似，所以可以用长方体进行修改来制作模型。而翻开的书形状不规则，可以先绘制二维图形，再转为三维图形。

任务实施

子任务1：设计合上的书本

准备工作：重置系统。设置单位：执行“自定义”→“单位设置”命令，设置“显示单位比例”里的“公制”为“厘米”。这样就可以以实际的比例去设计了。

步骤1：单击（创建）按钮，进入创建命令面板，再单击 长方体 按钮，在透视图中拉出一个长方体。

步骤2：单击“修改”按钮，进入修改命令面板，如图1-149所示，设置参数，“长度”：29cm，“宽度”：21cm，“高度”：2.5cm，“长度分段”：1，“宽度分段”：2，“高度分段”：5。结果如图1-150所示。

图1-149 参数面板

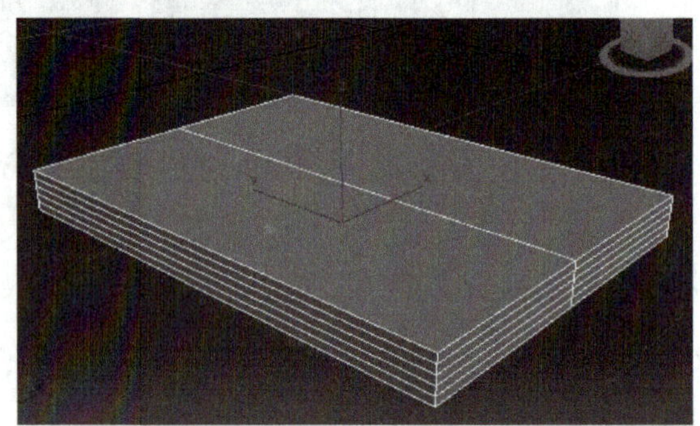

图1-150 长方体

步骤3：转化为可编辑多边形。单击长方体，单击鼠标右键打开功能菜单，执行“转换为”→“转换为可编辑多边形”命令。

步骤4：进入修改命令面板。单击（边）按钮，进入“边”子层级，对边进行修改。

步骤5：选择第2行边中其中一条边，再单击修改命令面板中的 循环 按钮，这样就可以选择所有的第二个顶边，如图1-151所示。

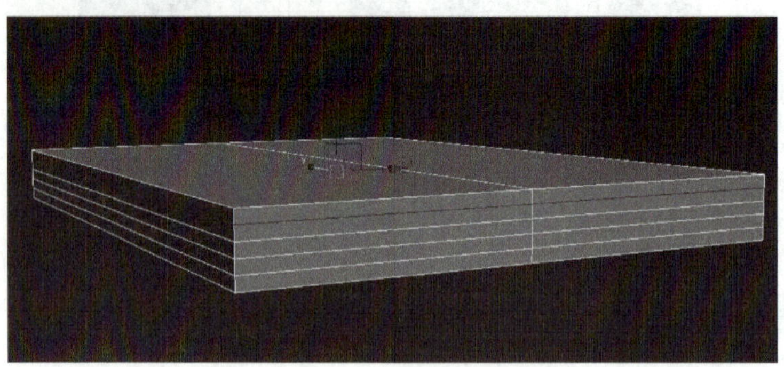

图1-151 修改边

步骤6：利用（选择并移动）工具向上移动，为做书面作准备。用同样的方法，对底部的第二条线作修改，也用同样的方法把中间的横线移到旁边作为书的边缘。结果如图1-152所示。

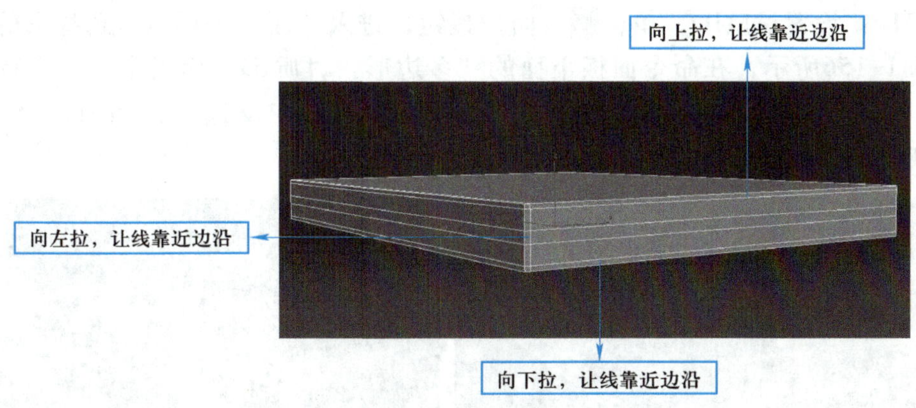

图1-152 移动边线

步骤7：单击■（面）按钮，进入“面”子层级，单击命令面板上的“编辑多边形”面板中 挤出 按钮右边的■小按钮，设置参数为：局部法线，-0.3cm，单击■按钮确定参数的设置。结果如图1-153所示。

步骤8：单击■（点）按钮，进入“点”子层级，转换到前视图并放大视图，利用“移动工具”，把书的边沿拉出来，结果如图1-154所示。

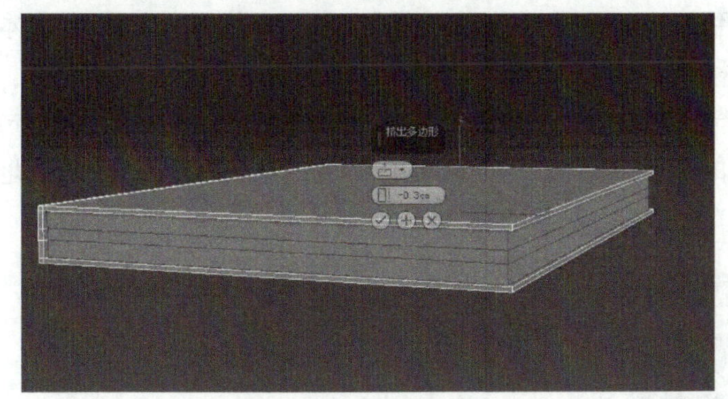

图1-153 挤出书内页

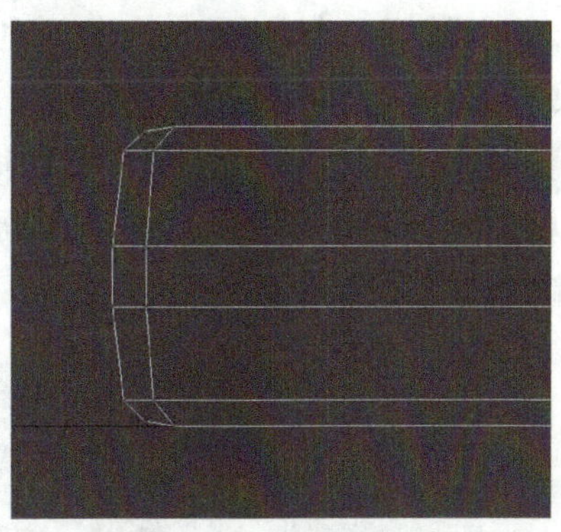

图1-154 修改书的圆角

步骤9：单击■（边）按钮，进入“边”子层级，选择书底面的边（这里的选择要有耐心，可配合<Ctrl>键和<Alt>键增加或减少边的选择），单击命令面板上的“编辑多边形”面板中 切角 按钮右边的■小按钮，设置参数为，“边切角量”：0.08，“连接边分段”：1，“打开切角”：✓，单击■按钮确定参数的设置。结果如图1-155所示。

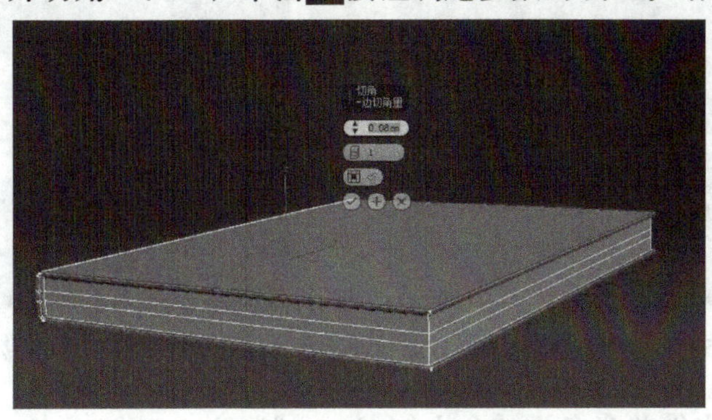

图1-155 书面的边做切角

步骤10：设置材质ID。单击（面）按钮，进入“面”子层级，选择书的页面部分，如图1-156所示，在命令面板下面的“多边形：材质ID”面板中，“设置ID”：1，“选择ID”：1。选择菜单栏中的“编辑”，选择“反选”，如图1-157所示，“设置ID”：2，选择ID：2。

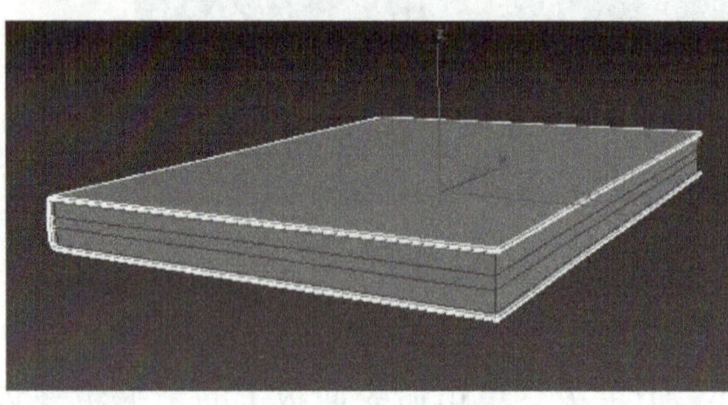
图1-156　设置材质ID

图1-157　设置材质ID

步骤11：设置材质。打开材质编辑器，选择“示例球02”，改名为“书1”，设置材质为“多维/子材质”，设置数量为2，设置ID1材质为白色，ID2材质为粉红色。把“书1”的材质指定给书。

步骤12：复制更多的书。利用<Shift>键+“移动工具”，移动书本，复制出多本书，并用同样的方法编辑材质，材质编辑器如图1-158所示，最后利用（移动）、（旋转）和（缩放）工具把书本整理好，结果如图1-159所示。（复制材质：可以把“书1”的材质拖动复制到别的示例球，并改变材质的颜色，这样就可以很方便地编辑其他书的材质。）

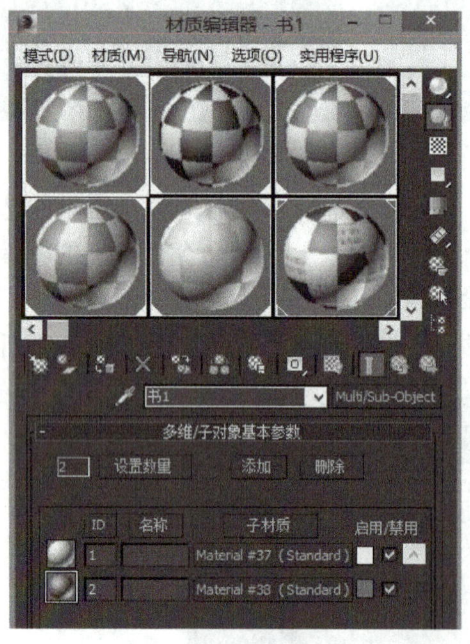

图1-158　材质编辑器

图1-159　多本书的效果图

步骤13：保存文件并命名为“合上的书.max”。

子任务2：设计翻开的书本

准备工作：重置系统。

步骤1：绘制书的截面图。改名为“翻开的书”，如图1-160所示。删除书中间的线段，如图1-161所示。

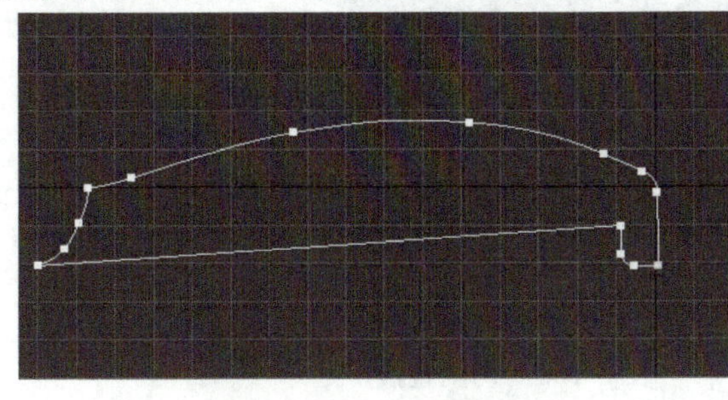
图1-160 书的截面图

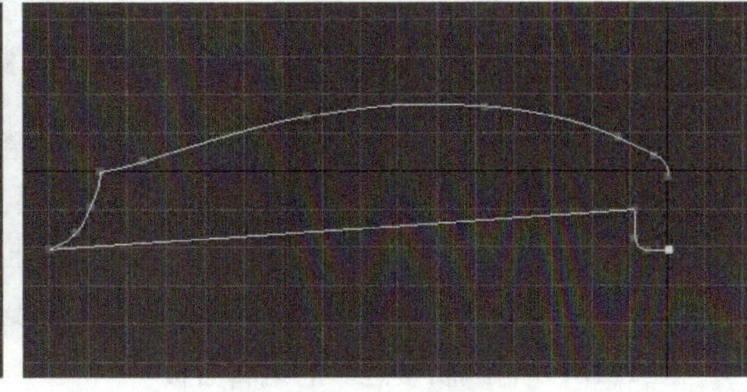
图1-161 修改好线条

步骤2：用“对称工具”复制书的另一边。退出“线段”的层级操作，返回Line层级，单击（镜像）按钮，设置X轴对称，偏移值设置为156，再进行复制，如图1-162所示（偏移量视情况而定）。

步骤3：焊接。进入“点”层级，选择中间的两点进行焊接，设置“焊接”参数为0.5。参考图1-163和图1-164。

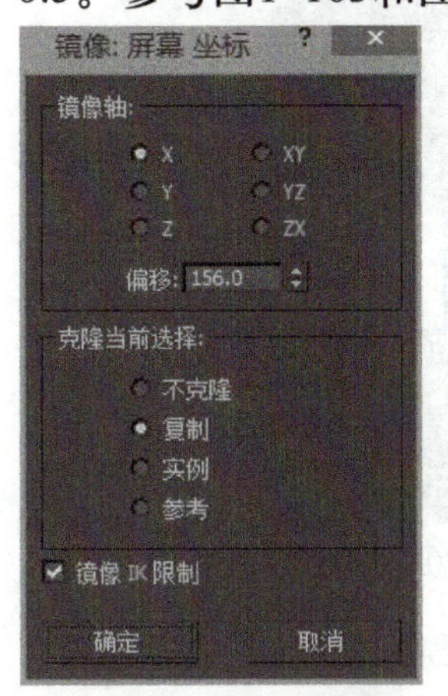

图1-162 镜像对话框

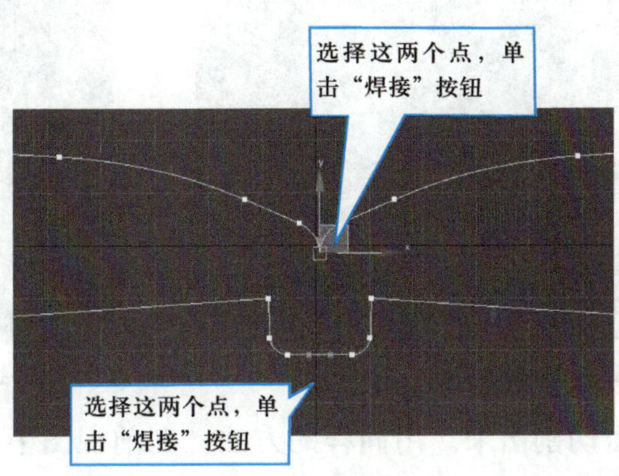

图1-163 焊接点

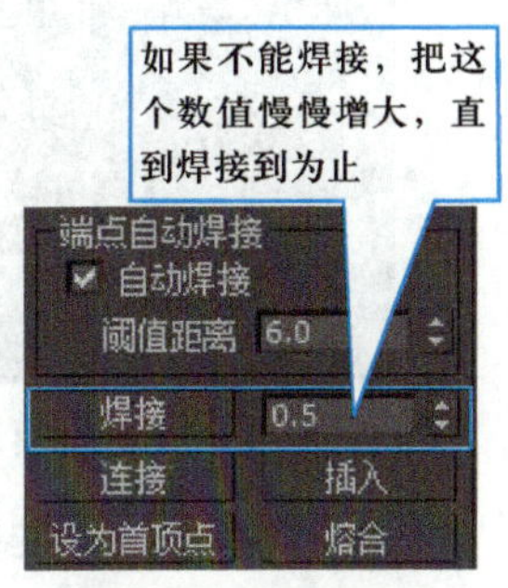

图1-164 焊接值

步骤4：挤出。退出“点”的层级操作，返回Line层级。在下拉菜单中选择“挤出”修改器，设置参数面板中的“数量”为180，参考图1-165。挤出后，透视图结果如图1-166所示。

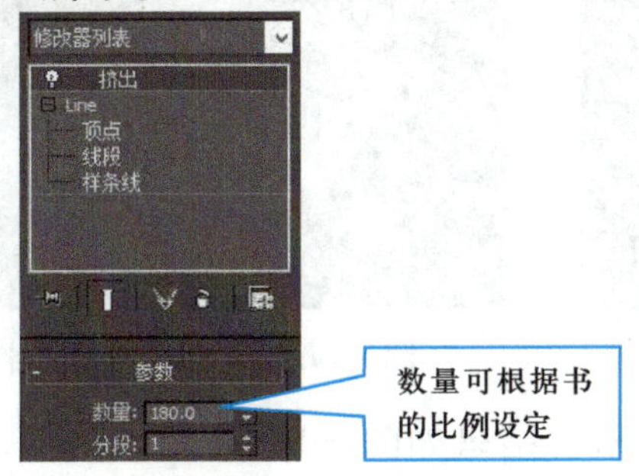

图1-165 挤出参数图

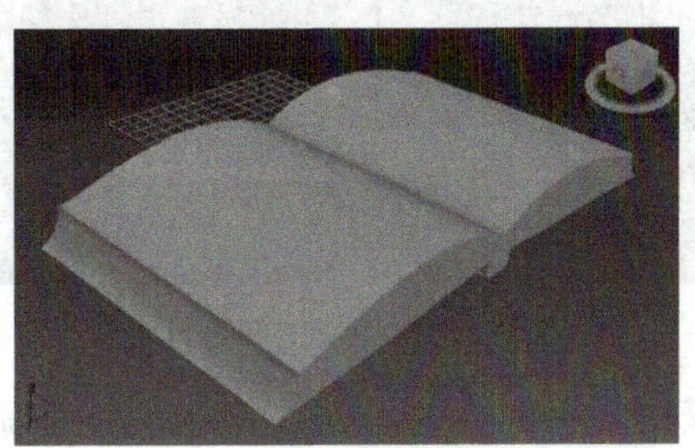
图1-166 效果图

步骤5：转变为可编辑多边形，并加上分割线。选择模型并单击鼠标右键，打开功能菜单，选择“转换为”→“转换为可编辑多边形”命令。在命令面板上单击 切割 按钮，如图1-167所示，在前视图的中间切一条直线，结果如图1-168所示。

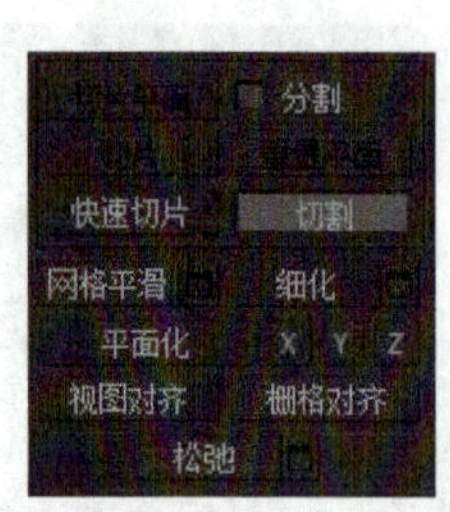

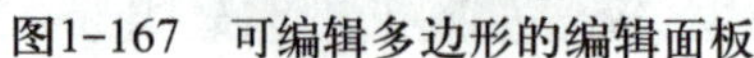
图1-167　可编辑多边形的编辑面板

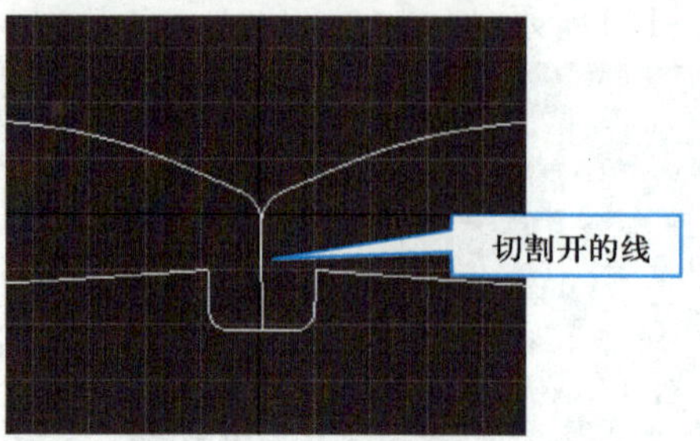

图1-168　切割直线

步骤6：把书切成两半。用同样的方法，在书的中间切割开，把书切成两半，如图1-169所示。

步骤7：把书切成四分之一。进入“点”层级，框选上面的点并删除，最后只剩四分之一，结果如图1-170所示。

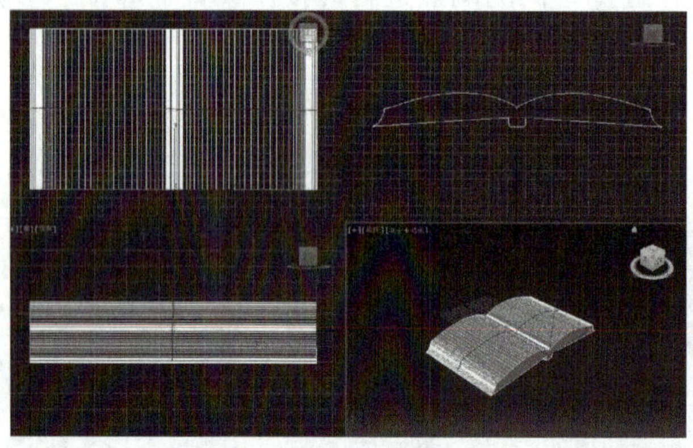

图1-169　书切成两半

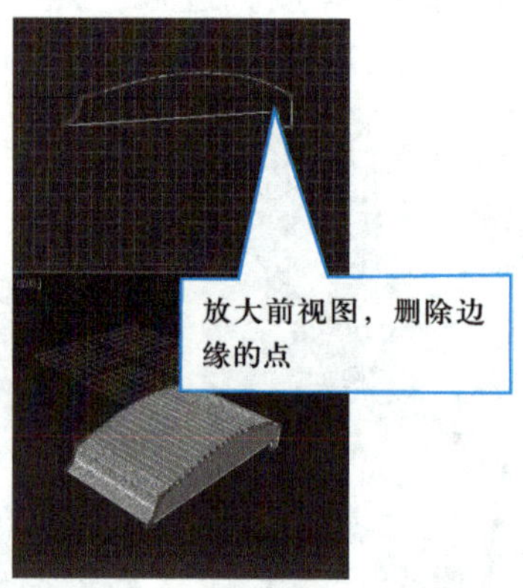

图1-170　四分之一书

步骤8：把书的封面切割出来。用同样的方法，在前视图中把书的封面切割出来，如图1-171所示。

步骤9：利用镜像、焊接的方法复制书，如图1-172所示。

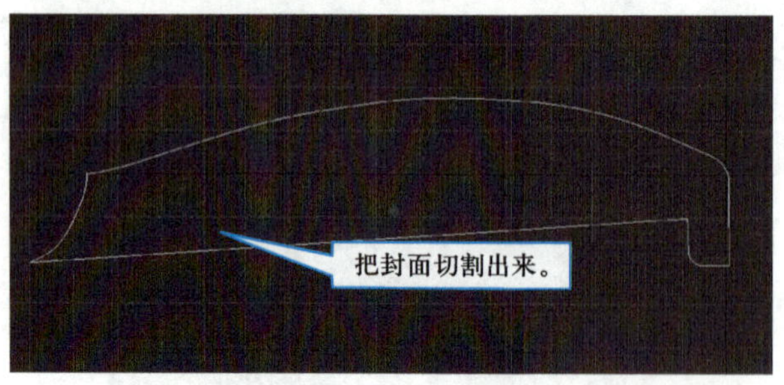

图1-171　切割出书的封面

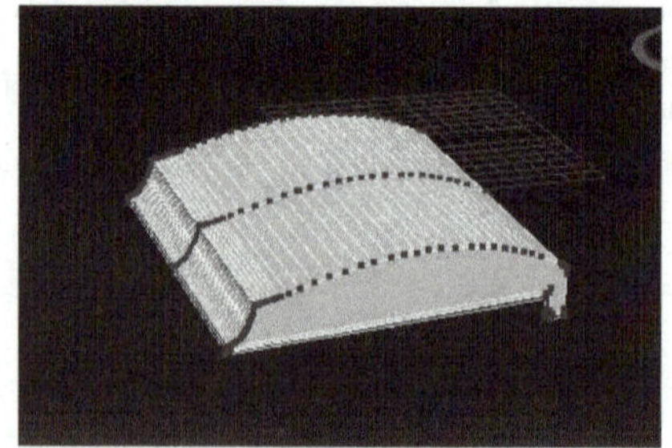

图1-172　复制出书的一半

步骤10：用同样的方法，把书完整地做出来，结果如图1-173所示。这样，翻开的书就做好了。

步骤11：给书本添加材质。按上一个子任务的方法，给书本添加材质。结果如图1-174所示。

步骤12：保存文件并命名为“翻开的书.max”。

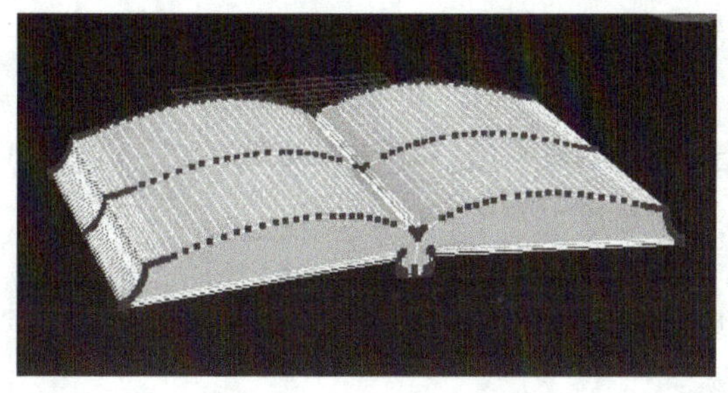
图1-173 复制好的整本书

图1-174 最后效果

小技巧

贴图的制作，打开一篇文件，用截图的方式把它截下来，作为书本内容的子材质。

必备知识

多维/子对象材质可以采用几何体的子对象级别分配不同的材质。在同一个模型中，如果有不同的材质，则可以使用“多维/子材质”的方法进行材质设置，如图1-175所示。

图1-175 多维/子材质的ID设置图

要对选中的子对象指定一种子材质。

第1步：设置子材质

在“精简材质编辑器”中激活一个示例窗，单击“类型”按钮，接着在“材质/贴图浏览器”中选择“多维/子对象”，然后单击“确定”按钮。打开“替换贴图”对话框，此对话框询问是要丢弃示例窗中的原始材质，还是将其保留为子材质，可以根据实际情况作选择，然后根据模型的子材质的数量设置子材质的个数，并设置各种材质。

第2步：指定子材质

1）选择要指定为“多维/子材质”的模型。

2）在（修改）面板上的下拉列表中，选择“网格选择”。

3）单击（面）按钮进入“面”子层级。

4）选中所要指定子材质的面。

5）按材质编辑器中设置的子材质ID来指定材质ID的值。

任务拓展

利用学过的建模方法和材质编辑方法完成图1-176所示的模型。

图1-176 书和铅笔

任务3 制作咖啡杯

任务分析

经过前几个项目的学习，相信大家已经懂得如何制作一个杯子了。杯身模型和碟子模型可以用车削的方法完成，杯把手可以用放样的方法完成，然后组合在一起。

任务实施

准备工作：重置系统。

步骤1：绘制出杯身的剖面图，利用“车削工具”，把它变成杯身模型。参考图1-177和图1-178所示的过程。

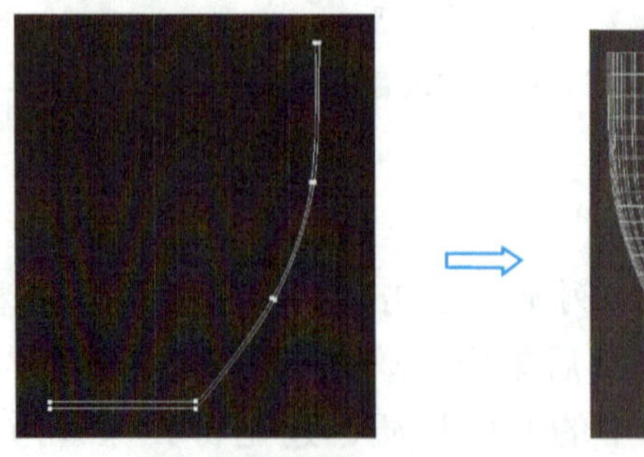

图1-177 杯的截面图

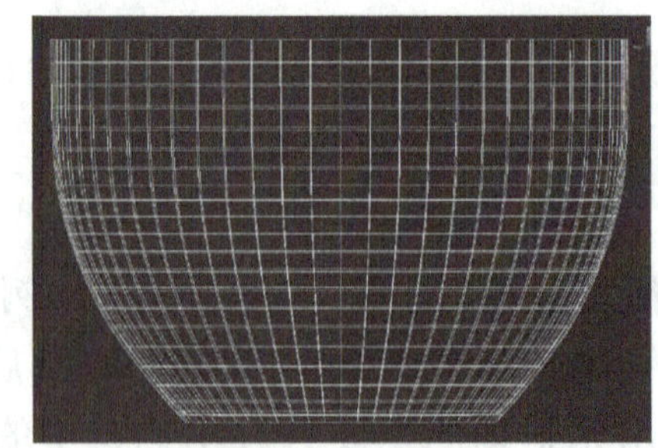

图1-178 车削

步骤2：绘制两个圆和一条用于放样的曲线，利用“放样工具”放样出杯子的把手。参考图1-179和图1-180所示的过程。

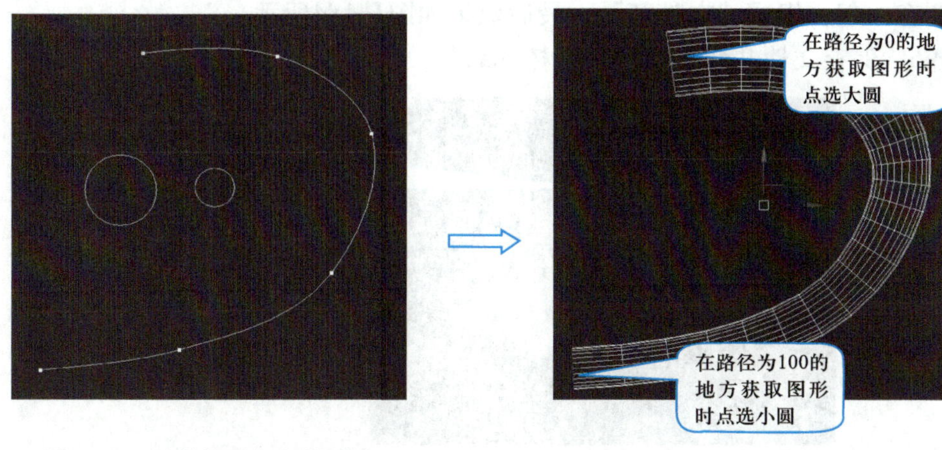

图1-179　放样的路径和截面图

图1-180　放样

步骤3：利用“移动工具”和“缩放工具”，调节杯身和杯把手的位置，结合在一起，如图1-181所示。

图1-181　整合后的杯子

步骤4：制作碟子。绘制出碟子的剖面图，利用“车削工具”把它变成碟子模型。参考图1-182和图1-183所示的过程。

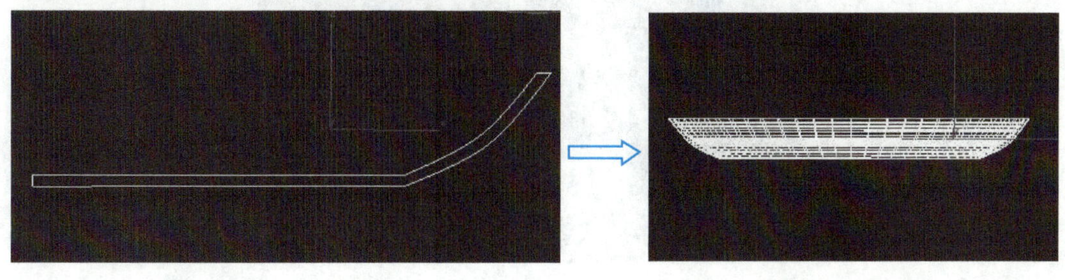

图1-182　碟子的剖面图

图1-183　车削

步骤5：组合。利用“移动工具”“缩放工具”和“旋转工具”，把做好的杯子和碟子组合在一起，组成“咖啡杯”，最后效果如图1-184所示。

步骤6：保存文件并命名为“咖啡杯.max”。

图1-184　完成后的效果图

必备知识

1）放样：这是在建模的时候经常会用到的一个功能。

2）放样路径：它可以多种多样，不只是一条简单的线。它可以是三维路径，也可以是三维横截面。

3）放样图形：可以创建任意数量的横截面图形作为路径的图形对象。放样路径就像一个框架，用于保留形成对象的横截面。

如果仅在放样路径上指定一个图形，则3ds Max 会假设在路径的每个端点都有一个相同的图形。如果是多个放样图形，则3ds Max会不指定路径端点放置指定的图形。这样就可以放样出各种模型。

任务拓展

参考图1-185，利用放样功能建立一条高速公路的模型。

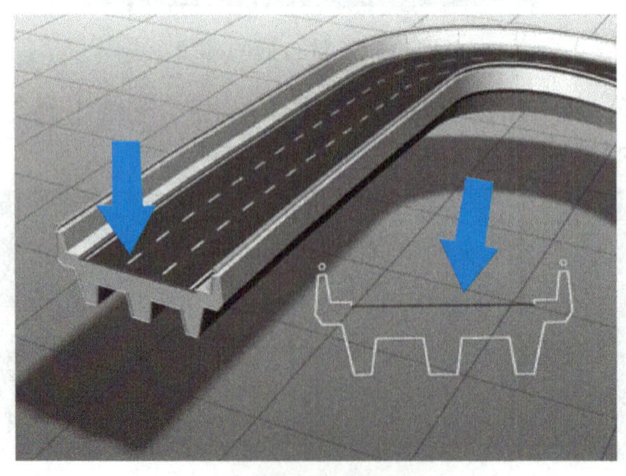

图1-185　高速公路模型

任务4 整合与设置周边环境

任务分析

基本的模型设计完成后，为了让它有更好的效果，要设计周边的环境与之配合。可以用最简单的方法，做一些周边的模型，让它与基本模型给合起来，做出更好的效果。

任务实施

步骤1：制作书柜作为背景。利用两个平面，制作出背后的书柜效果。单击（创建）按钮进入创建命令面板，单击（几何体）按钮进入创建几何体面板，单击 平面 按钮，在前视图画出一个平面，大小以满屏为标准。用同样的方法，在左视图建立一个平面。移动两个平面，让两个平面形成一个角，如图1-186所示。

给平面贴图，做出书柜的效果，如图1-187所示。

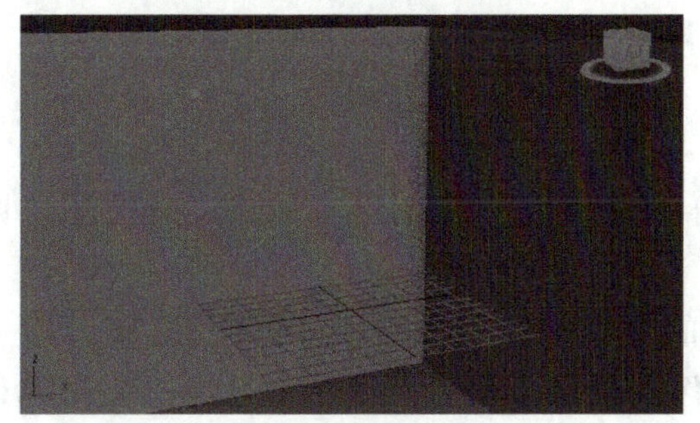

图1-186 平面背景板

图1-187 贴图

步骤2：制作书桌。利用长方体，制作简单的书桌，并设置材质，如图1-188所示。

步骤3：制作吊灯。利用车削的方法制作吊灯，结果如图1-189所示。

步骤4：添加灯光。单击命令面板中的（灯光）按钮，进入灯光命令面板，在下拉菜单中选择“标准”，单击 泛光 按钮，在透视图上方加入一个“泛光灯”，利用“移动工具”，分别在各个视图把灯移动到灯罩内，勾选“常规参数”内的启用阴影选项，并调节“强度/颜色/衰减”面板中的“倍增”值为0.5。用同样的方法，再为另外两盏灯增加“泛光灯”。

图1-188 简单的书桌

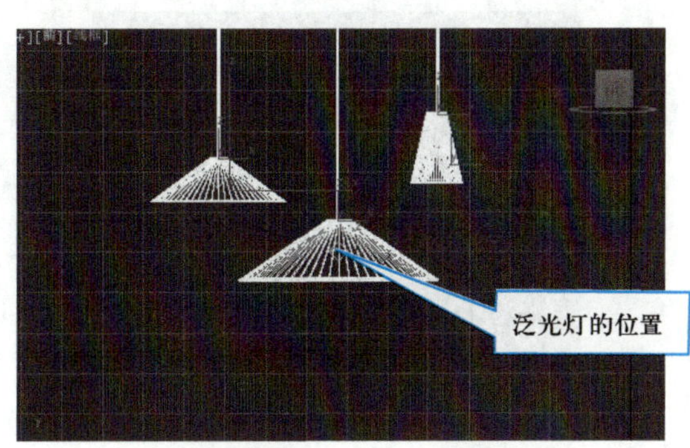

图1-189 吊灯

步骤5：整合。单击按钮，选择“导入”→“合并”命令，选择“合上的书.max”文件，在合并窗中，选择全部(A)，单击“确定”按钮。用同样的方法，把“翻开的书.max”“咖啡杯.max”和“立体字.max”的内容合并到文件中，再利用“移动工具”“缩放工具”和“旋转工具”，调整好整个画面。结果如图1-190所示。

图1-190　最终效果图

必备知识

1）灯光：每个场景的渲染都离不开灯光，但要合理使用。如果过分使用，则会增加场景的“负担”。

2）泛光灯：泛光灯可以从一个无限小的点均匀地向所有方向发射光，就像是一个裸露的灯泡所发出的光线。泛光灯的主要作用是用于模拟灯泡、台灯等点光源物体的发光效果，也常被当作辅助光来照明场景，如图1-191所示。

3）聚光灯：聚光灯是一种具有方向性和范围性的灯光，聚光灯的照射范围叫做光锥，照射范围以外的区域不会受到灯光的影响。目标聚光灯拥有一个起始点和一个目标点，起始点表明灯光在场景中所处的位置，而目标点则指向希望得到照明的物体。目标聚光灯的优点是定位方便、准确，可以用来模拟路灯、舞台上的追光灯等照明效果。自由聚光灯包含了目标聚光灯的所有特性，只是没有目标点。自由聚光灯的特点是不会改变灯光照射的方向，所以比较适合制作3D动画中的灯光，如图1-192所示。

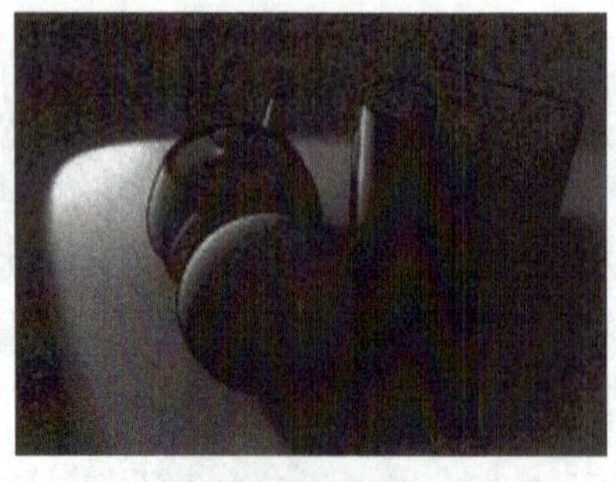

图1-191　泛光灯

图1-192　聚光灯

4）平行光：平行光与聚光灯一样具有方向性和范围性，不同的是平行光会始终沿着一个方向投射平行的光线，因此它的照射区域是呈圆形而不是锥形，如图1-193所示。平行光也分为目标平行光与自由平行光两种，主要用途是模拟阳光的照射效果。平行光的原理就像太阳光，会从相同的角度照射范围以内的所有物体，而不受物体位置的影响。当光线投射阴影时，投影的方向都是相同的，而且都是该物体形状的正交投影。

5）天光：天光也是一种用于模拟日光照射效果的灯光，它可以从四面八方同时对物体投射光线，如图1-194所示。天光比较适合使用在室外建筑设计中。因为天光没有基于物理属性的参数设置，所以可以用在所有不基于物理数值的场景中。虽然天光可以在默认的扫描线渲染器中使用，但是与光能传递渲染器配合才能得到更好的照明效果和更快的渲染速度。在大多数场景中只使用一盏天光就可以获得理想的照明效果，并且还可以得到类似穹顶灯一样的柔化阴影，但是无法得到物体表面的高光效果。

图1-193 平行光

图1-194 天光

任务拓展

利用学过的建模方法和灯光设置知识，设计一个台灯和一本书。参考图如图1-195所示。

图1-195 台灯和书

项目评价

在本项目中，学习了在3ds Max中立体字的制作、编辑多边形、放样、多维/子材质和灯光的设置方法。通过本项目的学习给自己做个评价，见表1-6。

表1-6 项目评价表

	很满意	满意	还可以	不满意
项目的完成情况				
与同组成员沟通及协作情况				
掌握的知识点				
产品设计评价				
体会和经验				

实战强化

利用学习过的建模方法和材质编辑方法，参考图1-196设计一只小蜜蜂。

图1-196 小蜜蜂

项目5 设计水果盘

水果盘设计草图如图1-197所示。

图1-197 设计草图

项目描述

本项目要求完成一个水果盘的设计，将分成5个任务来完成本项目。第一个任务是制作水果盘。水果盘的设计与项目1中的花瓶设计近似，因为水果盘也是有规则的对称图形。第二个任务是制作苹果。第三个任务是制作香蕉。第四个任务是制作梨。第五个任务是整合与设置灯光。

这个水果盘里有3种水果，把它分成3个任务是因为这3种水果的制作方法都不一样。有规则、对称的水果就可以用“车削”的方法完成；长条形的水果要用“放样”并且“放样”后再进行“变形”的方法实现；而形状不规则的水果就要在完成基本形状的基础上，用“FFD变形器”来进一步修改。制作水果时要尽量贴近实物原型，否则无法辨认出是什么水果。在实际生活中，并非所有水果都是一模一样的，所以设计制作时也可以有一些灵活性。当掌握了这3种水果的制作方法后，制作其他水果就可以举一反三了。

任务1　制作水果盘

任务分析

由项目1可知，在设计三维产品时，首先要分析一下产品是否有规律？比如，是否对称和规整？与3ds Max中现有的基本图形是否接近。如果接近，则可以利用现有的基本图形来进行修改，这样就可以用更快更完美的方式去完成任务。

本任务是设计水果盘。水果盘一般而言是比较规整的，因此可以像项目1一样利用“车削”功能来实现它。如果想设计一个不规则的水果盘，则可以利用3ds Max中现有的基本图形来修改，把它改为不规则的盘子，这样也可以在短时间内打造一个“手工制作”“独一无二”的作品。

任务实施

准备工作：重置系统。

步骤1：在前视图绘制出水果盘的截面图，并修改圆滑，如图1-198所示。

步骤2：“车削”成形。单击“修改器列表”弹出下拉列表，选择“车削”修改器。设置参数，选择“焊接内核”使图形的中心点平滑，将“参数”栏中的“分段”值设为60，使图形圆润自然。在“方向”栏中单击 Y 按钮，以Y轴为中心进行旋转成型，然后单击 最小 按钮成形。结果如图1-199所示。

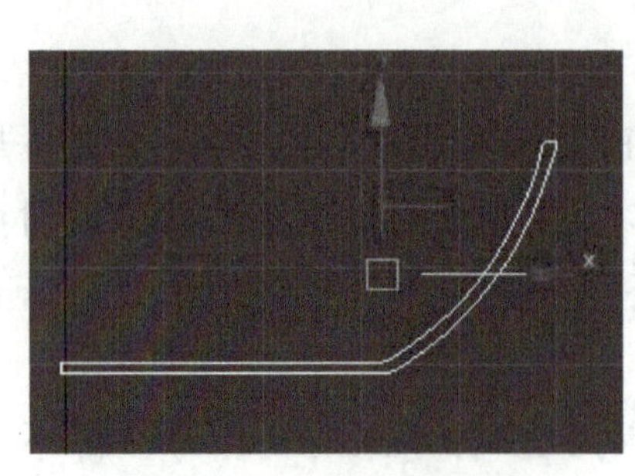

图1-198 水果盘截面图

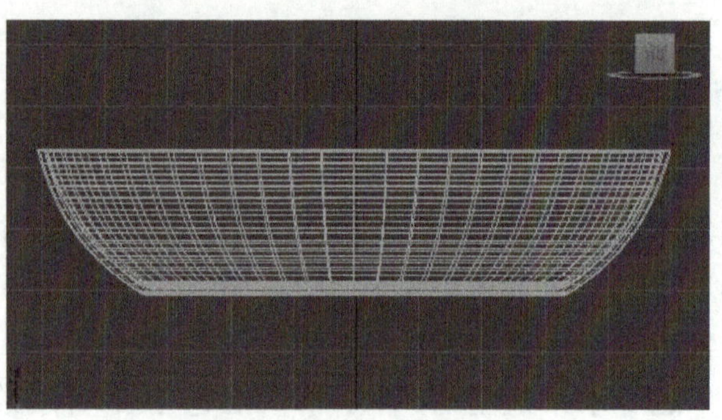

图1-199 车削成形

步骤3：修改水果盘的形状。“车削”后的水果盘是正圆形，需要把它修改成椭圆形，单击功能栏中的（选择并均匀缩放）按钮，用坐标图上的“Y”向下拖动鼠标来压缩图形，最后变成椭圆形，如图1-200所示。这样就完成了水果盘的基本模型。

步骤4：给水果盘添加材质。为了能充分展现水果盘的效果，水果盘用玻璃材质。打开材质编辑器，选择“Autodesk Material Library”→“玻璃”→“清晰”命令，拖动到水果盘上。单击工具栏中的（快速渲染）按钮对水果盘进行渲染，结果如图1-201所示。

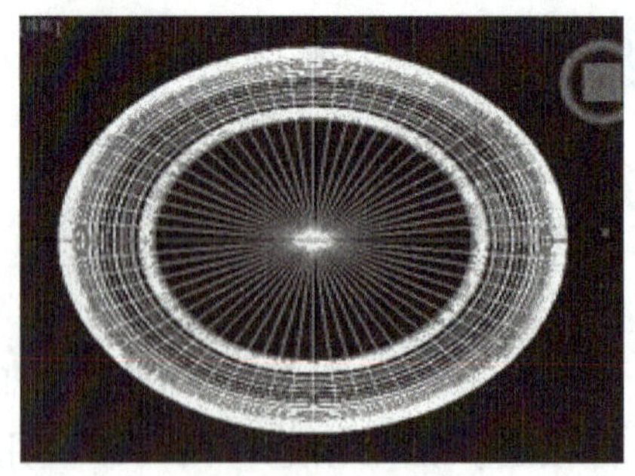

图1-200 压扁

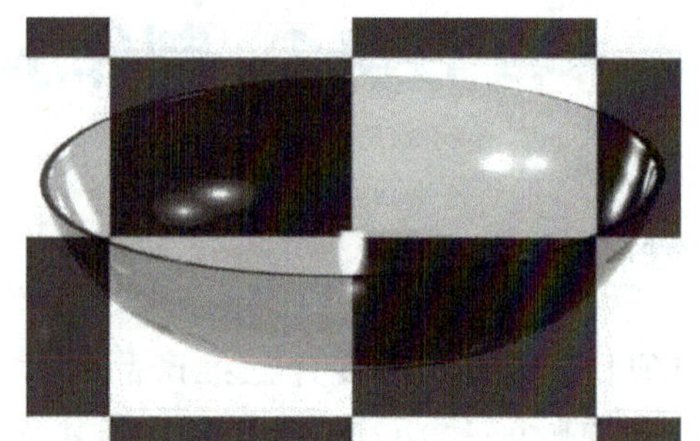

图1-201 玻璃材质的水果盘

步骤5：保存文件并命名为“水果盘.max”。

必备知识

玻璃材质在3ds Max中是常用的材质，在3ds Max中指定的渲染器NVIDIA mental ray中已经有高品质的玻璃材质，不用自己设置。但是玻璃材质的渲染比较占空间，因为它关系到光线跟踪、反射、折射和不透明度等，所以渲染的时候速度很慢。因此一般情况下对玻璃的材质要求不高时，就没有必要用高品质的玻璃材质了。可以参考以下参数设置玻璃材质。

基本玻璃材质：①颜色：灰色；②高光级别：150；③光泽度为：60；④不透明度：50；⑤选择“双面”材质；⑥展开“扩展参数”面板，调节“高级透明”中的数量为：100；类型为：相加。

高级玻璃材质：①颜色：灰色；②高光级别：150；③光泽度为：60；④不透明度：0；⑤展开“贴图”面板，单击“反射”和“光线跟踪”按钮，加入反射和光线跟踪；并设置反射的数量为：30；⑥把“反射”设置复制到“折射”上。

任务拓展

材质是产品的一个关键，它能让产品的效果多样化。根据不同的材质组合也能让产品产生千变万化的效果。

练习：用不同的材质做水果盘：塑料、编织、陶瓷。

任务2　制作苹果

任务分析

苹果是一个比较对称的水果，所以可以按照项目1中的方法，先画好苹果的截面图，再利用“车削工具”产生苹果的模型。同样，苹果蒂也可以用此方法来生成。对称图形在3ds Max中比较容易实现，但苹果做得真实最关键的是其表面的花纹，也就是苹果表面的贴图很重要，如果要贴近真实苹果，则可以自己制作贴图。方法是：把苹果皮完整地削下来，进行拍照，然后利用Photoshop软件进行处理，就可以作为苹果的贴图了。当然，如果在网上能找到符合要求的贴图，那么也可以作为贴图。苹果蒂的材质也可以这样做，不过真实的苹果蒂太小了，不利于拍摄处理，最简便的方式是通过观察苹果蒂的材质，然后通过材质编辑器来编辑近似的材质。

任务实施

准备工作：重置系统，准备好苹果的贴图。

步骤1：在前视图中绘制出苹果的截面图，如图1-202所示。

步骤2：圆滑处理，如图1-203所示。

步骤3：车削成形。单击“修改器列表”弹出下拉列表，选择“车削”修改器。设置参数，选择“焊接内核”使图形的中心点平滑，将“参数”栏中的“分段”值设为60，使图形圆润自然。在“方向”栏中单击 Y 按钮，以Y轴为中心进行旋转成型，然后单击 最小 按钮成形。结果如图1-204所示。

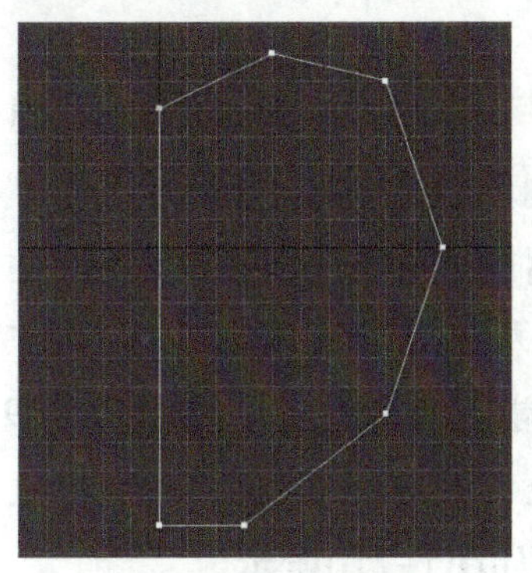
图1-202　截面图

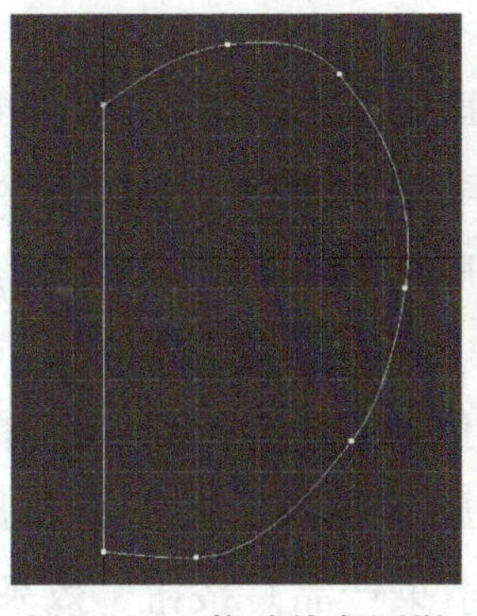
图1-203　修改线条圆滑

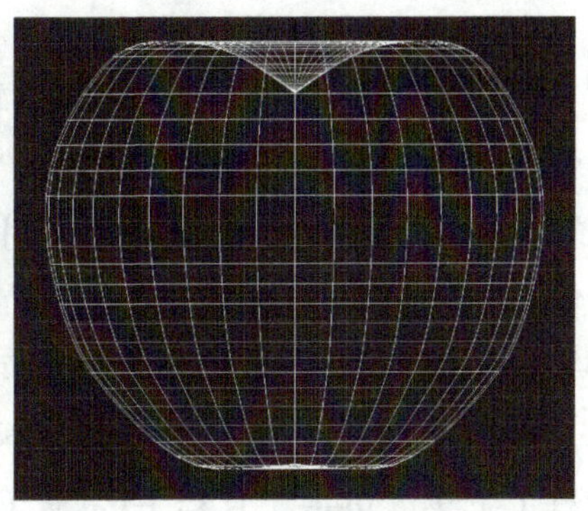
图1-204　车削成形

步骤4：用同样的方法完成苹果蒂的制作，截面图可参考图1-205。

步骤5：弯曲苹果蒂。选择修改器中的“Bend”对苹果蒂进行弯曲，参数设置和结果如图1-206所示。

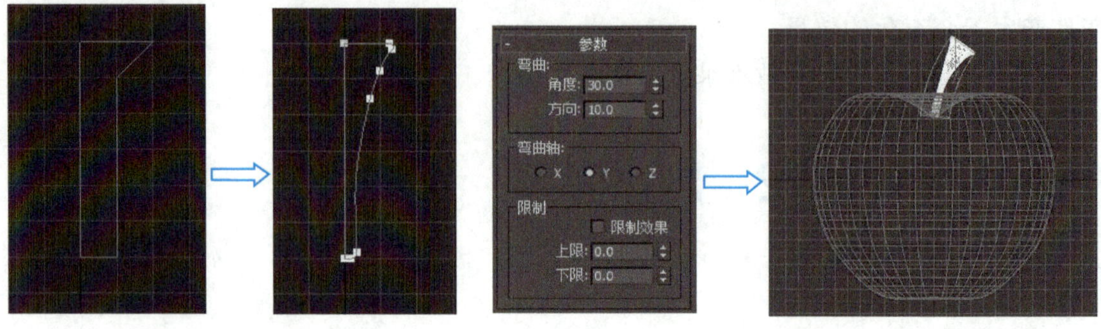

图1-205　苹果蒂　　　图1-206　苹果蒂弯曲后

步骤6：两者结合。把苹果蒂移动到苹果上面，用鼠标框选苹果和苹果蒂，执行“组”→“组”命令，输入组名“苹果001”，并单击“确定”按钮，如图1-207所示。这个操作称为“成组”，这样苹果和苹果蒂就结合在一起，移动时也就可以整体移动了。如果对苹果的两个部分分别进行修改，则要先解除“成组”再进行修改，操作方式是执行“组”→“解组”命令。结果如图1-208所示。

图1-207　成组对话框

图1-208　完成的苹果模型

步骤7：对苹果设计材质。

1）对苹果贴图。打开材质编辑器，单击“示例球01”并单击鼠标右键，在弹出的快捷菜单中选择“重命名”→“苹果”命令，把“示例球01”的材质重命名为“苹果”。双击“苹果”示例球进入材质编辑面板，打开下面的“贴图”面板，进入贴图功能，单击“漫反射颜色”右边的 无 按钮，双击选择“位图”，并在文件夹中选择图片“苹果.jpg”，就可以看到“苹果”示例球上的效果了，如图1-209所示。鼠标点在“苹果”示例球上不放，拖动鼠标到苹果上，这样就把编辑好的材质指定给了苹果。单击工具栏上的（渲染产品）按钮，效果如图1-210所示。

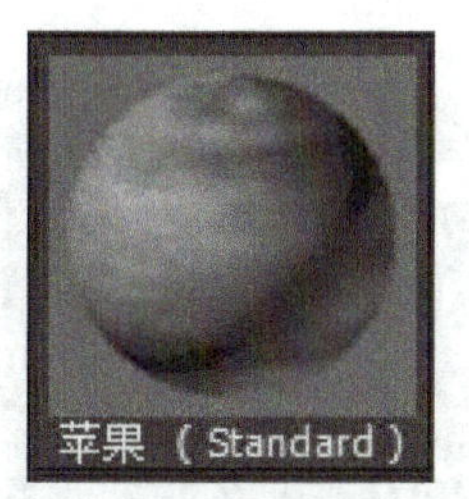

图1-209 材质示例球

图1-210 贴图后的苹果

习惯养成

在设计产品的时候，要养成给图形和材质改名的习惯，这样能够很快地找到所要的图形和材质。

2）编辑苹果蒂的材质。把“示例球02”的材质重命名为“苹果蒂”，双击“苹果蒂”示例球进入材质编辑面板，打开下面的“贴图”面板，进入贴图功能，单击“漫反射颜色”右边的 无 按钮，双击选择“渐变”（Gradient），在“渐变参数面板”中，设置“颜色#1”为褐色，参考颜色值如图1-211所示；设置“颜色#2”为泥色，参考颜色值如图1-212所示；设置“颜色#3”的颜色为泥黄色，参考颜色值如图1-213所示。最后，“渐变参数”面板的设置如图1-214所示。

单击“颜色#3”右边的 无 按钮，双击选择“泼溅”（Splat），在“泼溅参数面板”中，设置“颜色#1”为泥黄色、“颜色#2”为黑色，结果如图1-215所示。最终，“苹果蒂”示例球结果如图1-216所示。

鼠标点在“苹果蒂”示例球上不放，拖动鼠标到苹果蒂上，这样就把编辑好的材质指定给了苹果蒂。

步骤8：观看效果图。单击工具栏上的（渲染产品）按钮，效果如图1-217所示。如果不满意，则可以继续修改材质编辑器中的参数，如“颜色”“泼溅大小”“瓷砖”等项目中的参数。

步骤9：保存文件并命名为“苹果.max”。

这几个颜色可以自己设计，接近真实的苹果就行。

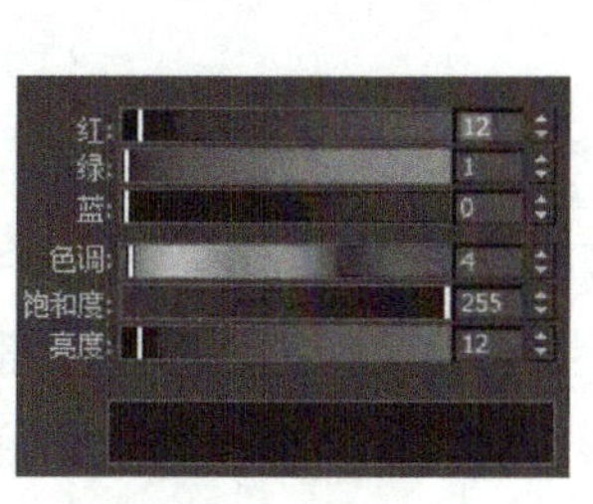

图1-211 颜色#1

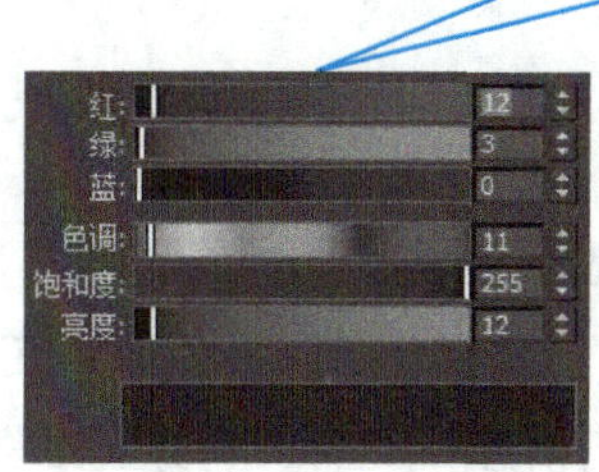

图1-212 颜色#2

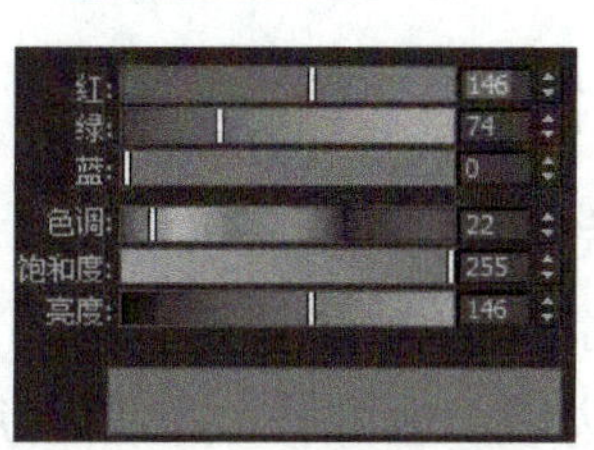

图1-213 颜色#3

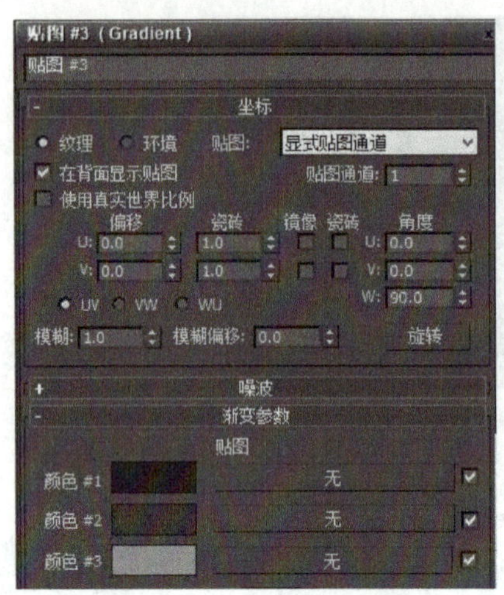

图1-214　渐变参数面板

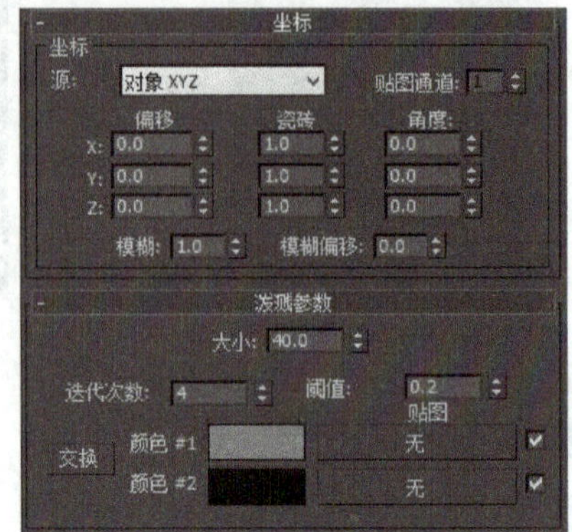

图1-215　泼溅参数面板

图1-216　苹果蒂示例球

图1-217　苹果的最后效果图

必备知识

在产品的设计过程，经常会遇到材质的设计，因为每个产品都是独一无二的，它应该有自己独有的材质，才能体现出产品的本质特点。所以，在制作材质的过程中，会经常在现实生活中取材，比如任务2苹果贴图，就是在现实生活中取材，先把苹果拍下来，再利用图片处理软件（例如，Photoshop）对图片的颜色、大小、亮度等进行处理，以符合材质贴图的要求。因此，行业中有“三分模型，七分贴图”的说法，也就是说一般在处理贴图图片的过程中要用更多的时间。

任务拓展

完成一个桔子的制作，丰富水果盘，参考图如图1-218所示。提示：桔子可以用“车削”的方法完成，再用▣（选择并均匀缩放）工具把它压扁一下；桔子蒂可以用多边形产生并修改，然后用“挤出”工具形成三维图形；材质贴图方式可以用“混合”方式，加入“噪波”贴图。

图1-218　桔子

任务3　制作香蕉

任务分析

香蕉是长条形的，可以先画好香蕉的横截面图，再利用“放样”工具产生香蕉的模型。放样模型起源于古代的造船技术，以龙骨为路径在不同截面处放入木板从而产生穿体模型，这种技术被应用于三维建模领域就是放样操作。所以，香蕉也可以用放样的方法来生成，以香蕉的长度为“龙骨”，以香蕉的不同截面放入路径中从而产生香蕉的模型。对于香蕉的贴图，也可以自己制作。一般方法是：把香蕉皮剥下来，进行拍照，然后利用Photoshop进行处理，就可以作为香蕉的贴图了。

任务实施

准备工作：重置系统，准备好香蕉的贴图。

步骤1：在顶视图绘制出香蕉的截面图和一条直线，作为香蕉的放样路径，如图1-219所示。

步骤2：放样。选择直线，单击“几何体”按钮，在下拉菜单中选择“复合对象”，单击“放样”按钮，如图1-220所示。

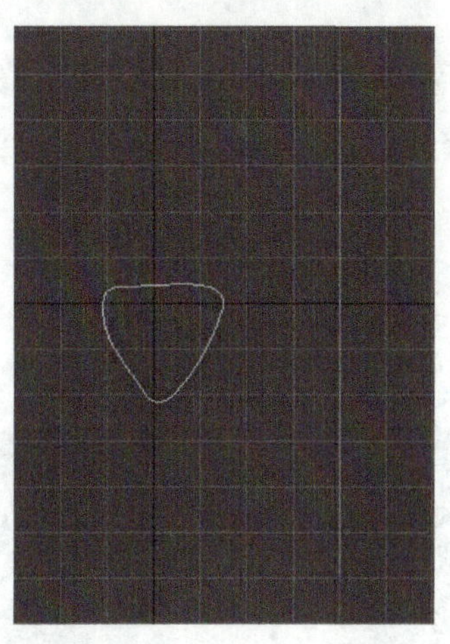

图1-219　放样路径和图形

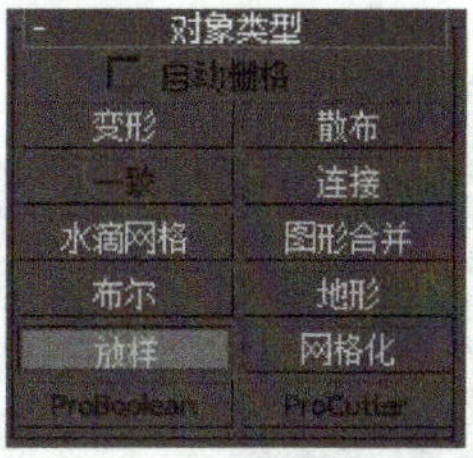

对象类型

自动栅格

变形	散布
一致	连接
水滴网格	图形合并
布尔	地形
放样	网格化
ProBoolean	ProCutter

图1-220　对象类型面板

单击“创建方法”面板中的“获取图形”按钮，如图1-221所示。在顶视图选择香蕉的截面图形，这样就生成了香蕉放样图形，其透视图如图1-222所示。

图1-221 创建方法面板

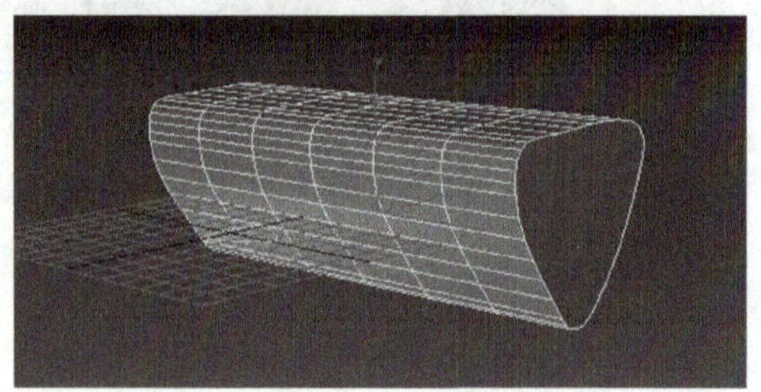

图1-222 放样

步骤3：修改放样图形。单击 （修改）按钮进入修改命令面板，打开命令面板下方的“变形”面板，单击 缩放 按钮，打开“缩放变形”编辑器。利用编辑器上方工具栏中的 （移动控制点）和 （插入角点）工具，修改红色线段，结果如图1-223所示。

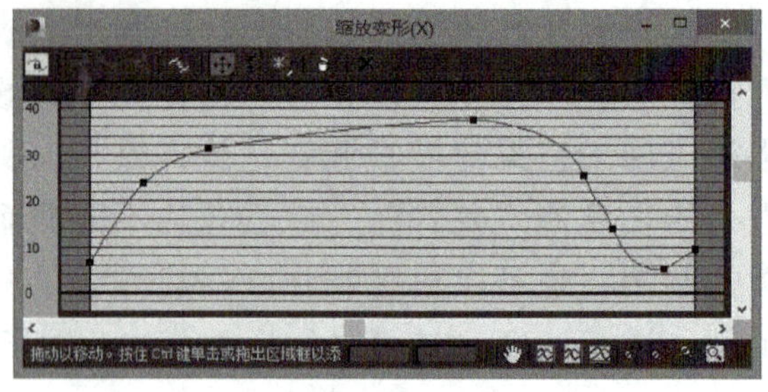

图1-223 “缩放变形”对话框

小提示

插入的点数没有规定，一般是在拐弯的地方多设一些点。每个点可以用“角点”“Bezier平滑”“Bezier角点”的方式来修改。

步骤4：关闭修改器，观察香蕉模型的变化，前视图的效果如图1-224所示。如果不满意，则再修改。

步骤5：模型弯曲。单击命令面板上的下拉菜单，选择“弯曲”修改器，设置弯曲参数面板中的弯曲角度为120°，弯曲轴为Y轴，如图1-225所示。至此，香蕉的基本模型就完成了，结果如图1-226所示。

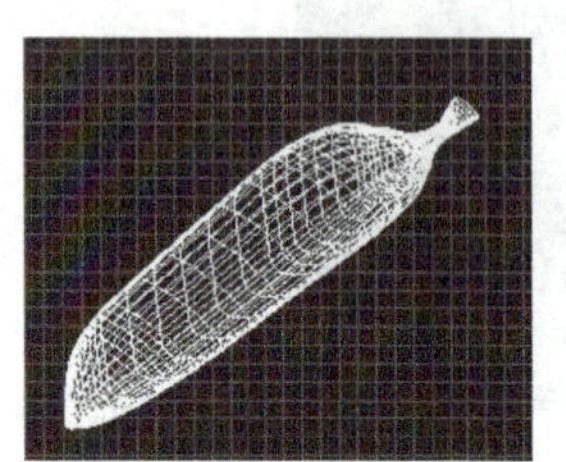

图1-224 变形修改后的效果

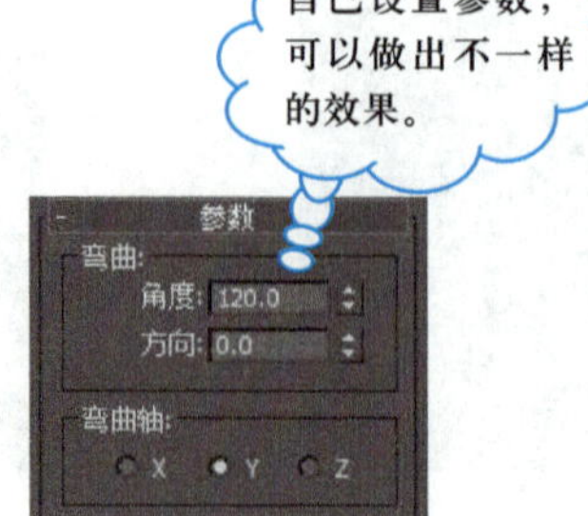

图1-225 弯曲参数

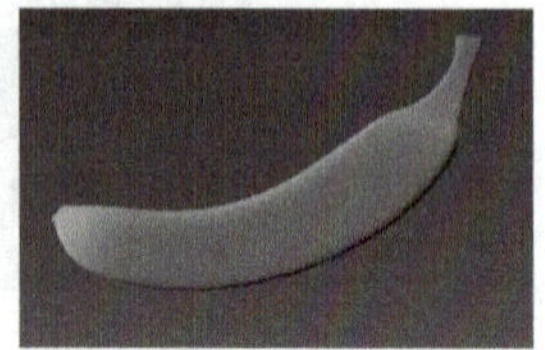

图1-226 成形的香蕉

步骤6：给香蕉添加材质。

1）贴图。打开材质编辑器，单击“示例球01”并按鼠标右键，在弹出的快捷菜单中选择“重命名”→“香蕉”命令，把“示例球01”的材质重命名为“香蕉”。双击“香蕉”示例球进入材质编辑面板，打开下面的“贴图”面板，进入贴图功能，单击“漫反射颜色”右边的 无 按钮，双击选择“位图”，并在文件夹中选择图片“香蕉-1.jpg”。香蕉材质示例球的效果如图1-227所示。

2）加入“凹凸”贴图。单击“凹凸”右边的 无 按钮，双击选择“位图”，并在文件夹中选择图片“香蕉-2.jpg”，设置凹凸的数量为60。香蕉材质示例球的效果如图1-228所示。

3）把编辑好的材质指定给香蕉。鼠标放在“香蕉”示例球上，拖动鼠标到香蕉上，这样就把编辑好的材质指定给了香蕉。单击工具栏上的（渲染产品）按钮，效果如图1-229所示。

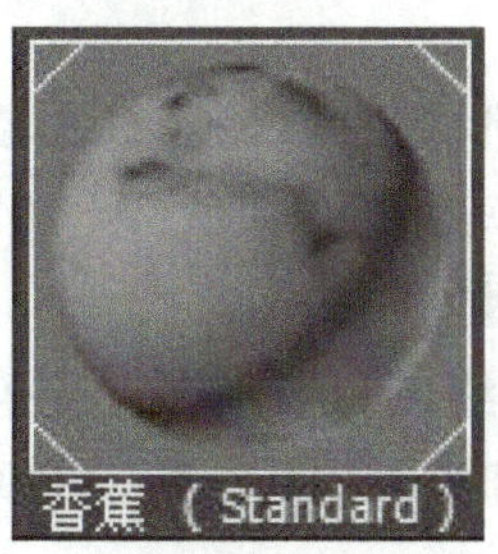

图1-227 贴图

图1-228 加入凹凸贴图

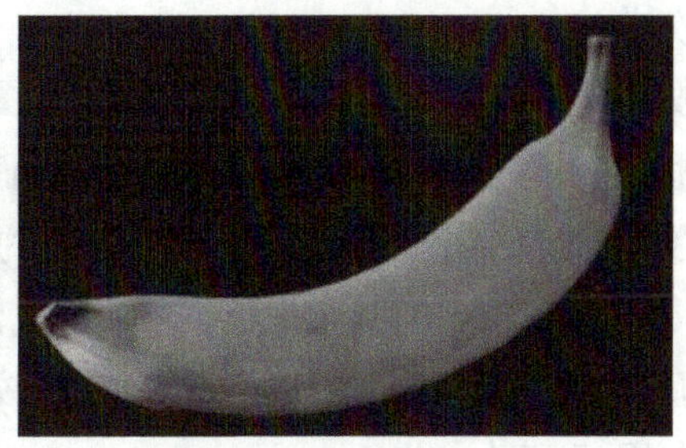
图1-229 香蕉最终效果图

步骤7：保存文件并命名为“香蕉.max”。

必备知识

弯曲修改器

“弯曲”修改器允许将当前选中对象围绕单独轴弯曲 360°，在对象几何体中产生均匀弯曲。此功能可以在任意三个轴上控制几何体弯曲的角度和方向，也可以对几何体的局部进行弯曲。

修改器堆栈

修改器堆栈如图1-230所示。

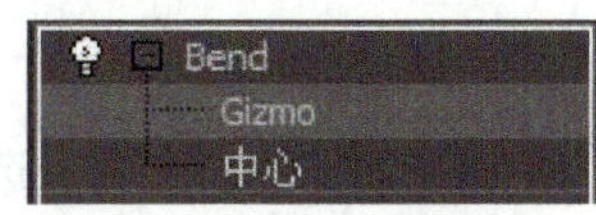

图1-230 修改器堆栈

Gizmo：可以在此子对象层级上与其他对象一样对Gizmo 进行变换并设置动画，也可以改变弯曲修改器的效果。转换 Gizmo 时将以相等的距离转换它的中心。根据中心转动和缩放 Gizmo。

中心：可以在子对象层级上平移中心并对其设置动画，改变弯曲 Gizmo 的图形，并由此改变弯曲对象的图形。

参数面板

参数面板如图1-231所示。其各项参数如下：

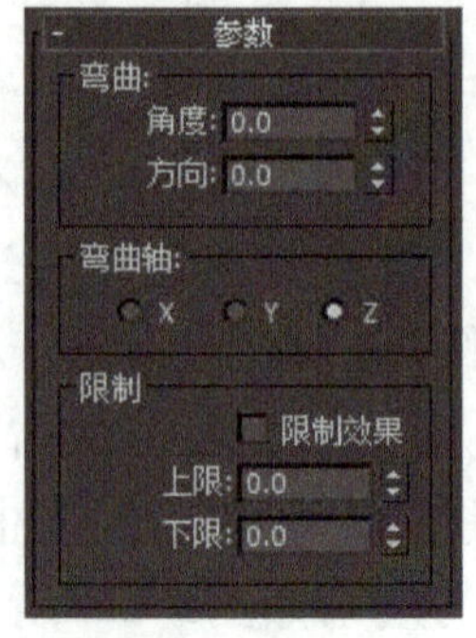

图1-231 参数面板

角度：从顶点平面设置要弯曲的角度。范围为-999,999.0～999,999.0。

方向：设置弯曲相对于水平面的方向。范围为-999,999.0～999,999.0。

限制效果：将限制约束应用于弯曲效果。默认设置为禁用状态。

上限：以世界单位设置上部边界，此边界位于“弯曲”中心点上方，超出此边界弯曲不再影响几何体。上限值的范围为0～999,999.0，默认值为 0。

下限：以世界单位设置下部边界，此边界位于弯曲中心点下方，超出此边界弯曲不再影响几何体，默认值为0。下限值的范围为-999,999.0～0，默认值为 0。

放样

放样是可以为任意数量的横截面图形创建作为路径的图形对象。该路径可以成为一个框架，用于保留形成对象的横截面。如果仅在路径上指定一个图形，3ds Max 会假设在路径的每个端点都有一个相同的图形，然后在图形之间生成曲面。

3ds Max 对于创建放样对象的方式没有限制。可以创建曲线的三维路径，甚至三维横截面。 使用“获取图形”时，在无效图形上移动光标的同时，该图形无效的原因将显示在提示行中。

放样的基本步骤：

1）创建放样对象，包括放样路径和图形，图形即模型横截面的一个或多个图形。

2）放样。如图1-232所示的设置面板，放样建模有以下两种方法。

图1-232 “创建方法”设置面板

方法1：用“获取路径”的方式创建放样对象。

步骤1：选择图形作为初始横截面图形。

步骤2：单击（创建）按钮，进入创建命令面板，选择（几何体）面板，从下拉列表中选择“复合对象”。在“对象类型”卷展栏中，启用“放样”。

步骤3：在“创建方法”卷展栏上单击“获取路径”按钮。

步骤4：在单选项“移动”“复制”或“实例”中选择“实例”。

步骤5：单击用作路径的图形。当将鼠标移动到有效的路径图形上时，光标会变为“获取路径”光标。如果光标的形状在某图形上未改变，那么该图形是一个无效的路径图形并且不能选中。将选中路径的初始顶点放置在初始图形的轴上，并且路径切线与图形的局部 Z 轴对齐。

方法2：用“获取图形”的方式创建放样对象。

步骤1：选择一个有效的图形作为路径。

步骤2：点击■（创建）按钮，进入创建命令面板，选择■（几何体）面板，激活状态时，从下拉列表中选择“复合对象”。在“对象类型”卷展栏中，启用“放样”。

步骤3：在“创建方法”卷展栏上单击“获取图形”按钮。

步骤4：在单选项“移动”“复制”或“实例”中选择“实例”。

步骤5：单击图形。将鼠标移动到潜在图形上方时，光标会变为“获取图形”光标。选定的图形放置在路径的初始顶点上。

任务拓展

完成一个杨桃的制作，丰富水果盘的内容，如图1-233所示。提示：杨桃也可以用“放样”的方法完成基本图形，现在利用“变形”中的“缩放”功能进行修改；材质编辑是对“透明”贴图、“凹凸”贴图和“折射”贴图进行设置。

图1-233　杨桃效果图

任务4　制作梨

任务分析

对于梨可能会想到，可以像苹果一样用“车削”的方式建立模型，但如果细致观察会发现梨没有苹果那样规则。因此，这里的方法是先用“车削”方法把梨的基本模型做出来，然后再通过“变形工具”去修改它，从而让它变得不规则。

梨表面贴图的做法可以跟苹果一样，不过梨的表面没有苹果光滑，所以应该在贴图的基础上，像制作香蕉一样加入“凹凸”贴图。

任务实施

准备工作：重置系统，准备好梨的贴图。

步骤1：制作梨的基本模型。在前视图绘制出梨的截面图，如图1-234所示。修改各个点，让线条平滑，如图1-235所示。“车削”的结果如图1-236所示。这样就完成了梨的基本模型。

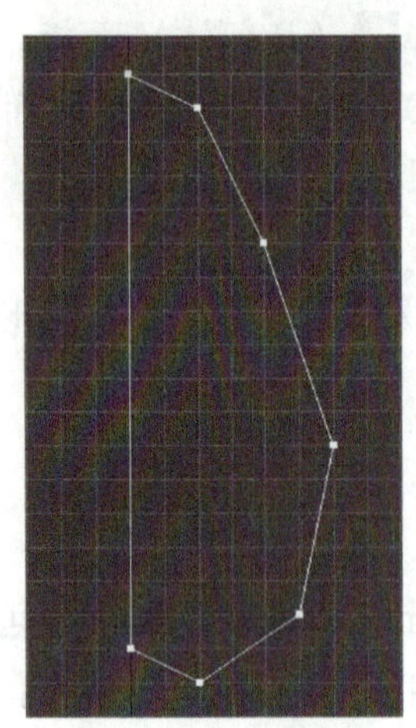

图1-234　截面图

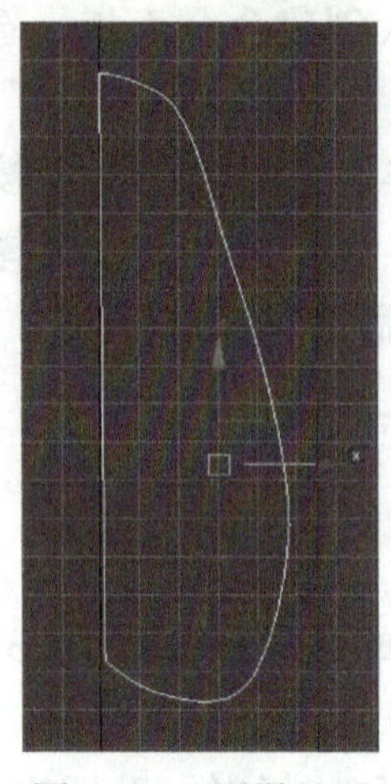
图1-235　圆滑处理

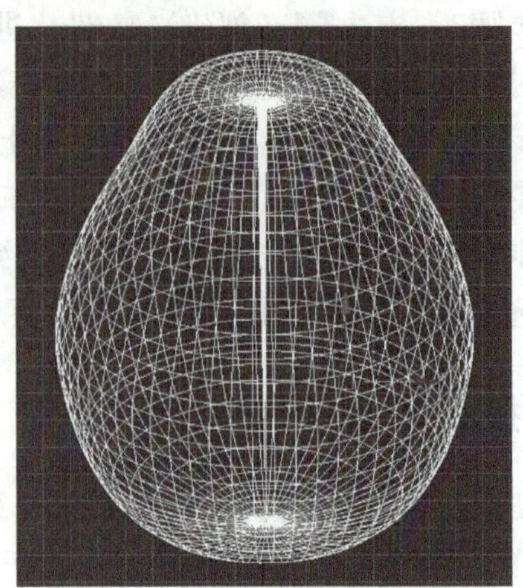
图1-236　车削成形

步骤2：变形。

1）设置变形修改器FFD。单击在命令面板上的“修改器列表”下拉菜单，选择“FFD（圆柱体）”修改器，在编辑修改器堆栈中单击控制点，进入点的修改状态，如图1-237所示。

2）在“FFD参数”面板中单击 设置点数 按钮，设置FFD尺寸：侧面为5，径向为4，高度为4，单击“确定”按钮结束，如图1-238所示。这样，就设置了一个尺寸为4×6×4的变形修改器，设置后的FFD参数面板如图1-239所示。

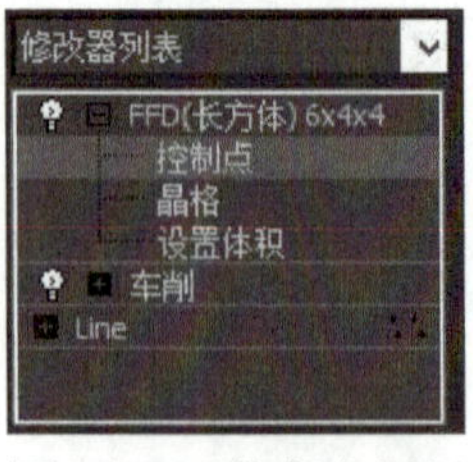

图1-237　控制点层级

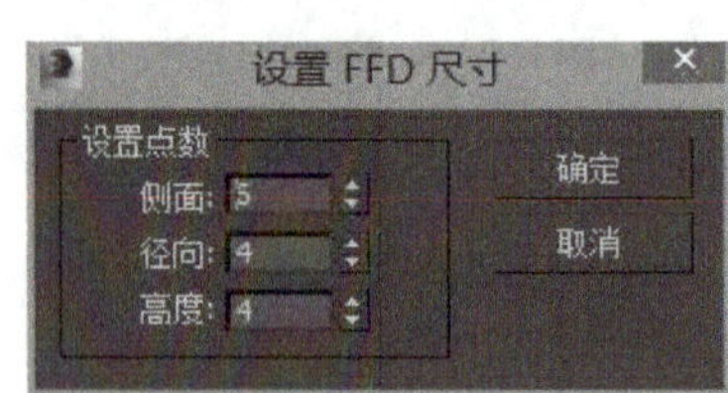

图1-238　设置FFD尺寸

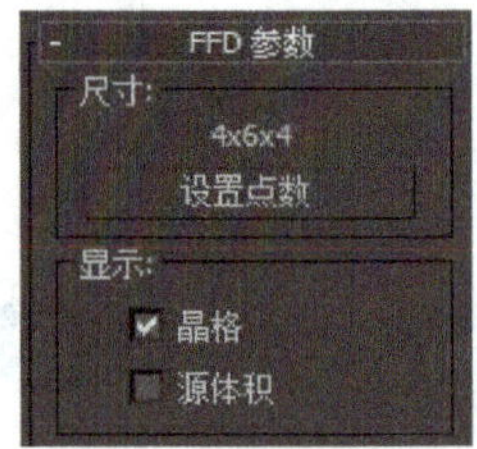

图1-239　FFD参数

3）修改顶点变形。用鼠标框选要修改的点，或利用工具栏中的（选择并移动）工具和（缩放）工具，框选所有需修改的顶点。分别在前视图、侧视图和顶视图修改顶点，如图1-240和图1-241所示，结果如图1-242所示。这样，不规则的梨模型就完成了。

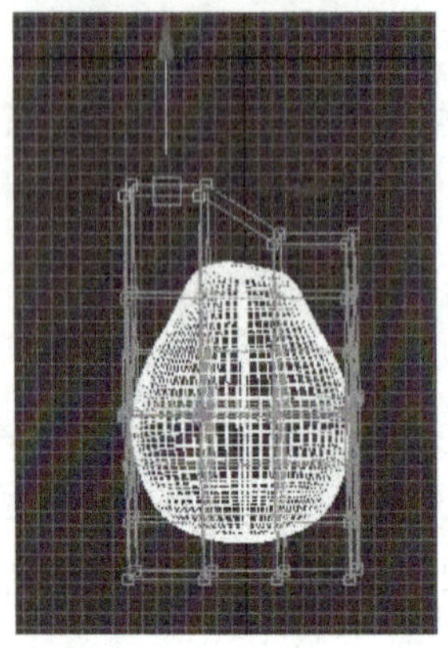
图1-240　变形修改1

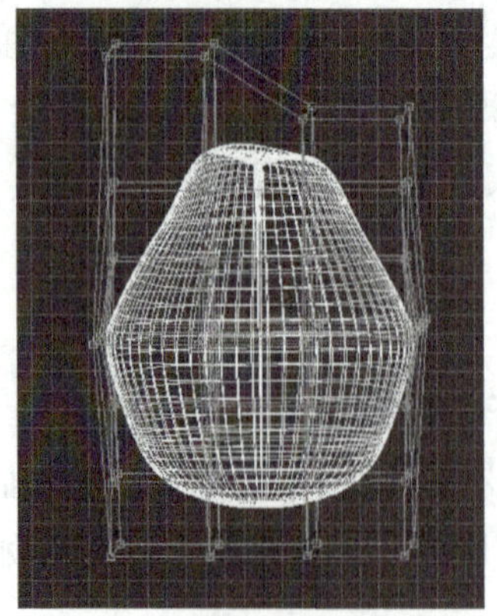
图1-241　变形修改2

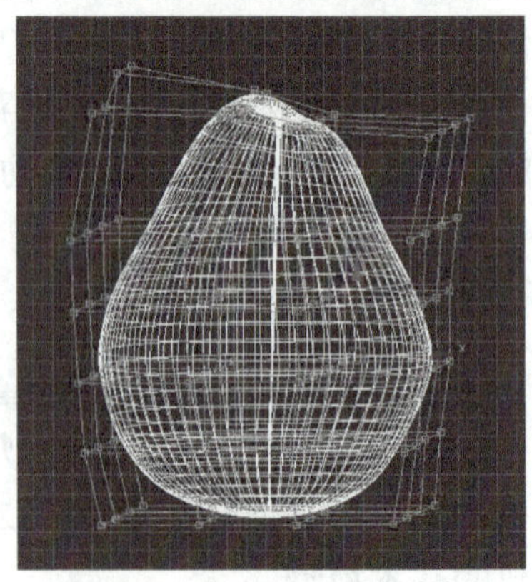
图1-242　变形修改3

步骤3：给梨添加材质。

1）给梨贴图。打开材质编辑器，单击“示例球01”并单击鼠标右键，在弹出的快捷菜单中选择“重命名”→“梨”命令，把“示例球01”材质重命名为“梨”。双击“梨”示例球进入材质编辑面板，打开其下面的“贴图”面板，进入贴图功能，单击“漫反射颜色”右边的 无 按钮，双击选择“位图”，并在文件夹中选择图片“梨.jpg”。

2）让梨有点凹凸感。单击“凹凸”右边的 无 按钮，双击选择“噪波”，并设置凹凸的数量为10。单击“高光级别”右边的 无 按钮，双击选择“噪波”，并设置高光级别的数量为60。贴图参数设置如图1-243所示，设置完成后梨材质示例球的效果如图1-244所示。

步骤4：鼠标点在“梨”示例球上不放，拖动鼠标到梨上，这样就把编辑好的材质指定给了梨。

步骤5：与苹果蒂的制作方法相同，完成梨子蒂的制作，并加上材质，然后把它移到梨的上面，最后把它们结合成组“梨001”。

步骤6：单击工具栏上的（渲染产品）按钮，效果如图1-245所示。

贴图

		数量	贴图类型
	环境光颜色	100	无
✔	漫反射颜色	100	贴图 #7 (梨贴图-2.jpg)
	高光颜色	100	无
✔	高光级别	20	贴图 #22 (Noise)
	光泽度	100	无
	自发光	100	无
	不透明度	100	无
	过滤色	100	无
✔	凹凸	10	贴图 #21 (Noise)
	反射	100	无
	折射	100	无
	置换	100	无
		0	无

图1-243 贴图面板

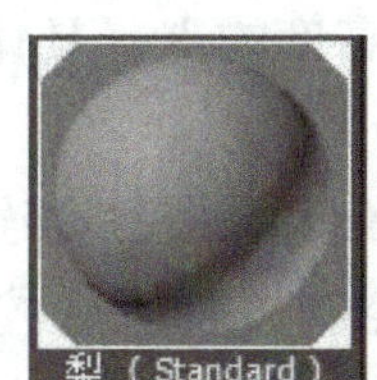

图1-244 示例球

图1-245 完成贴图

步骤7：保存文件并命名为“梨.max”。

必备知识

FFD修改器

FFD修改器使用晶格框包围选中的几何体。通过调整晶格的控制点，可以改变封闭几何体的形状。使用“自动关键点”按钮可以设置晶格点动画，因此可以使几何体变形。

修改器堆栈（见图1-246）

控制点：在此子对象层级，可以选择并操纵晶格的控制点，可以一次处理一个或以组为单位处理（使用标准方法选择多个对象）。操纵控制点将影响基本对象的形状。可以对控制点使用标准变形方法。当修改控制点时如果启用了“自动关键点”按钮，则此点将变为动画。

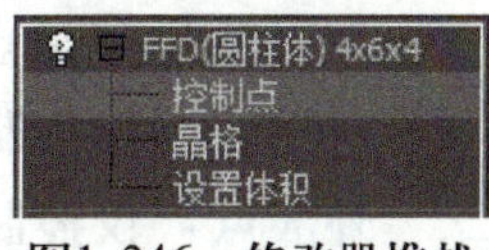

图1-246 修改器堆栈

晶格：在此子对象层级，可从几何体中单独地摆放、旋转或缩放晶格框。如果启用了“自动关键点”按钮，则此晶格将变为动画。当首先应用FFD时，默认晶格是一个包围几何体的边界框。移动或缩放晶格时，仅位于体积内的顶点子集合可应用局部变形。

设置体积：在此子对象层级，变形晶格控制点变为绿色，可以选择并操作控制点而不影响修改对象。这使晶格更精确地符合不规则图形对象，当变形时将提供更好的控制。

参数面板（见图1-247）

晶格尺寸：此文本显示晶格中当前的控制点数目（例如，3×4×4）。

设置点数：显示一个对话框，其中包含3个标为“长度”“宽度”和“高度”的微调器以及“确定/取消”按钮。指定晶格中所需控制点数目，然后单击“确定”按钮以进行更改。

晶格：绘制连接控制点的线条以形成栅格。虽然绘制这些额外的线条时会使视口显得混乱，但它们可以使晶格形象化。

源体积：控制点和晶格会以未修改的状态显示。当调整源体积以影响位于其内或其外的特定顶点时，该显示很重要。

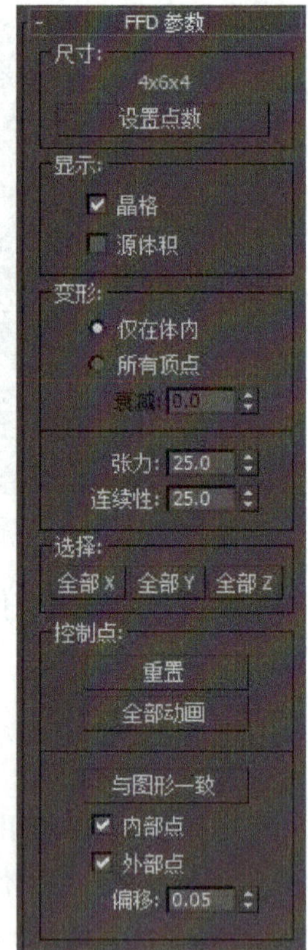

图1-247　FFD参数面板

衰减：它决定着FFD效果减为零时离晶格的距离，仅用于选择“所有顶点”时。当设置为0时，它实际处于关闭状态，不存在衰减。所有顶点无论到晶格的距离远近都会受到影响。“衰减”参数的单位是实际相对于晶格的大小指定的：衰减值1表示那些到晶格的距离为晶格的宽度/长度/高度的点（具体情况取决于点位于晶格的哪一侧）所受的影响降为0。

张力/连续性：调整变形样条线的张力和连续性。虽然无法看到FFD中的样条线，但晶格和控制点代表着控制样条线的结构。在调整控制点时，会改变样条线（通过各个点）。样条线使对象的几何结构变形。通过改变样条线的张力和连续性，可以改变它们在对象上的效果。

重置：将所有控制点返回到它们的原始位置。

全部动画：在默认情况下，FFD晶格控制点将不在“轨迹视图”中显示出来，因为没有给它们指定控制器。但是在设置控制点动画时，给它指定了控制器，则它在“轨迹视图”中可见。也可以添加和删除关键点和执行其他关键点操作。使用“全部动画”将“点3”控制器指定给所有控制点，这样它们在“轨迹视图”中立即可见。

与图形一致：在对象中心控制点位置之间沿直线延长线，将每一个FFD控制点移到修改对象的交叉点上，这将增加一个由“补偿”微调器指定的偏移距离。

内部点：仅控制受“与图形一致”影响的对象内部点。

外部点：仅控制受“与图形一致”影响的对象外部点。

偏移：受“与图形一致”影响的控制点偏移对象曲面的距离。

任务拓展

利用学过的建模方法，如变形、弯曲，参考图1-248和图1-249设计不规则的艺术花瓶。

图1-248 花瓶1

图1-249 花瓶2

任务5 整合与设置灯光

任务分析

一般地，一个较大的项目会由一个团队的人员来共同完成，团队的工作由项目经理管理。这里制作的这个水果盘是一个简单而典型的例子，它可以分成多个任务分别由不同的设计人员去设计制作，各自完成任务后，再把所有个体整合在一起，加上灯光和环境效果，最后完成此项目。作为项目经理，既要将设计任务细化并将任务分配给各有关人员，说明设计理念，还要协调各个组员的工作，监控设计的进度和质量，保证作品的顺利完成。

任务实施

步骤1：打开“水果盘.max”文件。

步骤2：单击按钮，执行“导入”→“合并”命令，选择“苹果.max”文件，打开“合并”窗口，如图1-250所示。

步骤3：在“合并”窗口中，选择“苹果001”，单击“确定”按钮。调整苹果的大小，并把它移动到水果盘里。这样就完成了其中一个水果的合并。

步骤4：按步骤3的方法，把所有的水果合并到文件中，并调整大小、移动位置，让水果摆设好，结果如图1-251所示。

步骤5：复制。选择一个水果，按<Shift>键不放，移动鼠标，可以复制出相同的水果。

步骤6：给水果盘加一个背景，突出水果盘的效果。在前视图上加上一个平面，并贴上贴图。

注意

移动的时候要分别在各个视图，按不同的方向移动，这样位置才能准确。

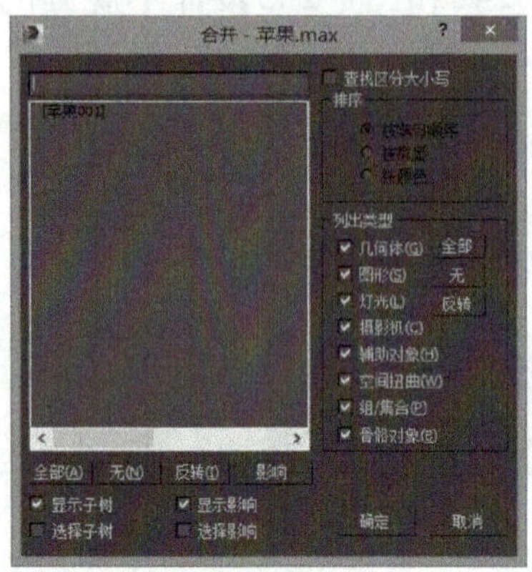

图1-250 “合并”对话框

图1-251 最终效果图

步骤7：设置灯光。

单击命令面板中的 （灯光）按钮，进入灯光命令面板，单击 自由灯光 按钮，在透视图上方加入一个“自由灯光”。用同样的方法，可以根据需要增加多个“自由灯光”。

单击 目标灯光 按钮，在透视图上方加入一个“目标灯光”，把灯光下的小红色正方体移到苹果上，如图1-252所示。在“常规参数”面板的“阴影”栏中勾选“启用”复选框，如图1-253所示，并把“强度/颜色/衰减”面板中的“过滤颜色”调为暖红色，如图1-254所示。这样，水果盘就出现不一样的效果。

图1-252 灯光

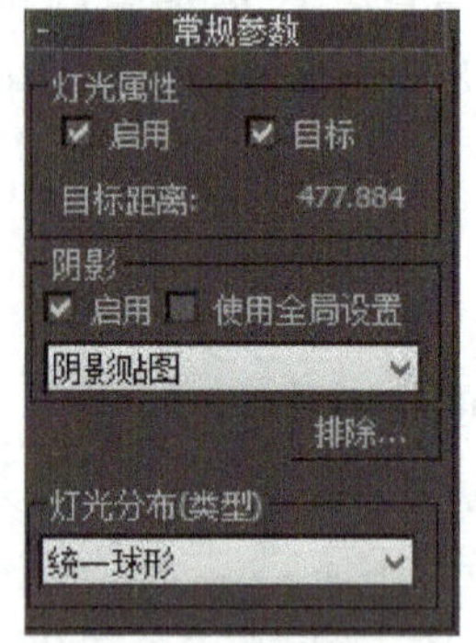

图1-253 灯光的常规参数面板

图2-254 灯光颜色

提示

在没有设置灯光前，透明图是利用系统光源的，一但加入了灯光，系统光就自然消失。灯光光源的位置可以根据需要来放置，在三个视图中调节它的位置；“目标灯光”使用的目的是突显某个物体。可以利用灯光的使用，做出不同效果的产品，如图1-255和图1-256所示。

图1-255 灯光的使用

图1-256 效果图

必备知识

灯光

为场景加入灯光一般有几种情况：①要改进场景的照明。视口中的默认照明可能不够亮，或没有照到复杂对象的所有面上。②通过逼真的照明效果来增强场景的真实感。③通过灯光投射阴影增强场景的真实感。各类型灯光应用时遇到物体都会产生投影（阴影），可以选择性地控制对象的投影或接收阴影。④要在场景中投影。各种类型的灯光都可以投影静态或设置动画的贴图。灯光的类型如图1-257所示。

泛光灯是从单个光源向各个方向投影光线。目标聚光灯是像闪光灯一样投影聚焦的光束。

与目标聚光灯不同，“自由聚光灯”没有目标对象。可以移动和旋转自由聚光灯以使其指向任何方向。

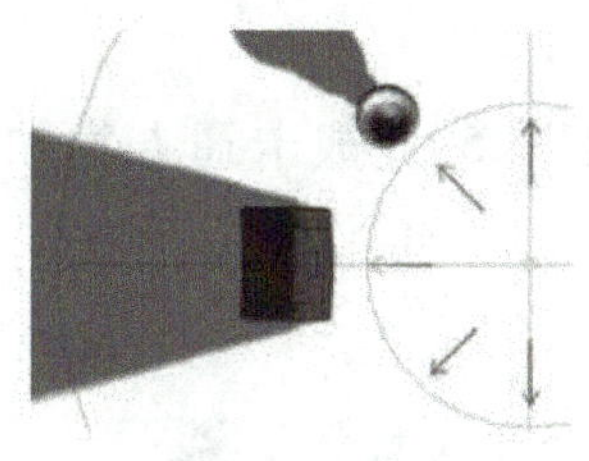
泛光灯

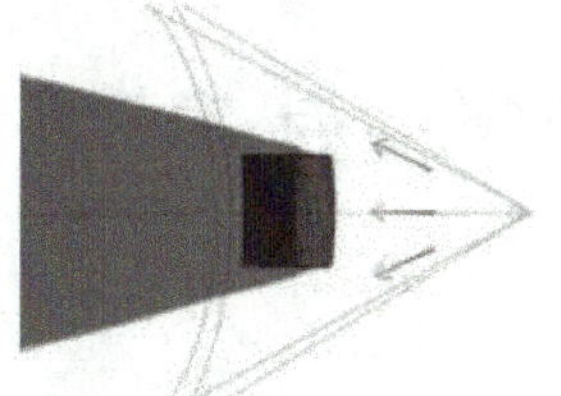
目标聚光灯

自由聚光灯

图1-257 灯光的类型

创建灯光：

1）在（创建）面板上，单击（灯光）命令按钮，进入“灯光”面板。

2）在“灯光”面板中，从下拉列表中选择“标准”。

3）在“对象类型”卷展栏上，选择“灯光”。

4）单击放置灯光的视口位置。如果是聚光灯，要在视口中拖动放置。拖动的初始点是聚光灯的位置，释放鼠标的点就是目标位置。

5）设置创建参数。

任务拓展

请把作品整合，并加上灯光，调节阴影、颜色和灯光范围等参数，让作品增添光彩。

项目评价

本项目通过制作水果盘，主要学习了模型的4种创建和修改方法：车削、放样、变形、弯曲。可以说，这是一个典型二维线形经过样条线编辑加上修改命令转化为三维模型制作的综合运用。通过本项目的学习，给自己做个评价，见表1-7。

表1-7 项目评价表

	很满意	满意	还可以	不满意
项目的完成情况				
与同组成员沟通及协作情况				
掌握的知识点				
产品设计评价				
体会和经验				

实战强化

利用学过的建模方法和材质编辑方法，参考图1-258和图1-259完成卡通人物和香水瓶的设计。

图1-258 卡通人物

图1-259 香水瓶

单元小结

本单元，在完成产品制作的过程中，学习了3ds Max中建模的基本操作。建模是三维制作的基础，其他工序都依赖于建模。最基本的建模方法分为3大类：多边形建模、面片建模和NURBS建模。

多边形建模是比较古老的建模体系，但也是目前发展最为完善和应用广泛的建模方法，在目前主流的三维动画软件中基本上都包含了多边形建模功能，甚至不可或缺，特别是对于建筑、游戏、角色类适用。

面片建模是介于多边形和NURBS之间的一种建模方法，使用频率不高，但在某些方面非常优秀。主要是使用Bezier曲面定义方式，以曲线的调节方法来调节曲面，对于习惯多边形建模的人尤其适用，主要用于生物有机模型的创建。

NURBS建模方法是目前较为流行的建模方式，它能产生光滑连续的曲面，表面精度可以调节，可在不改变外形的前提下自由控制曲面的精细程度，这对于多边形建模方法来说几乎是不可能的。这种建模方法尤其适用于工业造型、生物有机模型的创建。

学习单元2 广告设计

单元概述

本单元通过2个项目的制作，学习利用3ds Max进行广告设计的制作，掌握霓虹灯的制作、射灯的制作、路径变形、基本动画制作等。通过本单元的学习，希望读者在掌握3ds Max基本操作的基础上可以举一反三、融会贯通，大胆地发挥想像力，设计出高质量的产品模型。

学习目标

（1）知识目标

- 认识和掌握3ds Max中广告的设计方法。
- 掌握使用“路径变形”方法制作动画。
- 掌握“曲线编辑”的使用方法。
- 熟练地进行基本动画的设置。

（2）技能目标

- 熟练地进行3ds Max动画制作。
- 掌握“路径变形”编辑器的使用方法。
- 掌握“曲线编辑器”的操作方法。

（3）情感目标

- 严谨求实，培养学生良好的学习习惯与职业道德。
- 分组实训，互帮互教，培养学生的团队协作能力和沟通能力。
- 培养学生的审美情趣和艺术修养，感受艺术与美的熏陶，在科技与艺术所营造的现代艺术设计过程中享受成功与快乐。

项目6　制作广告牌

广告牌设计草图如图2-1所示。

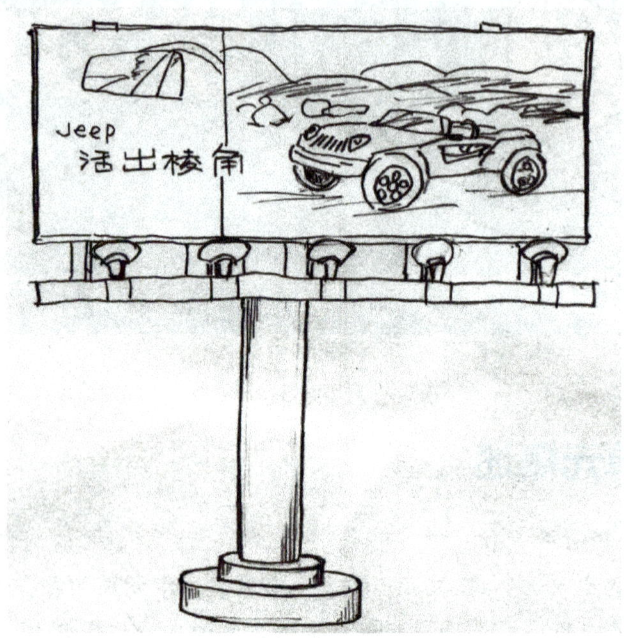

图2-1　设计草图

项目描述

本项目制作一个霓虹灯广告牌的模型，将分为两个任务来完成。第一个任务是：广告牌模型的制作。经过前面各个项目的学习，对形状模型的绘制与编辑非常熟悉了，也掌握了一定的灯光与材质的设置技巧。这里，将利用大型户外广告牌模型的制作，学习车削、旋转复制等建模操作；第二个任务是：制作霓虹灯广告效果。学习利用材质贴图和视频后期制作的特性来实现霓虹灯效果的方法。

任务1　制作广告牌模型

任务分析

制作大型户外广告牌，建模的操作难度不大，制作的重点在于支架。支架需要分成多个部分来创建，然后将它们组合起来。整个模型创建好之后，进行材质、灯光的设置，使其达到最佳的效果。

任务实施

步骤1：单击（3ds Max图标）按钮，重新设置系统。

步骤2：执行“创建”→“图形”→“星形”命令，在顶视图中绘制一个星形，并设置参数，如图2-2所示。

步骤3：制作支架柱体。单击 (修改) 按钮，进入修改面板，在修改器列表中选择“挤出”命令，设置参数如图2-3所示，挤出主体柱子。为了让柱子的外形更加好看，在修改器列表中选择“扭曲”命令，并设置参数，如图2-4所示。至此，制作出带有螺旋纹的柱子主体，如图2-5所示。

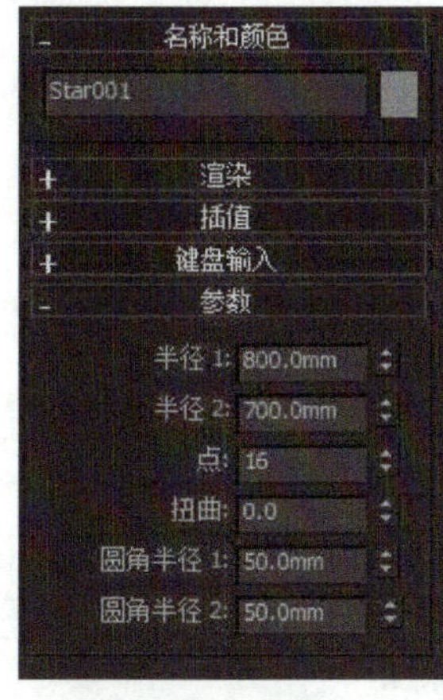

图2-2　绘制星形

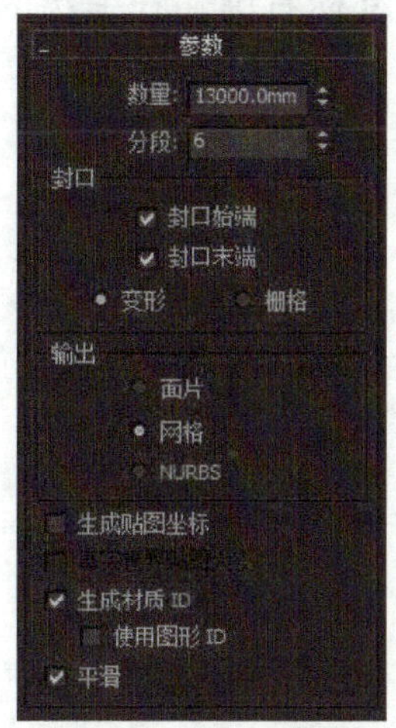

图2-3　挤出参数设置

图2-4　扭曲参数设置

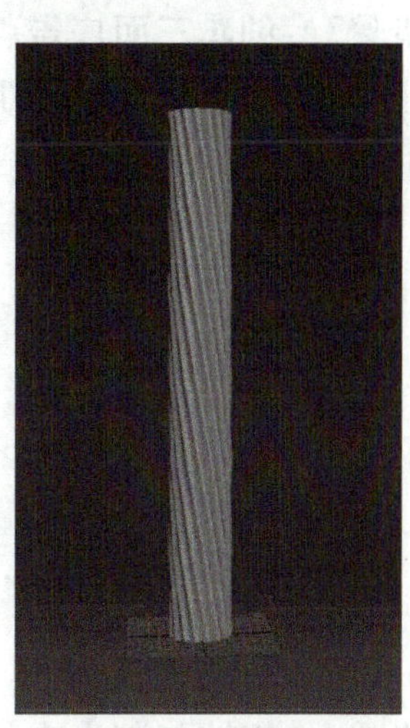

图2-5　主体柱子

步骤4：制作支柱底座。执行“创建”→“图形”→“线”命令，在前视图的柱子下面绘制如图2-6所示的闭合线条，绘制过程中按<Shift>键可保证线条平直。

步骤5：车削成形。单击 (修改) 按钮，进入修改命令面板，在下拉列表中选择“车削”，参数设置：“方向”为“Y”，“对齐”为“中心”，如图2-7所示。

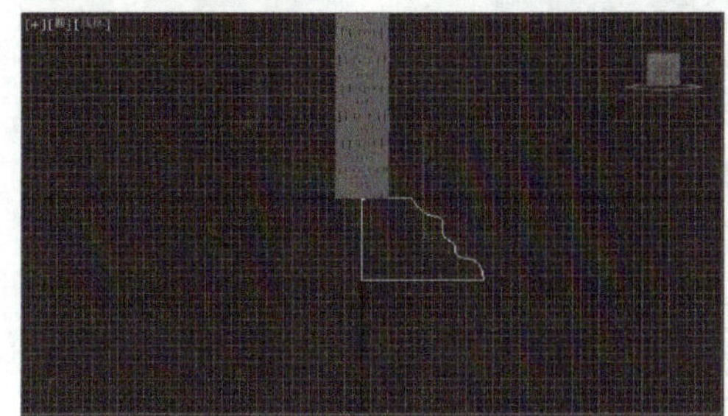

图2-6　制作底座基础线条图

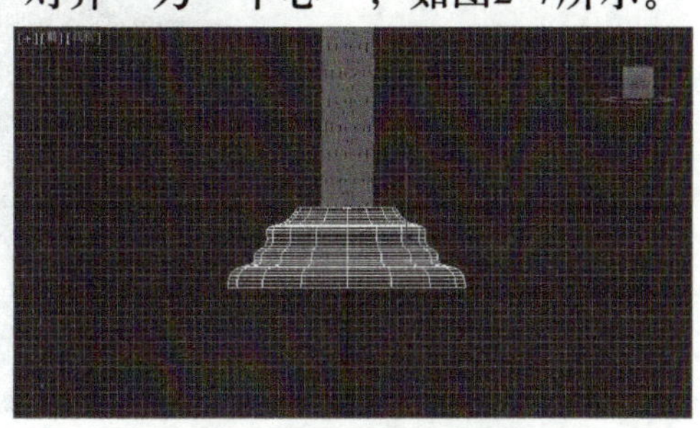

图2-7　车削生成底座

步骤6：合并图形。选择底座模型，单击“几何体”按钮，在下拉列表中选择“复合对象”，单击“ProBoolean”按钮，先在“参数”卷展栏中选择“并集”，然后在“拾取布尔对象”卷展栏中单击“开始拾取”按钮，选择视图中的柱子，这样就可以把柱子与底座模型结合在一起，如图2-8所示。

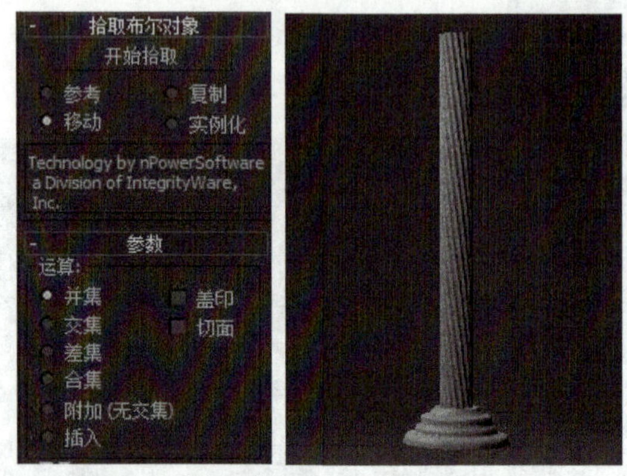

图2-8　布尔参数表和合并后的效果图

步骤7：创建三面广告牌的三臂支架。选择圆柱体，单击鼠标右键，在弹出的快捷菜单中单击（角度捕捉切换）按钮，设置栅格和捕捉参数，如图2-9所示。

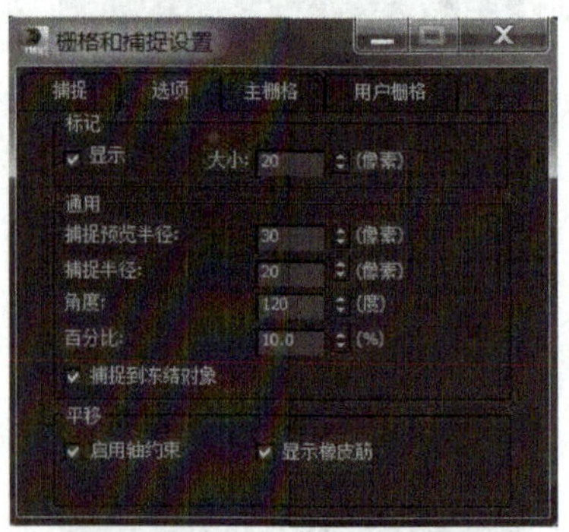

图2-9　设定角度捕捉参数

步骤8：旋转复制出支架的另外两个臂。单击（角度捕捉切换）按钮，确保角度捕捉切换开关打开，然后单击（选择并旋转）按钮，按<Shift>键不放，在顶视图对圆柱体进行旋转操作（120°），在弹出的“克隆选项”对话框中选择“实例”，然后单击“确定”按钮，如图2-10所示。重复操作一次，完成三臂支架的创建，如图2-11所示。

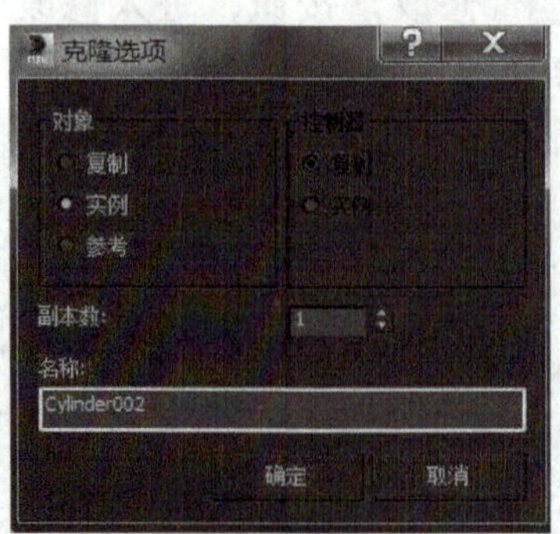

图2-10　对支架进行旋转复制

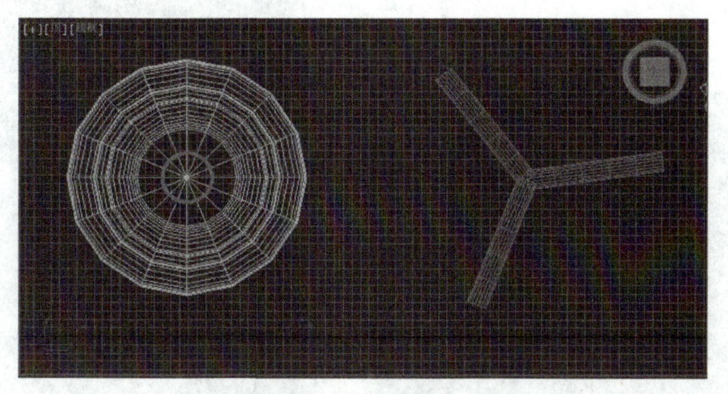

图2-11　三臂支架的创建

注意

创建三臂支架时有2个臂可方便地利用“旋转复制”生成，旋转一圈的角度是360°，所以要将两个相邻物体的角度设置为120°。角度捕捉是指在旋转时按照“角度捕捉”中设定的角度进行操作，当进行“选择并旋转”操作时，在视图中对物体进行旋转，转一次就是所设置的度数（120°），系统的默认值是5°。

步骤9：按<Ctrl>键，依次点选制作好的支架部件，然后执行菜单命令“组（G）”→“组（G）”，将它们成组，并命名为“三臂支架”组。

步骤10：调整三臂支架的位置。选择三臂支架，单击（层次）按钮进入层次面板，单击“仅影响轴”，如图2-12所示。利用（选择并移动）工具，把轴心移到中心点，如图2-13所示。再次单击“仅影响轴”退出“轴”操作，单击工具栏上的（对齐）按钮，单击支柱为参照物，并在弹出的“对齐当前选择”窗口中选择“X位置”“Y位置”及“轴心”对齐。这样，三臂支架与支撑柱居中对齐，利用“选择并移动”工具，在前视图调整三臂支架的高度，最终位置如图2-14所示。

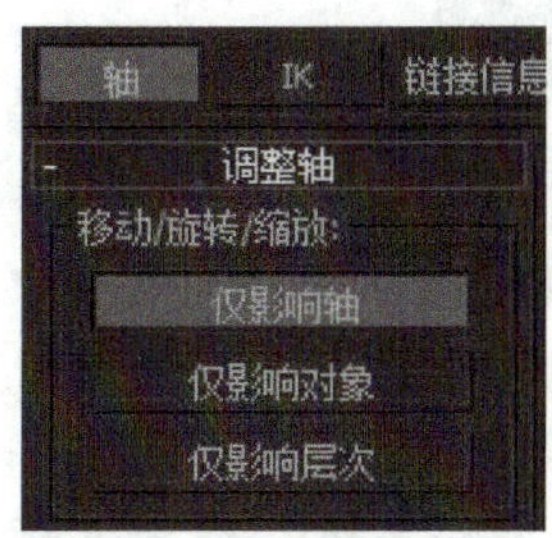

图2-12　调整坐标轴

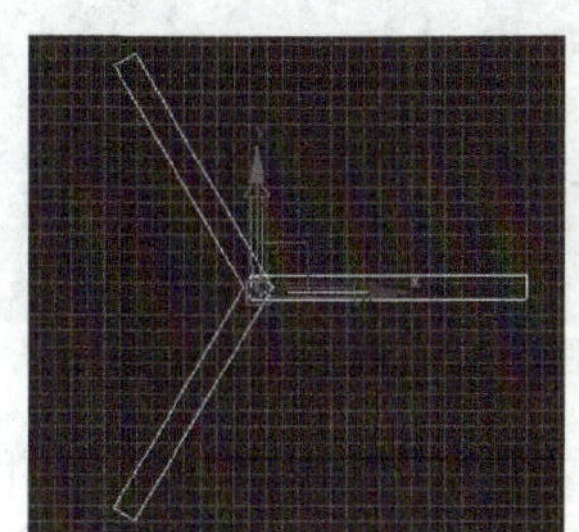

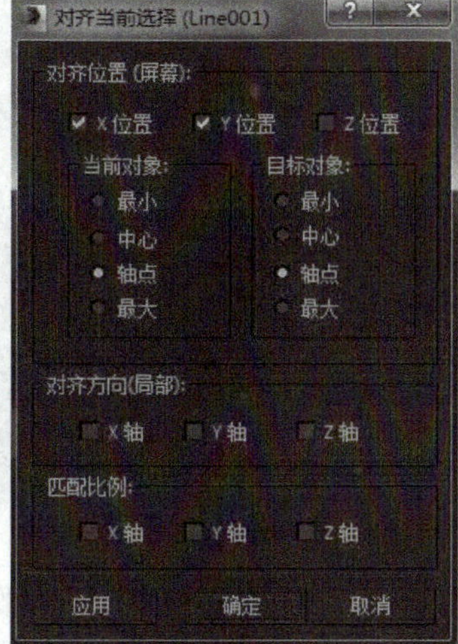

图2-13　支架与支撑柱对齐

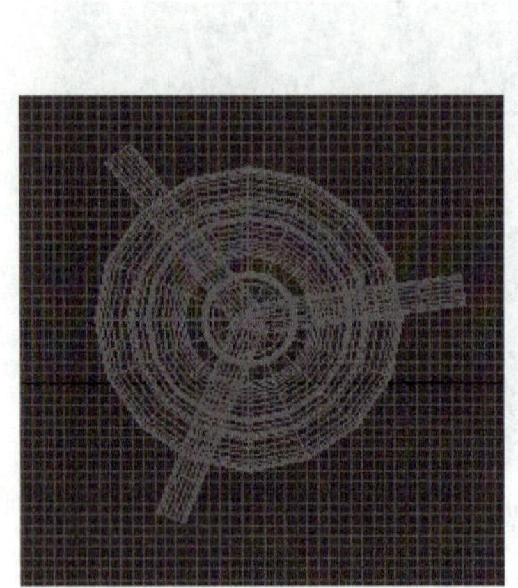

图2-14　最终位置效果

步骤11：创建广告牌底部的承托支架。执行“创建”→“几何体”→“长方体”命令，在“前视图”中绘制一个长方体，设置参数，如图2-15所示。复制一个长方体，调整参数，如图2-16所示。调整长方体的位置后如图2-17所示。

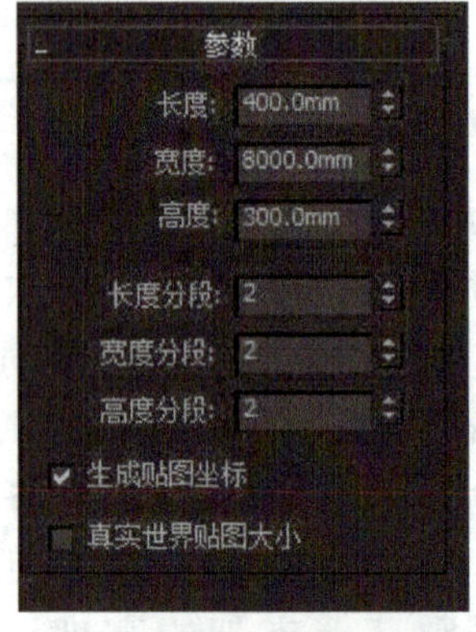

图2-15　底部支架1参数

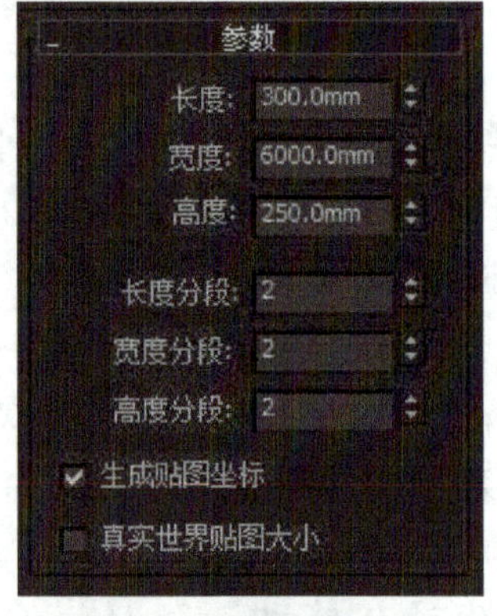

图2-16　底部支架2参数

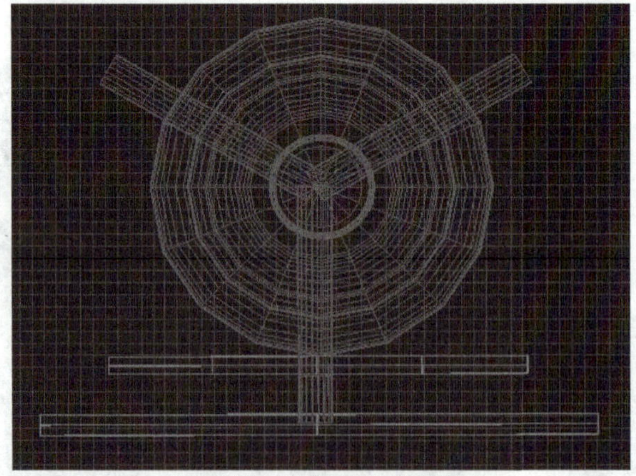

图2-17　底部支架的位置

步骤12：创建广告牌的背部支架。修改底部支架2的“宽度分段”值为4，作为射灯支架放置位置的参照。按照图2-18所示的参数设置创建一个长方体，作为底部射灯的支架，并调整位置，如图2-19所示。

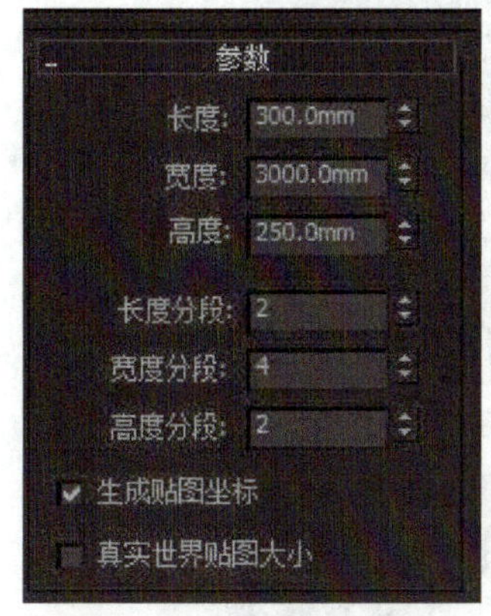

图2-18　射灯支架参数

图2-19　调整最终位置

步骤13：用同样的方法，制作广告牌背部的垂直支架和背部支架，并调整各支架的位置，如图2-20、图2-21所示。

图2-20　背部垂直支架

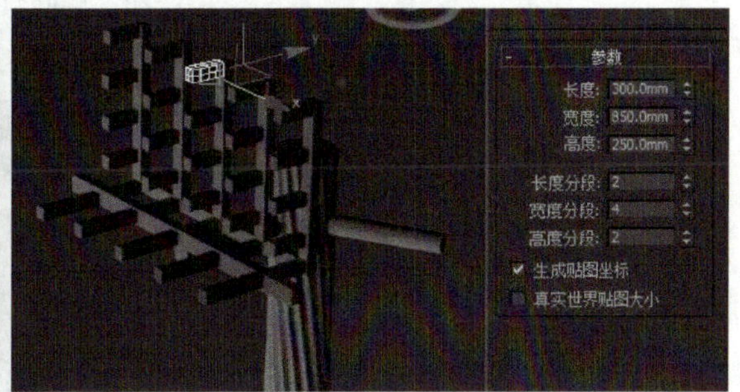

图2-21　背部支架效果

步骤14：制作广告牌。用同样的方法按图2-22所示的参数创建一个长方体，作为广告牌模型，并调整其至合适的位置。

图2-22　广告牌

步骤15：射灯的制作。在前视图绘制一条如图2-23所示的线形，并利用“车削”功能，产生射灯的灯头。

步骤16：确认灯头处于选择状态，单击鼠标右键，在弹出的快捷菜单中选择“可编辑网格”命令，将其转换为“可编辑网格”，在修改面板中，单击□（多边形）按钮，再按<Ctrl>键把灯头底部的多边形选中并删除，如图2-24所示。

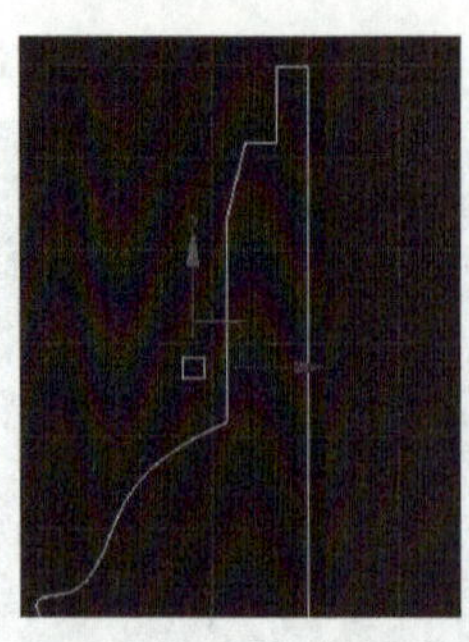

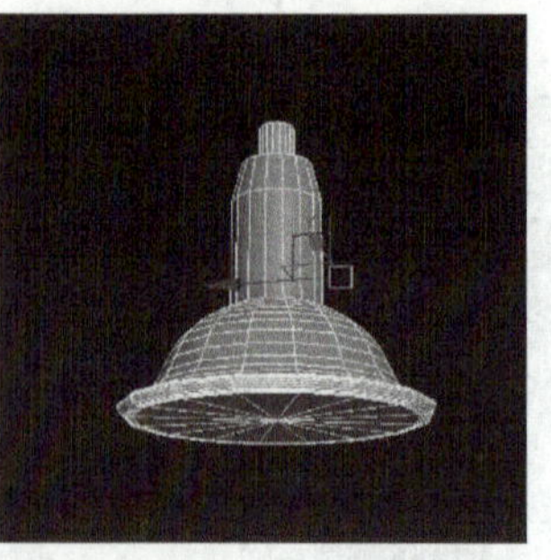

图2-23　制作外部射灯

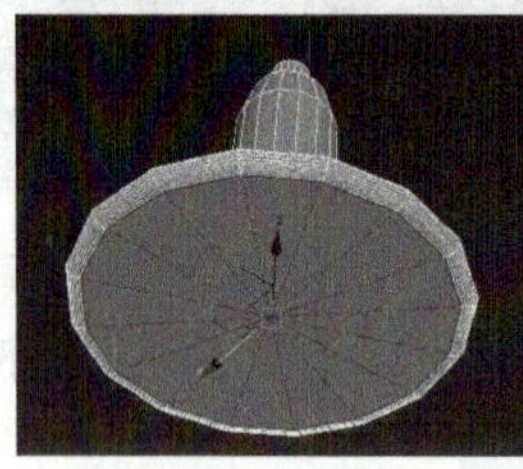

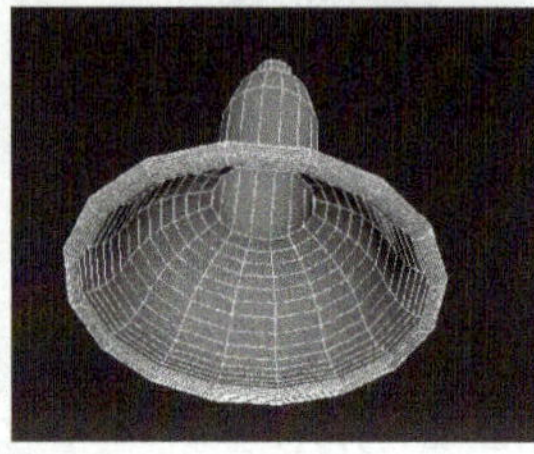

图2-24　删除灯头底部多边形

步骤17：复制射灯并调整其大小、位置及方向，如图2-25所示。

图2-25　复制并调整射灯

步骤18：将广告牌一面的各个部件组合起来，并利用“旋转复制”功能实现另外两个面，将它们调整到合适的位置，从而完成三面广告牌模型的创建，效果如图2-26所示。至此，广告牌的模型制作完毕。

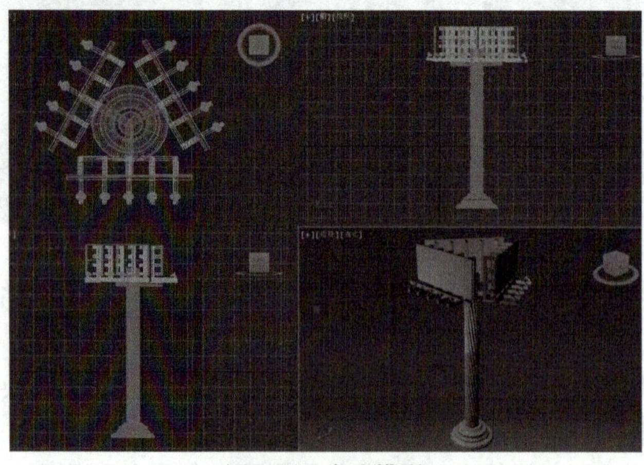

图2-26　完成模型

必备知识

挤出修改器

挤出修改器通过在二维剖面上添加厚度以生成三维物体。该修改器使用的前提条件是需要在场景中绘制二维剖面图形，然后在（修改）命令面板下的修改器列表中选择“挤出”修改器。

可以利用“图形”面板中的二维剖面图形进行二维剖面的制作，如图2-27所示，然后利用“挤出”修改器进行挤出，并进行相关参数的设置，最终效果如图2-28所示。

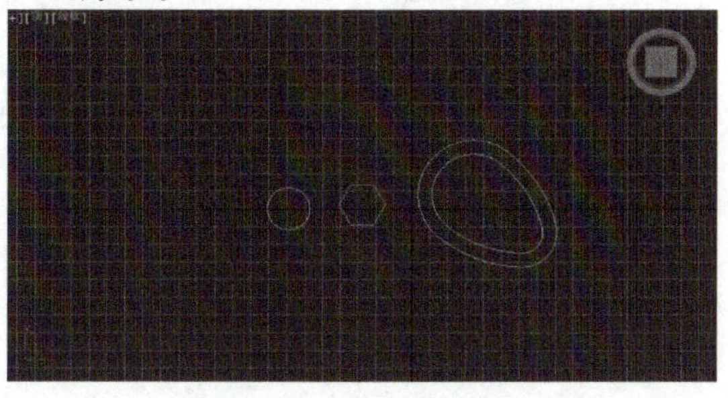

图2-27　绘制二维图形

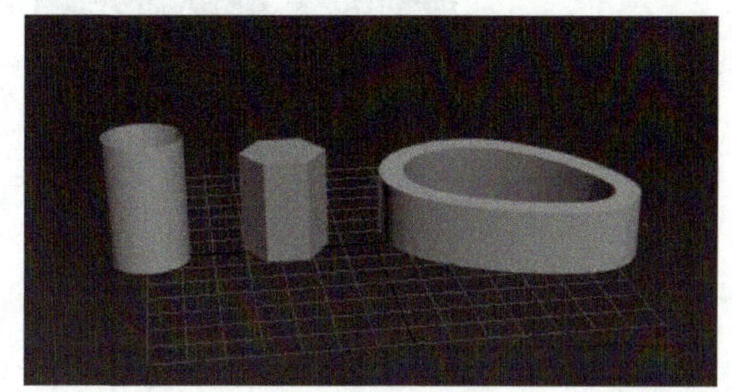

图2-28　挤出三维图形

通过参数设置可以使图形产生不同效果，如图2-29所示，使圆柱体顶端不封闭，并分段为10段，便于进行后续更细致的调整；多边形柱体分段为8段，并生成面片，如图2-30所示；卵形分段为4段，输出为NURBS，以封闭全部空心部分，如图2-31所示。

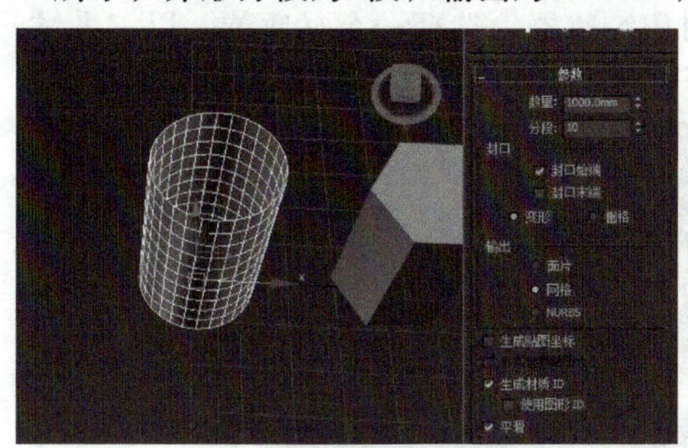

图2-29　挤出圆柱体图

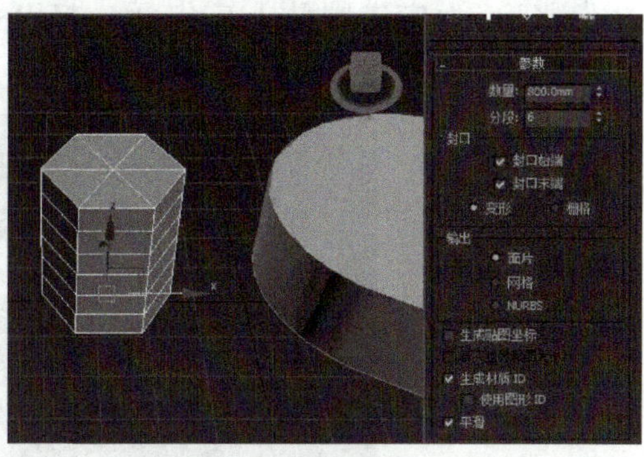

图2-30　挤出面片的多边形柱体

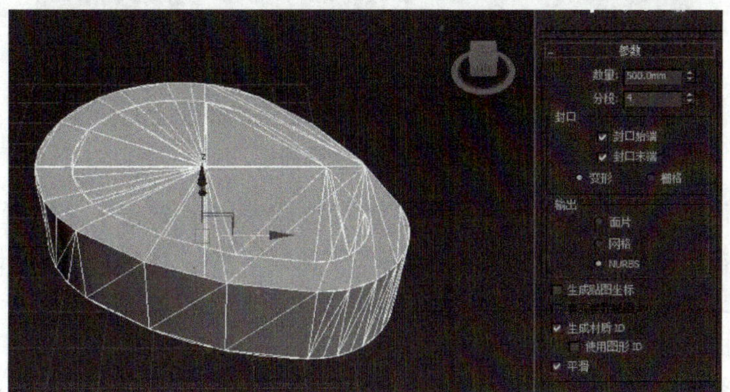

图2-31　挤出NURBS的卵形模型

分段数可以方便后续对图形进行修改，分段越多则可以进行越细致复杂的调整，封口则可以对生成的三维模型根据实际需求进行调整。

任务拓展

1）制作一个木质的摇椅，参照图2-32完成练习。

2）制作一个滑梯，梯架是木质的，滑梯是塑料的，参照图2-33完成练习。

图2-32　摇椅

图2-33　滑梯

任务2　制作霓虹灯广告效果

有灯光的广告牌夜晚才能发挥其功能，广告牌的光源有多种方式，常见的方式有射灯和霓虹灯，下面就来完成3种不一样的广告效果。

步骤1：为广告牌贴上广告画。打开材质编辑器，选择一个材质球，以“多维/子对象”的方式贴图，把广告牌的前面贴上广告画“Jeep.jpg”，如图2-34所示。

图2-34　广告牌贴图

步骤2：创建文字“活出棱角”，并设置参数调整文字的大小、位置和角度，并在修改命令面板的“渲染”卷展栏中勾选“在渲染中启用”和“在视口中启用”复选框。设置文字的材质，打开材质编辑器，设置漫反射颜色为青绿色（R：150，G：240，B：55），渲染后的效果如图2-35所示。

步骤3：选择文字“活出棱角”，单击鼠标右键，在弹出的快捷菜单中选择“对象属性”，在“常规”选项卡中设置“对象ID”为1。

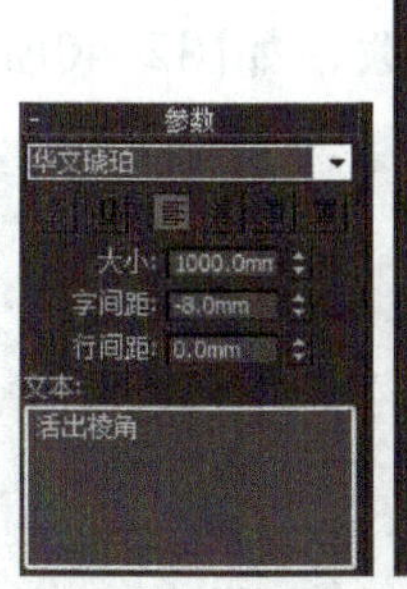

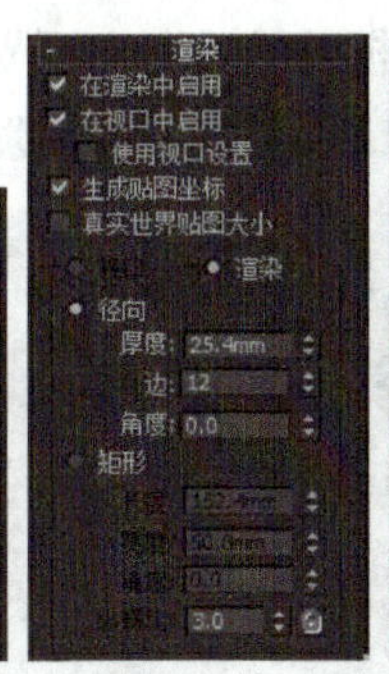

图2-35 广告词参数设置和效果图

步骤4：执行菜单命令“渲染”→“视频后期处理”，在弹出的“视频后期处理”窗口中，单击（添加场景）按钮，打开“添加场景事件”对话框，在“视图”项的下拉选框中选择“透视”，如图2-36所示；此时在“视频后期处理”窗口中就多了一个“透视”选项，如图2-37所示。

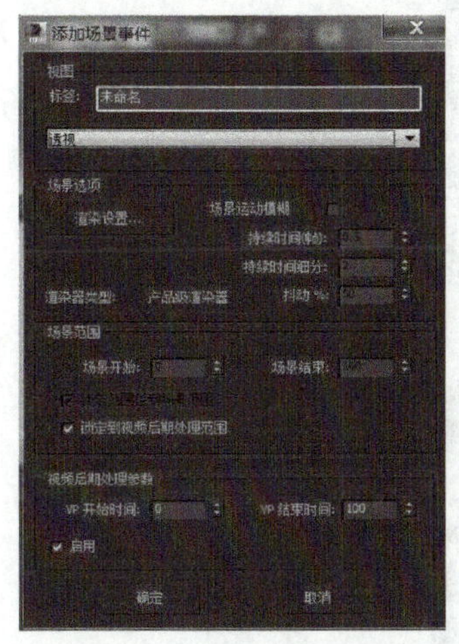

图2-36 添加透视场景

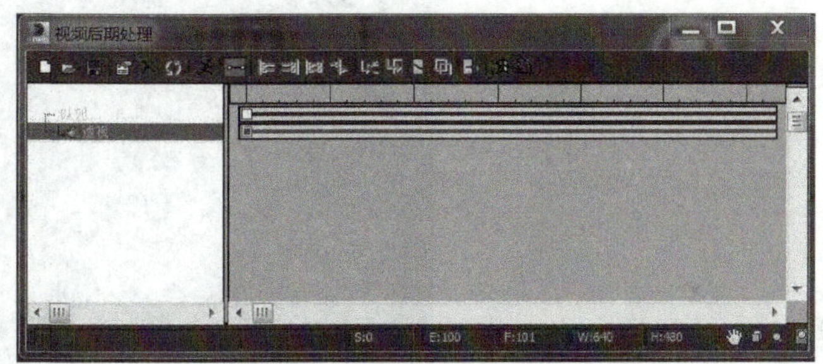

图2-37 “视频后期处理”窗口

步骤5：在“视频后期处理”窗口中单击（添加图像过滤器事件）按钮，在弹出的“添加图像过滤事件”对话框中，选择过滤器插件为“镜头效果光晕”，然后单击“设置”按钮，如图2-38所示。

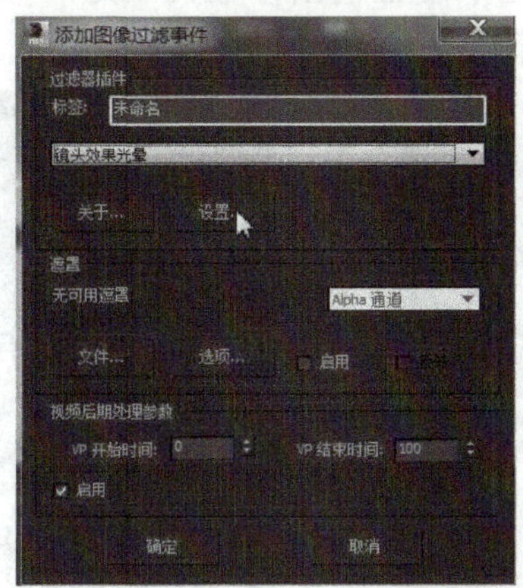

图2-38 增加图像过滤事件

步骤6：在弹出的“镜头效果光晕”对话框中单击“预览”按钮，然后设置“属性”选项卡，如图2-39所示。在“首选项”对话框中设置参数，如图2-40所示。

图2-39　设置属性

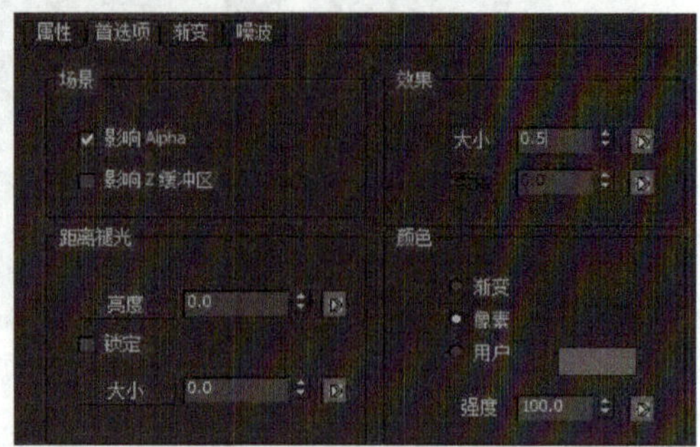

图2-40　设置首选项参数

步骤7：单击“VP队列”按钮，并单击“确定”按钮，如图2-41所示。

图2-41　预览图

步骤8：在“视频后期处理”对话框中，单击（执行序列）按钮，在弹出的“执行视频后期处理”对话框中设置输出参数大小为“1024×768”，如图2-42所示。然后单击“渲染”按钮，渲染效果如图2-43所示。

图2-42　设置渲染图片大小

图2-43　最终效果图

步骤9：设置支柱的材质。单击 （材质编辑器）按钮打开材质编辑器，单击“漫反射”旁边的小按钮，在弹出的“材质/贴图浏览器”中选择“噪波”，并设置“噪波”的参数及颜色，如图2-44所示。选择支柱，单击“材质编辑器”中的 （将材质指定给选定对象）按钮，把编辑好的材质赋给灯柱，使它的整体观感更符合夜间场景的效果。

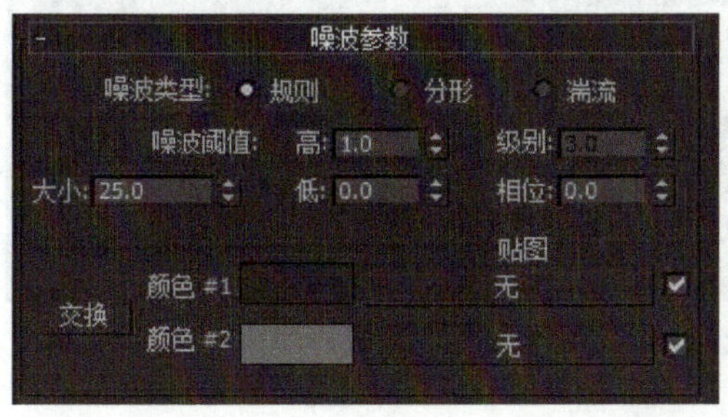

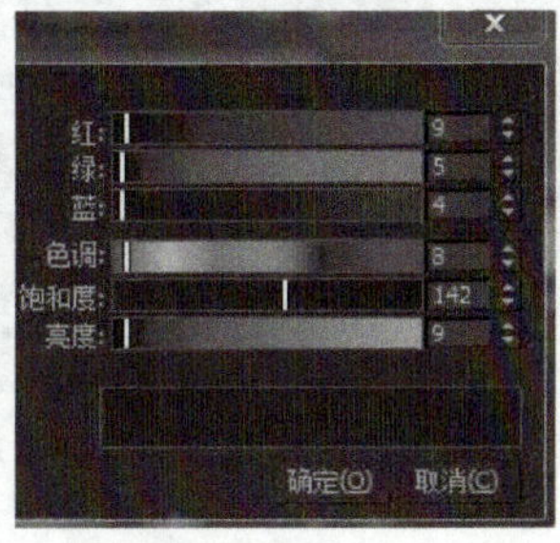

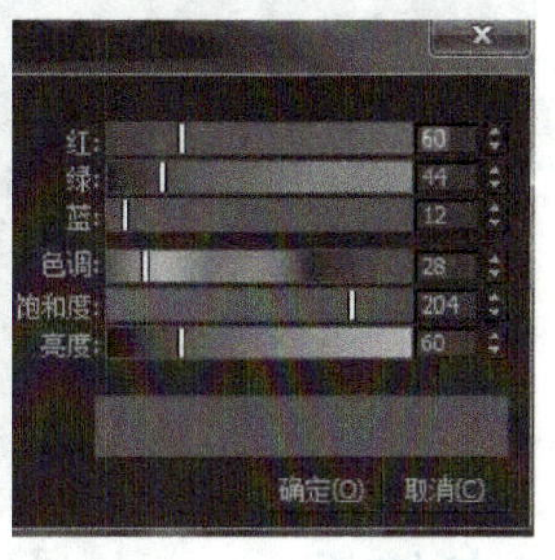

图2-44　设置灯柱材质

步骤10：设置整体环境的效果，在每一面广告牌前添加三个自由灯光，位置如图2-45所示，使整体环境有一定的亮度。

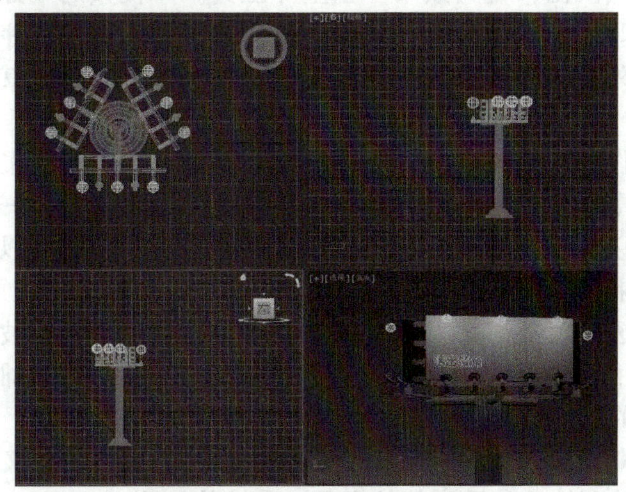

图2-45　添加自由灯光进行补光

步骤11：添加聚光灯。为每盏射光增加一盏聚光灯，调节灯光的位置及方向，效果如图2-46所示。

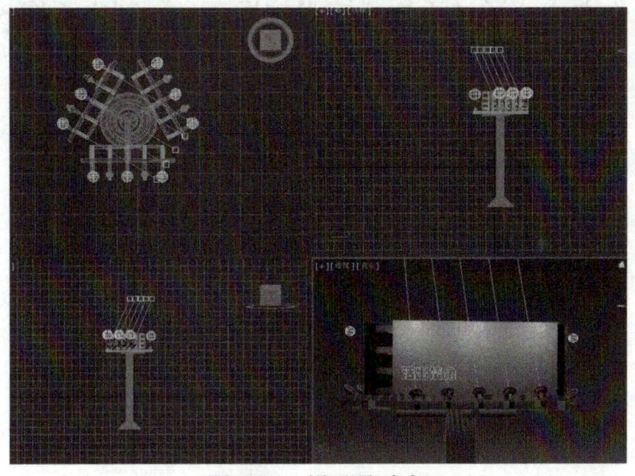

图2-46　设置聚光灯

步骤12：用同样的方法完成三面广告牌的灯光设置。

最后，广告牌可以有三种效果，一是白天，不用开启灯光，二是傍晚的时候使用，只有萤光字体；三是晚上，既有萤光字体也有射灯，如图2-47所示。

图2-47　广告牌灯光效果

必备知识

3ds Max视频合成是利用“视频后期处理”来执行的，这是一个工具集合，其中包含了图像输入、淡入淡出、镜头效果、星空等工具。“视频后期处理”为用户提供了一个图像、场景和时间的层次列表。列表项目称为事件，事件在序列中出现的顺序就是执行的顺序；序列通常是线性的，但是某些特殊事件总是合并其他事件并成为它们的父事件。

可以将队列看作是多层的玻璃，每层玻璃上面都有不同的图案，每层玻璃代表一个事件，这些玻璃重叠在一起就成为队列。玻璃上的图案代表每一个事件的图像，它可以是动画，也可以是静止图像。利用“视频后期处理”工具可以使观众看到这些玻璃重叠在一起的效果。

每一层玻璃的透明度都影响人们看到的效果，要透过前面的玻璃观察后面玻璃上的图案，就需要使用Alpha通道来实现，利用通道可以模拟一些很难实际拍摄到的场景效果，比如电影中的一些惊险场景。

进入“视频后期处理”的设计环境后，操作流程一般为①定义对象ID；②添加场景事件；③添加特效事件；④设置特效参数；⑤渲染输出。

任务拓展

按照任务2的操作方式，通过添加“镜头效果高光”制作不同效果视频后期输出效果，如图2-48所示。

图2-48　视频后期输出“镜头效果高光”

项目评价

本项目通过制作一个三面广告牌，主要学习了综合建模的方法和视频后期处理输出的方法。熟练掌握这些方法之后，就可以进一步设计制作其他效果的广告牌。通过本项目的学习，给自己做个评价，见表2-1。

表2-1　项目评价表

	很满意	满意	还可以	不满意
项目的完成情况				
与同组成员沟通及协作情况				
掌握的知识点				
产品设计评价				
体会和经验				

强化训练

利用本项目学习的知识并参照图2-49，设计制作一个立体广告牌。

图2-49　立体广告牌

项目7　设计电影片头和广告片

电影片头和广告片的设计草图如图2-50所示。

图2-50　设计草图

项目描述

经常看到三维动画式的电影片头或广告片，它们都是使用三维动画软件来制作的，3ds Max是常用的三维动画制作软件之一。本项目将分成三个任务来完成电影片头的设计制作。第一个任务是：地球、胶片的制作与动画。第二个任务是：生长的花朵。第三个任务是：动画生成与渲染。

这是第一次接触动画的制作，在3ds Max中有很多种动画制作的方法。本项目将会用到三种动画制作方法：第一种是路径变形；第二种是记录关键点；第三种是编辑动画曲线，这三种动画制作方式在动画制作中各有优劣，所以要根据实际情况合理运用。

任务1 制作地球、胶片的动画

任务分析

地球是球体，所以建立一球体，添加贴图并让它自转起来就完成了。使用记录关键点的方式来实现其动画效果。

胶片是一个长方体加贴图，要使它变成可弯曲的，沿着设计好的路径绕着地球转动，就要使用路径变形的方式来实现其动画效果。

任务实施

准备工作：时间设置。单击（时间配置）按钮，打开“时间配置”面板，如图2-51所示，把“长度”设置为200，这是延长动画帧的方法。

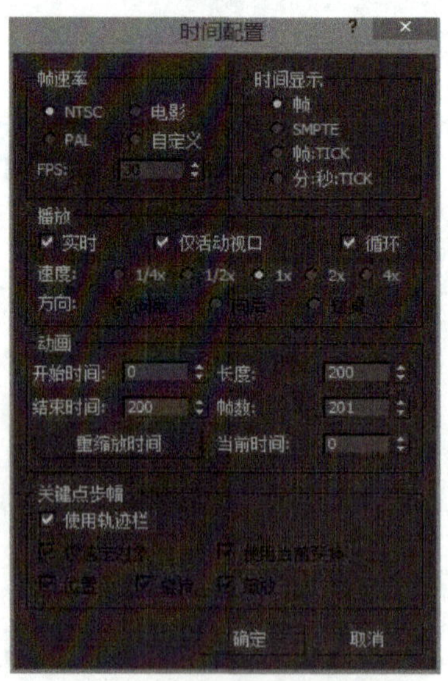

图2-51 “时间配置”面板

步骤1：制作地球。单击创建命令面板中的（几何体）按钮，然后单击 球体 按钮，在透视图中拉出一个球体，贴上地球的图片，如图2-52所示。

图2-52　地球图片

步骤2：制作胶片的移动路径。在创建命令面板中单击（图形）按钮，在创建下拉列表中选择“NURBS曲线”，进入“NURBS曲面”面板，如图2-53所示。在“对象类型”卷展栏中单击 点曲线 按钮，在顶视图中绕着地球图形绘制一条螺旋线，起点在右上角，如图2-54所示。

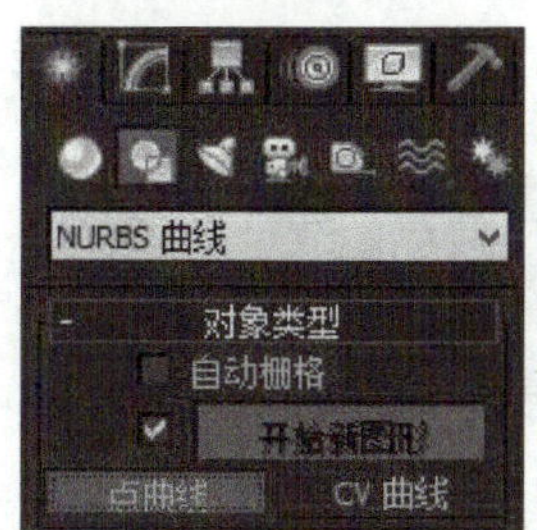

图2-53　“NURBS曲线”面板

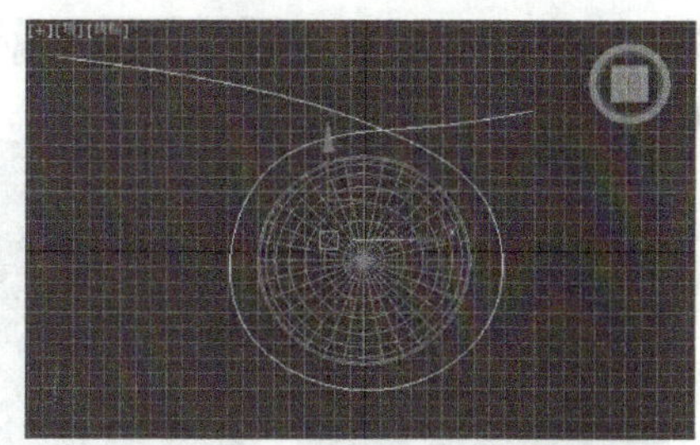

图2-54　绘制胶片移动路径

步骤3：单击（修改）图标按钮进入修改命令面板，在修改列表中打开NURBS曲线“+”号，进入点层级。

步骤4：使用（选择并移动）工具，在Z轴向上移动编辑各点，使曲线变为立体的螺旋曲线，如图2-55所示。

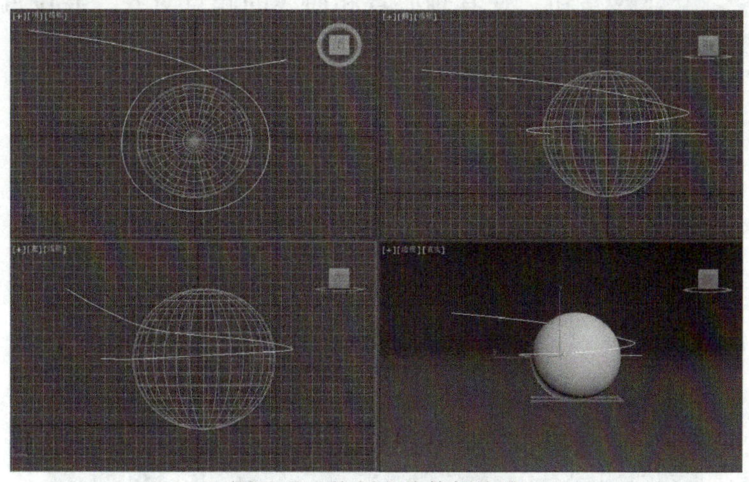

图2-55　绘制立体的螺旋线

使用NURBS的编辑点曲线制作的空间路径很光滑，如果改用标准的曲线，则很难使曲线在三维空间中保持平滑。

步骤5：创建胶片原型。单击创建命令面板中的（几何体）按钮，在创建下拉列表中选择“扩展基本体”，单击 切角长方体 按钮，在顶视图中央创建一个切角长方体，参数的设置如图2-56所示。结果如图2-57所示。

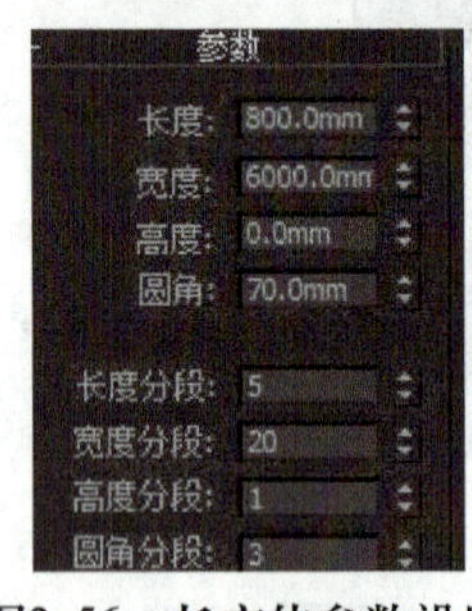

图2-56　长方体参数设置

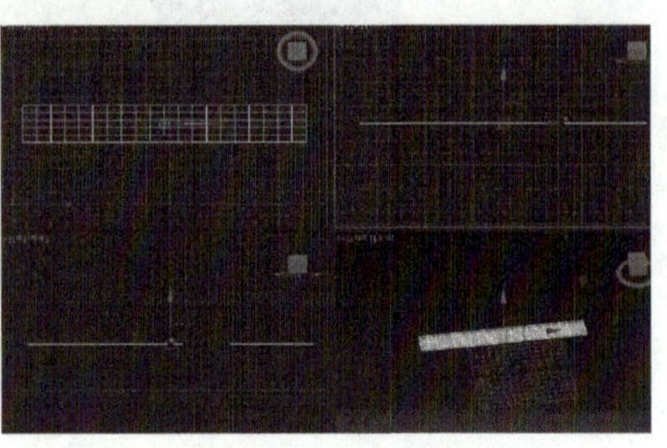

图2-57　胶片原型

步骤6：指定路径变形。

1）选择长方体，单击（修改）按钮进入修改命令面板，在下拉列表中选择“路径变形（WSM）”。

2）在“参数”卷展栏中单击 拾取路径 按钮，在视图中选择曲线作为路径，长方体被自动放置到路径上，如图2-58所示。

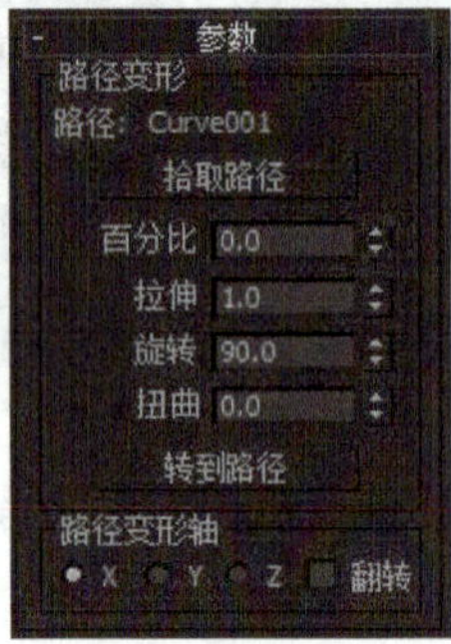

图2-58　路径变形参数及位置

3）单击 转到路径 按钮，使其轴心点和曲线的起点对齐，并设置参数“旋转”为90，“路径变形轴”为X。

4）调节“百分比”参数为45，胶片开始运动，如图2-59所示。

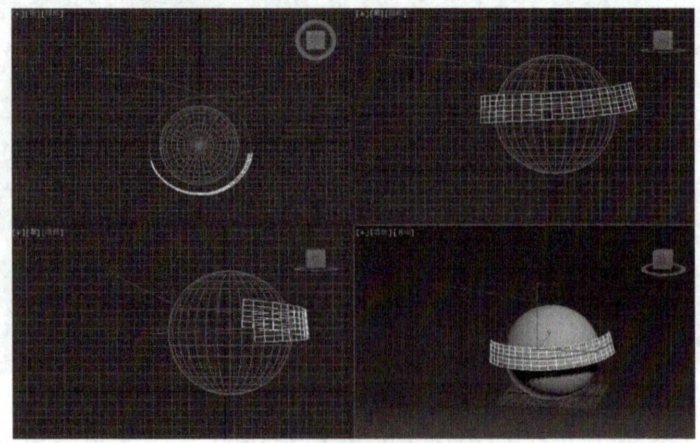

图2-59　胶片变形运动

步骤7：给胶片贴图。首先制作好电影胶片的图片，再将它添加给长方体，如图2-60所示。渲染后的效果如图2-61所示。

图2-60　制作好的胶片

图2-61　效果图

步骤8：制作动画。

（1）地球的自转运动

1）打开自动关键点动画记录按钮。拨动时间滑块至第100帧，打开（角度捕捉）开关，利用（旋转）工具，在透视图逆时针旋转180°（注意观察屏幕下方的Z轴的变化）。

2）关闭自动关键点动画记录按钮，调节好透视图的观察角度，单击（播放动画）按钮播放动画，可以看到从0帧到100帧地球自转的效果。

（2）胶片的动画

1）打开自动关键点动画记录按钮。拨动时间滑块至第0帧，设置百分比为0。

2）拨动时间滑块至第100帧，设置百分比为120。

3）关闭自动关键点动画记录按钮，调节好透视图的观察角度，单击（播放动画）按钮播放动画，可以看到胶片绕着地球转动并飞走的效果。

步骤9：保存文件并命名为“地球影片.max”。

必备知识

路径变形

“路径变形”修改器可以利用图形、样条线或NURBS曲线等作为路径对模型进行变形，“路径变形”可设置的参数如图2-62所示。

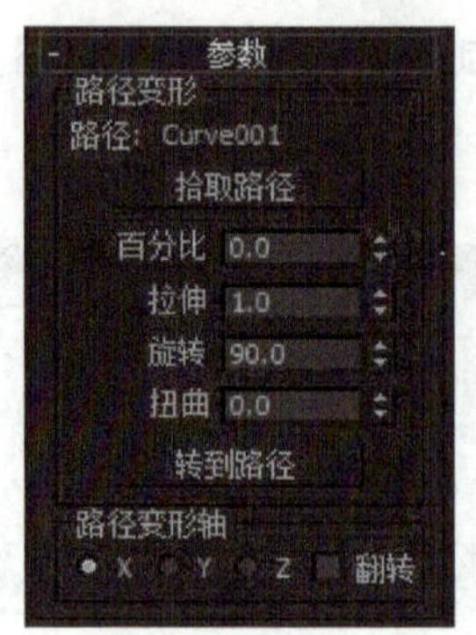

图2-62 “路径变形”可设置的参数

转到路径

把要变形的模型从其初始位置转到路径的起点，它将从路径的起点出发。

百分比

路径的第一个顶点为路径的0%，最末端的顶点为路径的100%。当模型第一次拾取路径时，系统根据路径上第一个顶点和模型位置间的偏移距离，对模型进行路径变形。因此，调整“百分比”微调器时，模型会根据偏移距离而扭曲。

旋转

可以根据需求，让模型旋转到适合的方向。

拉伸

拉伸可以让模型在沿路径变形的基础上再进行拉长伸展变形。制作一个圆椎体，再使用路径变形，调节拉伸参数，就可以制作出藤蔓沿路径生长的过程，如图2-63所示。

扭曲

扭曲可以让模型在沿路径变形的基础上再进行扭曲变形。当扭曲值为180°时，胶片发生扭曲现象，如图2-64所示。

图2-63 拉抻

图2-64 扭曲

任务拓展

利用路径变形完成如图2-65所示的彩带飞舞动画。

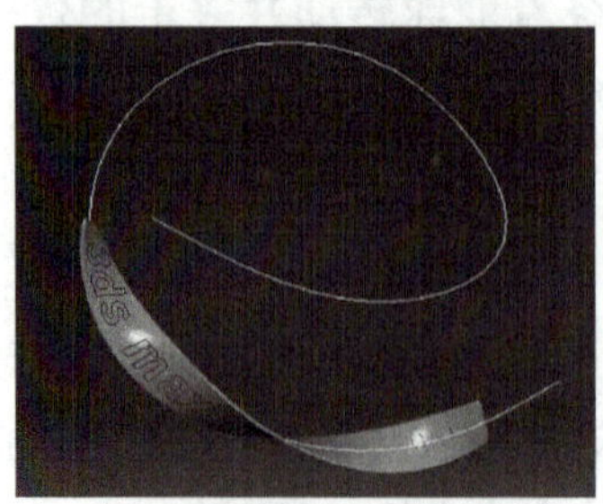

图2-65 彩带飞舞动画

任务2　制作生长的花朵

任务描述

花由花朵、花茎和叶子组成，所以绘制花朵需要分几个部分来完成，然后再把它们组合起来。最后，用曲线编辑器来制作展现花朵生长过程的动画。

任务实施

1. 花朵的制作

步骤1：绘制花瓣。利用“线”工具，绘制一片花瓣，如图2-66所示。

步骤2：挤出。点选“修改命令面板”下拉列表中的“挤出”，设置“数量”值为15，结果如图2-67所示。

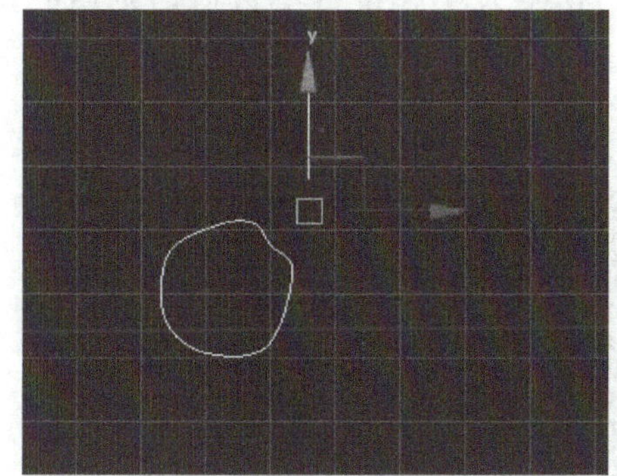

图2-66　绘制花瓣线条

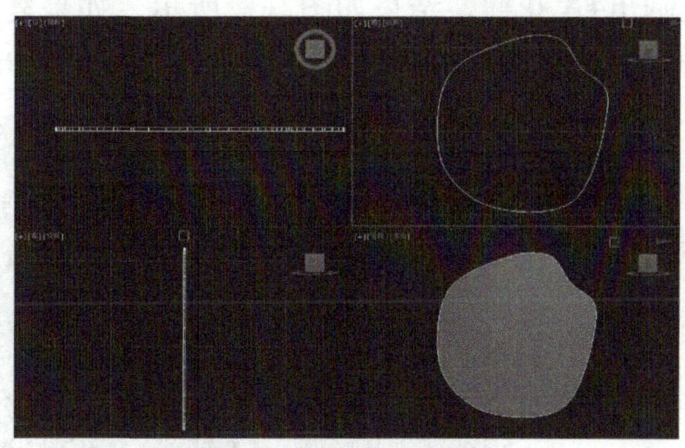

图2-67　挤出成三维图形

步骤3：弯曲。点选“修改命令面板”下拉列表中的“弯曲”，设置参数如图2-68所示，并利用“旋转”工具和“移动”工具调节弯曲的方向，这样花瓣就有了弯曲的效果，结果如图2-69所示。

图2-68　弯曲参数面板

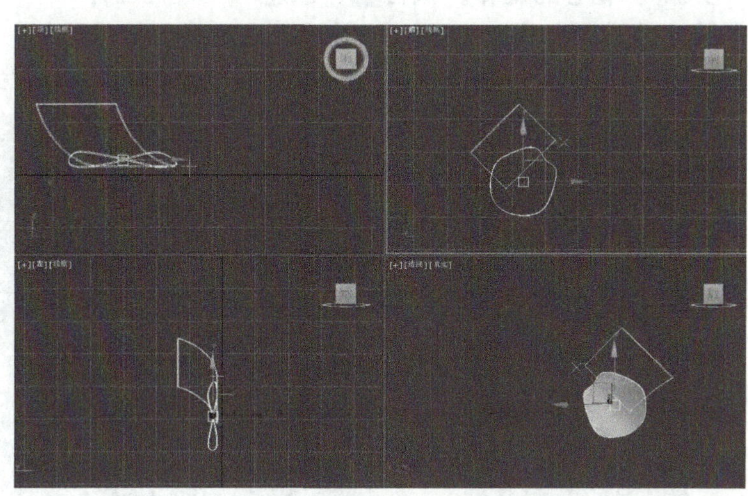

图2-69　弯曲成形

步骤4：移动重心。选择（层次）选项卡，单击 仅影响轴 按钮，如图2-70所示，利用“移动”工具，把花瓣的重心移动到右上角，为复制花瓣作准备，如图2-71所示。

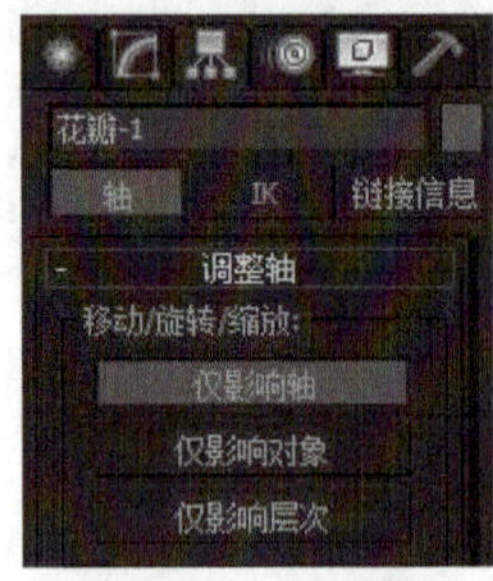

图2-70　层次面板

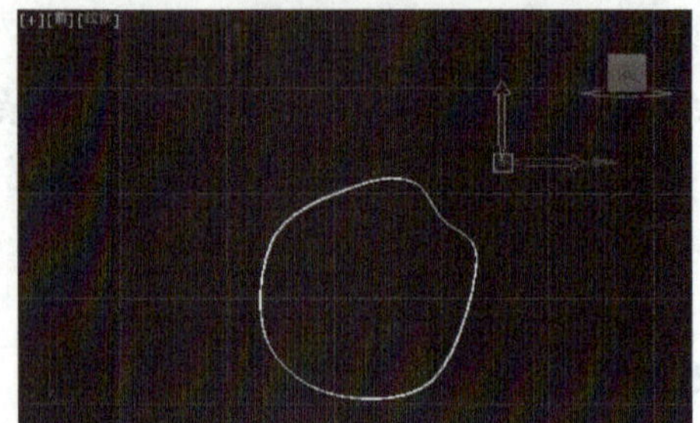

图2-71　移动花瓣重心

步骤5：复制花瓣。按着<Shift>键，利用（旋转）工具，以边旋转边复制的方式复制出4片花瓣，结果如图2-72所示。如果复制出的花瓣大小和位置不合适，则返回重新调节花瓣的大小和位置。至此，花瓣就做好了。

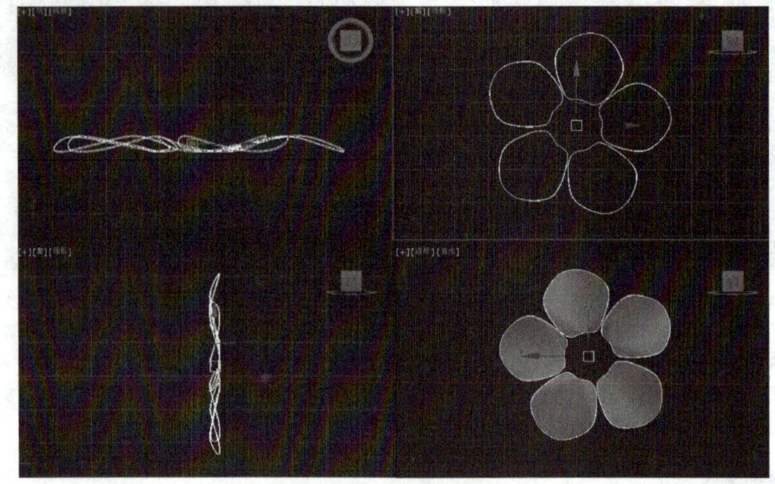

图2-72　复制花瓣

步骤6：花心的制作。执行“创建”→“几何体”→“圆”命令，在前视图建立一个圆，并设置参数，如图2-73所示，这里只需要球体的一半。利用（均匀缩放）工具，在顶视图把半圆球压扁，结果如图2-74所示。这样就完成了花心的制作。

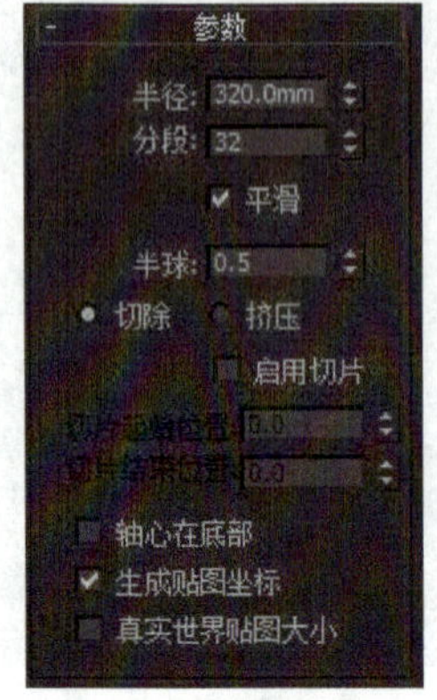

图2-73　半球参数设置

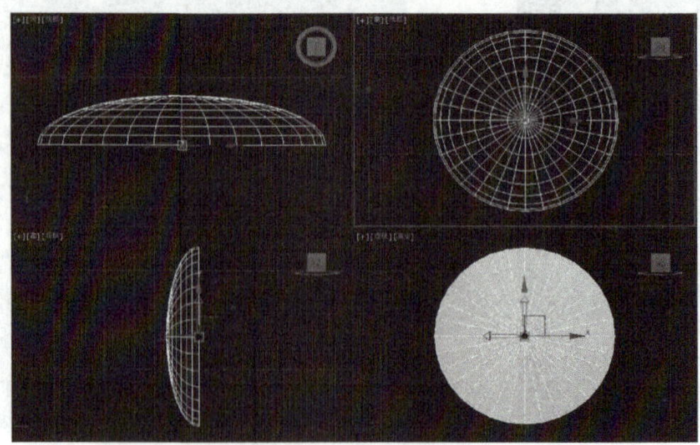

图2-74　压扁后的花心

步骤7：组合。利用“移动”工具和“缩放”工具，把花瓣和花心调整好位置并成组“花朵”，结果如图2-75所示。

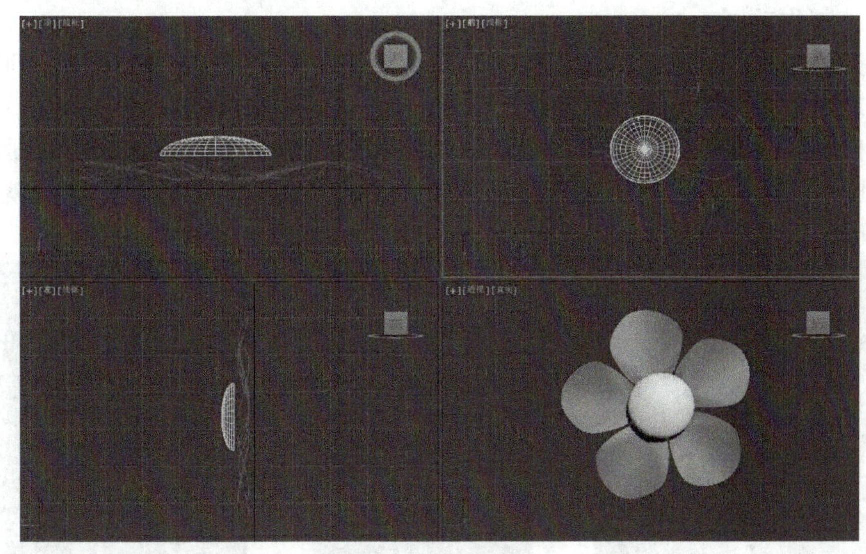

图2-75 花朵效果图

2. 叶子和花茎的制作

步骤1：叶子的制作与花瓣一样，先绘制线条，再“挤出”就完成了，如图2-76所示。

步骤2：花茎的制作。建立一个圆柱体作为花茎，注意高度分段设置为20，它影响到花茎的弯曲是否柔顺。

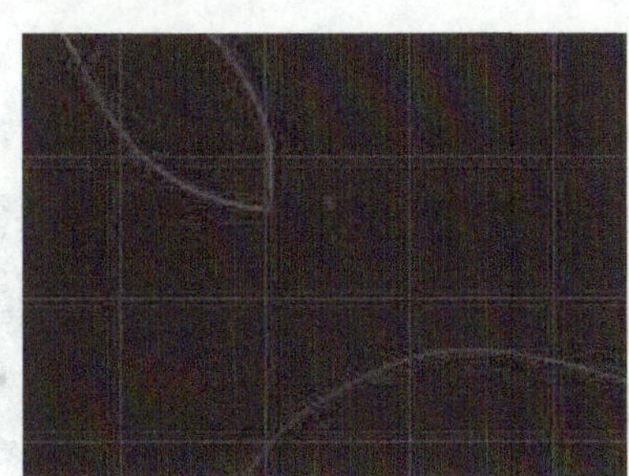

图2-76 叶子的制作

3. 花朵生长的动画

步骤1：绘制生长路径。利用线条绘制，长度与花茎基本相同，结果如图2-77所示。

步骤2：指定路径变形。做法与胶片的运动一样。

1）选择圆柱体，单击（修改）命令按钮进入修改命令面板，在下拉列表中选择“路径变形（WSM）”命令。

2）单击拾取路径按钮，在视图中选择曲线作为路径，圆柱体自动移动到路径上。

3）单击 转到路径 按钮，使其轴心点和曲线的起点对齐，设置参数，如图2-78所示。注意：路径变形轴为Z。

步骤3：制作动画。

1）打开自动关键点动画记录按钮。拨动时间滑块至第0帧，设置百分比为-100。

2）拨动时间滑块至第100帧，设置百分比为1（可以根据实际情况设置）。

3）关闭自动关键点动画记录按钮，把透视图调节好观察角度，单击▶（播放动画）按钮播放动画，可以看到花茎从地里长出来的效果，至此，花茎生长的动画就完成了，如图2-79所示。

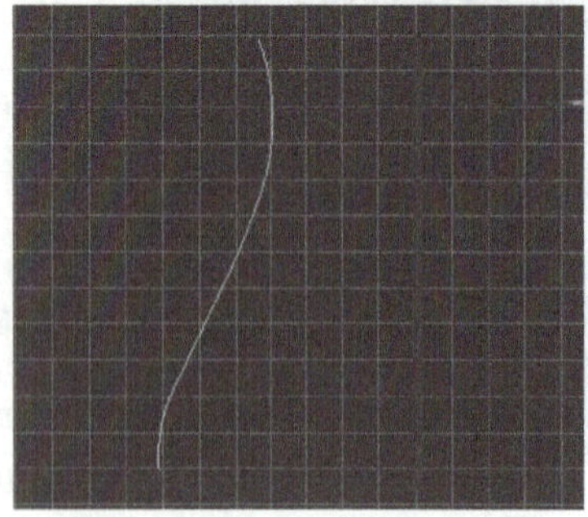

图2-77　花茎和花朵的生长路径

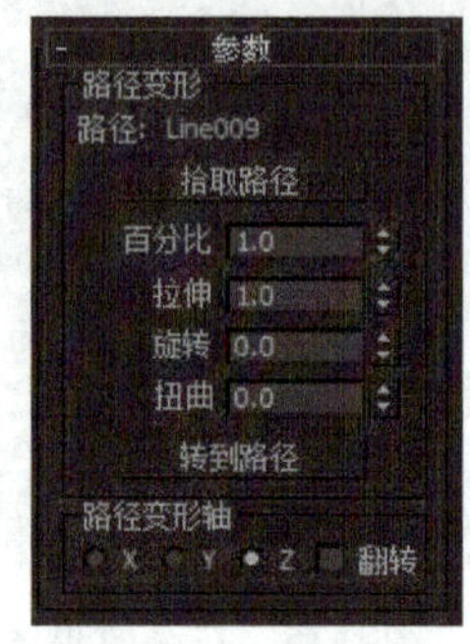

图2-78　路径变形面板

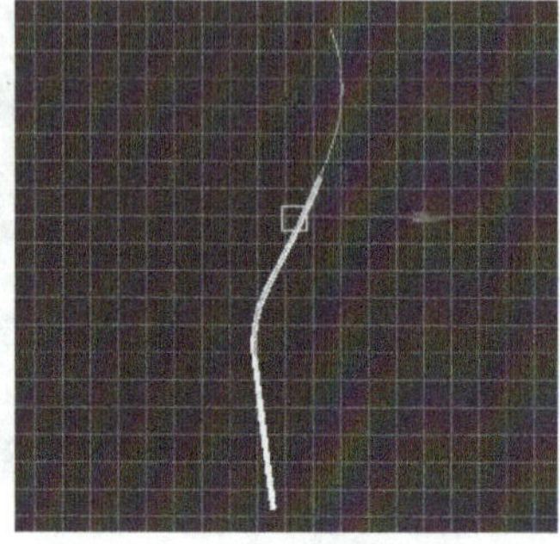

图2-79　花茎在生长路径上

4）花朵的动画。拨动时间滑块至第0帧，使用（均匀缩放）工具，把花朵缩小到最小。

拨动时间滑块至第200帧，把花放大到最后盛开的大小。这样，花朵会从第0帧的最小开放到200帧时的最大。

为了进一步优化花朵生长的动画效果，可以利用“曲线编辑器”来对其进行精确设置。选择花朵，单击工具栏上的（曲线编辑器）按钮打开动画的曲线编辑器，如图2-80所示。

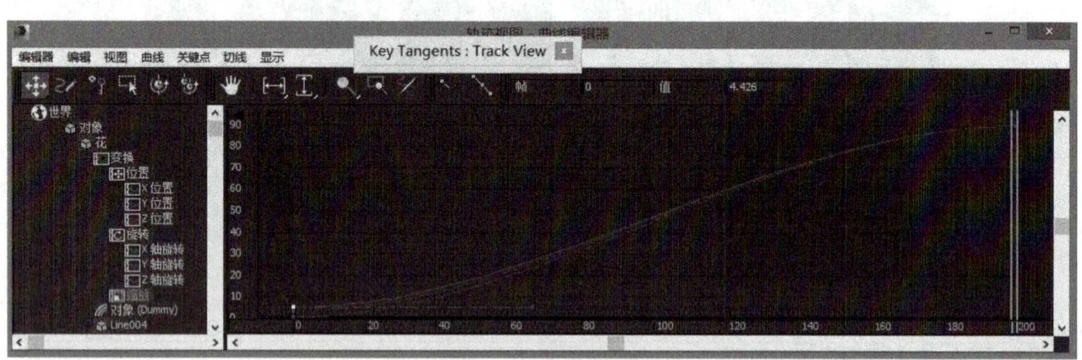

图2-80　曲线编辑器

在编辑器中有3条不同颜色的线段，是分别表示X、Y、Z轴的变化曲线。点选0帧上的点并单击鼠标右键，在弹出的快捷菜单中选择“花/缩放”命令，打开“花/缩放”对话框，如图2-81所示，这里能看到X、Y、Z的具体值。在花朵生长动画的0帧位置，我们的本意是想将花朵的X、Y、Z值都设置为0，但由于前面是利用缩放工具来缩小花朵的，所以不可能做到太准确，因此可以在对话框中直接将X、Y、Z值和时间都修改为0。

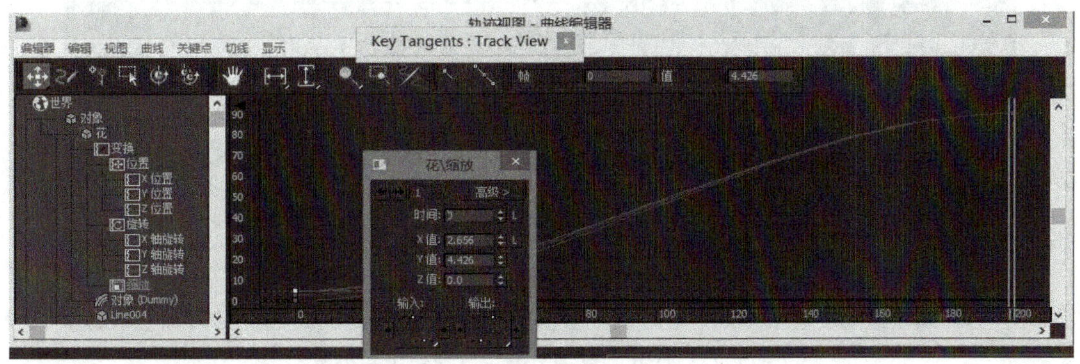

图2-81　花朵缩放曲线设置

也可以利用曲线编辑器上的（移动关键点）工具，框选0帧的三个关键点并移动到100帧，这样就可以设置花朵在100帧的时间开始开花，到200帧的时候盛放。结果如图2-82所示。

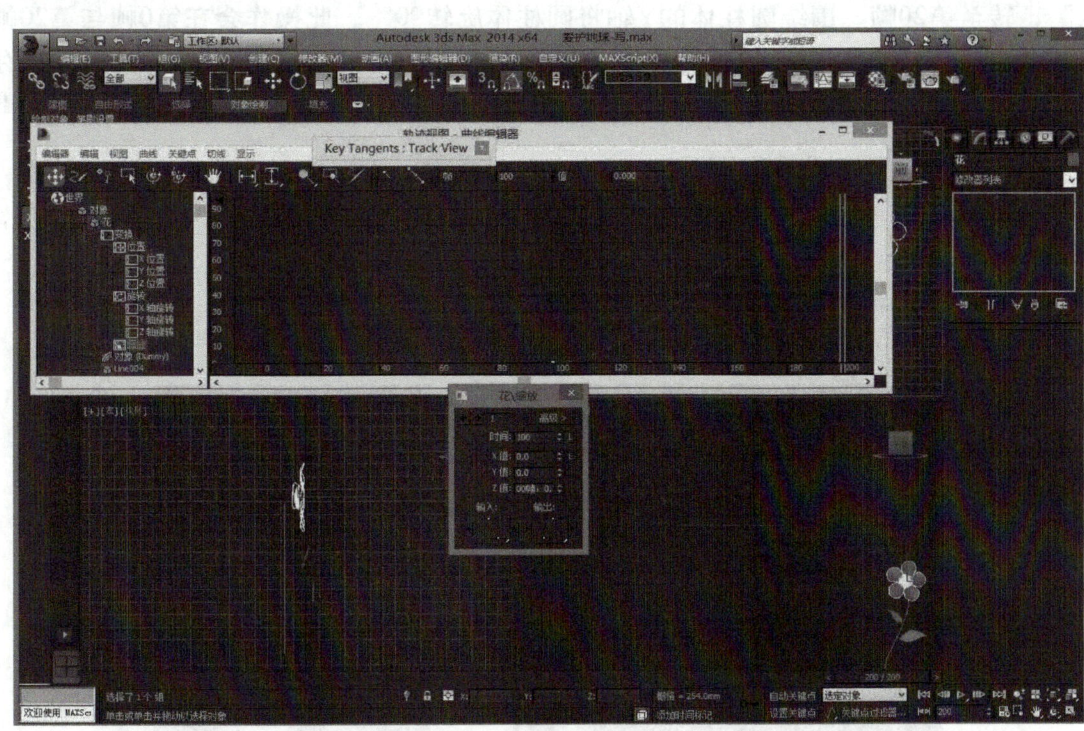

图2-82　调节关键点

必备知识

动画制作——使用“自动关键点”设置对象的动画

1）在视口右下角，单击自动关键点按钮启用自动关键点模式。这时，“自动关键点”按钮、时间滑块通道以及活动视口周围的高亮边界均变为红色，如图2-83所示。

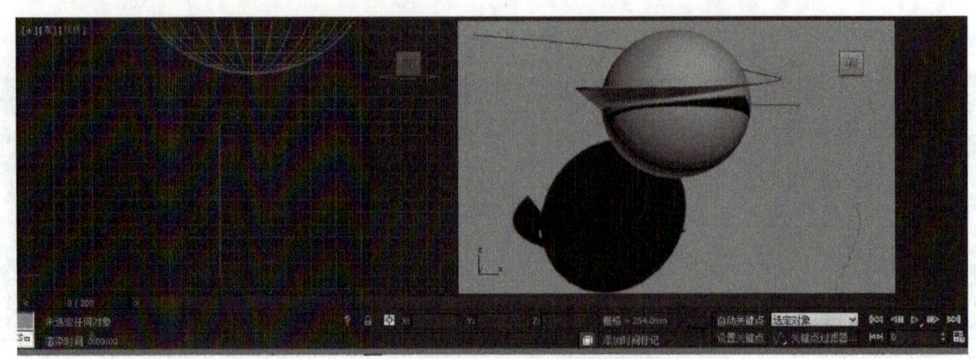

图2-83 打开“自动关键点”按钮进行设置

2）将时间滑块拖动到非0 的时间点上，利用（移动）、（缩放）或（旋转）工具对选定对象进行相应的操作。

3）更改可设置动画的参数。

例如，假设从还未设置成动画因而没有关键点的圆柱体开始。启用“自动关键点”，转至第20帧，围绕圆柱体的Y轴将圆柱体旋转90°。此操作会在第0帧与第20帧之间创建旋转关键点。第0帧处的关键点存储圆柱体的原始方向，第20帧处的关键点存储经过旋转90°的动画处理后的圆柱体。在视口中播放动画时，圆柱体将在20帧上围绕Y轴旋转90°。

4）完成操作后，单击“自动关键点”按钮使其弹起，禁用“自动关键点”命令。

任务拓展

1）制作蔓藤的生长动画，如图2-84所示。

2）制作花瓶和花朵，如图2-85所示。

图2-84 蔓藤的生长

图2-85 花瓶和花朵

任务3 制作动画生成与渲染

任务描述

在以上的两个任务中，不仅制作了各个部分的模型，还制作了各自的简单动画。

本任务要将各个部分有机地整合起来，让它成为一个完整的影片。

首先要设计动画过程。设计动画时间长为200帧。

再设计动画的“剧本”即过程，且设计的动画时间长度为200帧。

1）地球自转。地球从第0帧到第100帧自转一圈，在第101帧到第120帧缩小20%。

2）胶片飞行。胶片从第0帧到第100帧按指定路径绕地球转一圈。

3）“爱护地球”四字的动画。“爱护地球”四个字从第0帧开始从地球中心出发，到第120帧时定格。

4）花朵的生长和盛放。花茎从第100帧开始生长，到第130帧时长成；叶子从第130帧开始生长，到第150帧时长成；花朵从第130帧开始生长到第180帧时盛放。

任务实施

利用“曲线编辑器”准确地完成动画的设置。首先点选模型，单击鼠标右键打开功能菜单，选择“曲线编辑器”命令，如图2-86所示，这样就能打开模型对应的动画曲线编辑器，再利用工具移动和修改参数来完成整个动画的设置。参考各个模型的动画曲线，设计影片动画吧。

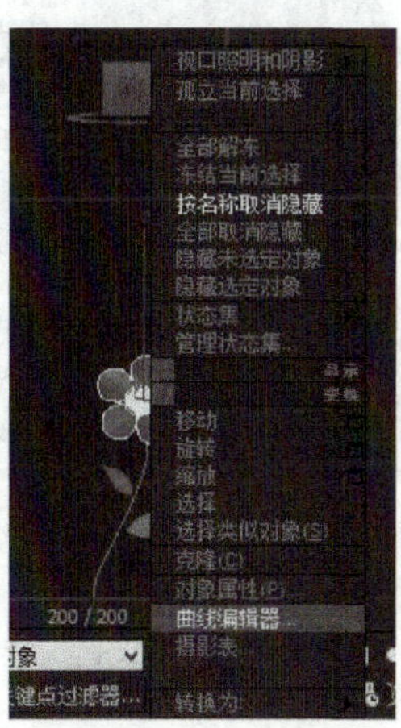

图2-86 功能菜单

1. 地球的动画曲线（见图2-87）

图2-87 地球曲线编辑器

2. 胶片的动画曲线

胶片是利用指定“路径变形”的方式产生动画的，所以在修改时需要在路径参数面板中进行。

3. 字体的动画曲线

先完成字体模型的制作，然后把它叠加在地球的中心位置，把时间滑块拖到100帧处，打开“自动关键点”按钮，把字体移动到相应的位置。为了准确定位，也可以使用“曲线编辑器”来设置，因为每个字的位置不同，所以它们的曲线也有所不同。

（1） “爱”字的动画曲线

“爱”字的动画曲线，如图2-88所示。

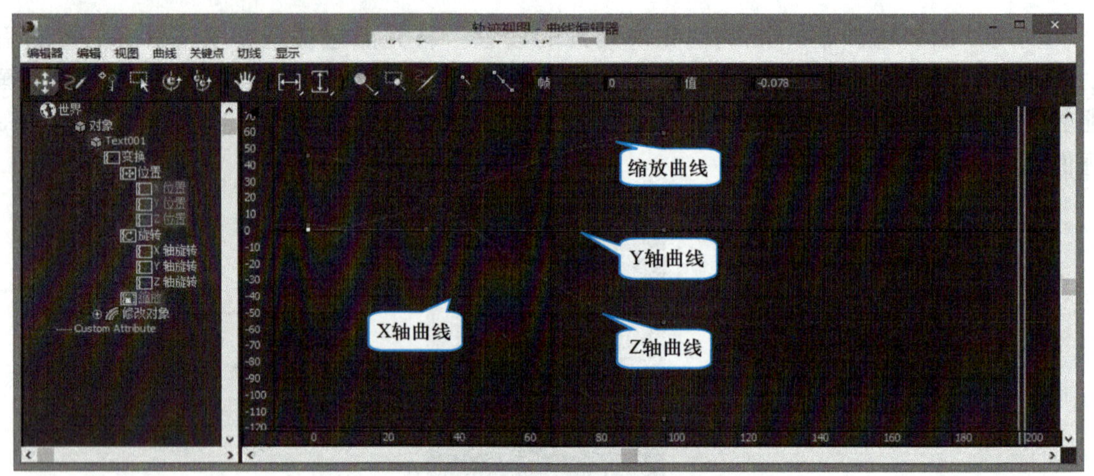

图2-88 “爱”字的动画曲线编辑器

（2） “护”字动画曲线

“护”字的动画曲线，如图2-89所示。

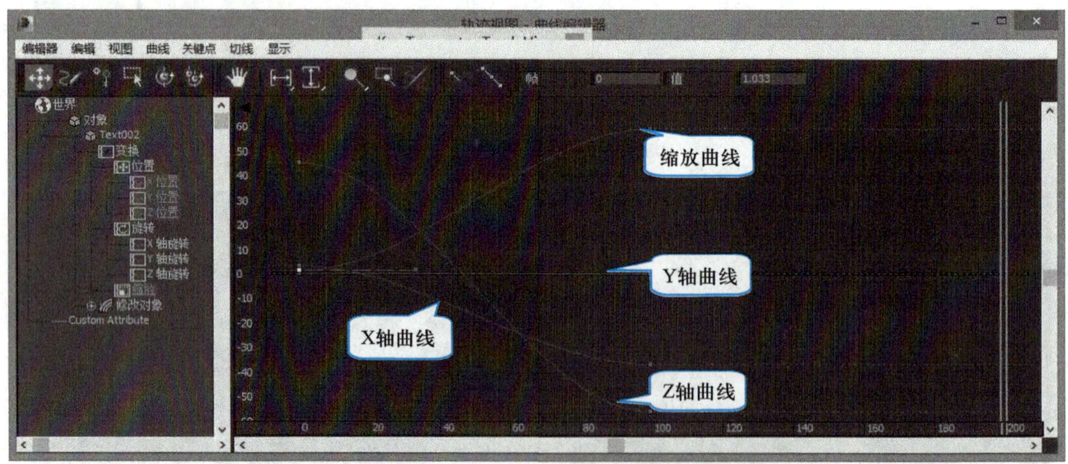

图2-89 “护”字的动画曲线编辑器

（3） “地”字动画曲线

“地”字的动画曲线，如图2-90所示。

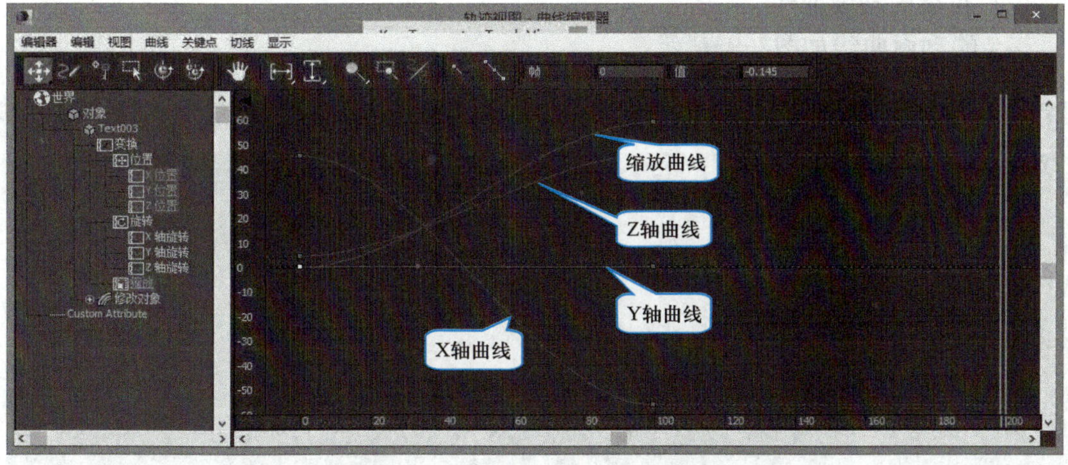

图2-90 “地”字的动画曲线编辑器

（4）“球”字动画曲线，如图2-91所示。

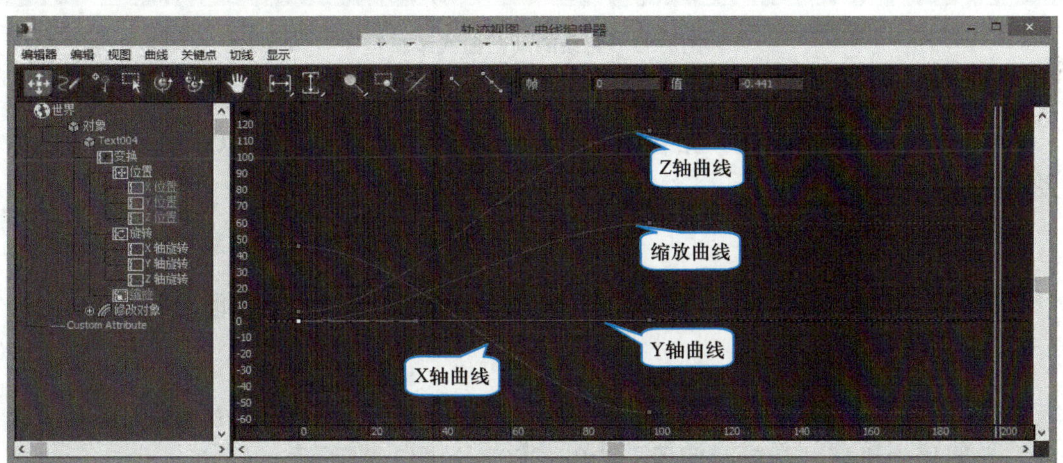

图2-91 “球”字的动画曲线编辑器

4. 花朵的动画曲线

（1）叶子的动画曲线，如图2-92所示。

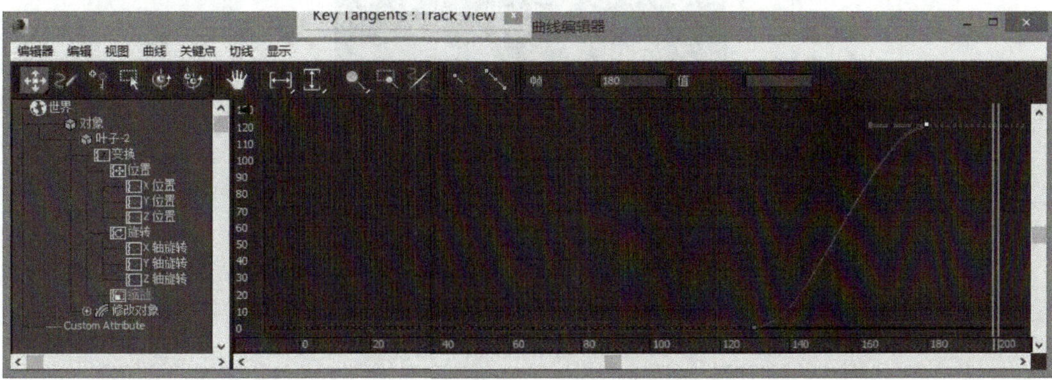

图2-92 叶子的动画曲线编辑器

（2）花朵的动画曲线

花朵的动画曲线如图2-93所示。

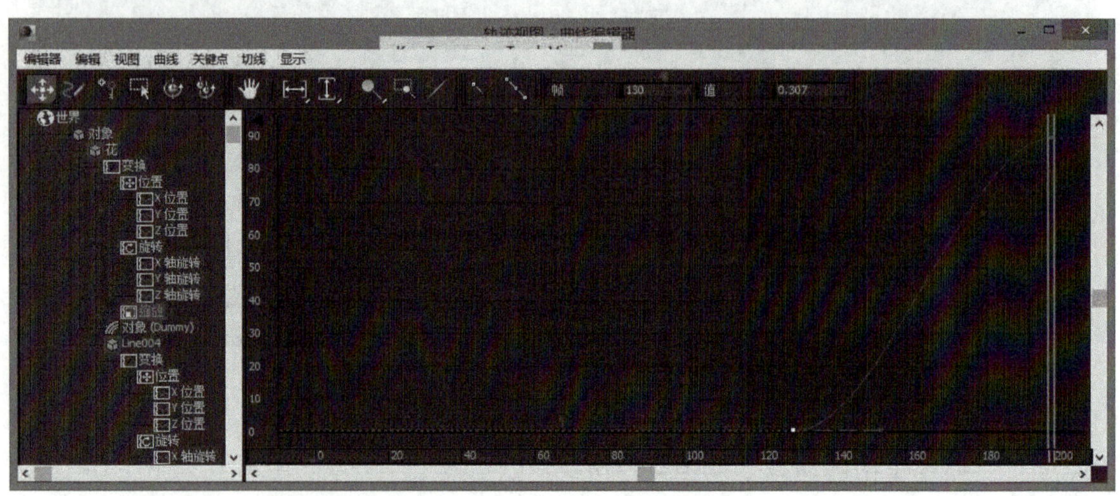

图2-93　花朵的动画曲线编辑器

（3）花茎的生长

花茎的生长是利用指定“路径变形”的方式产生动画的，所以在修改的时候请在路径参数面板中进行修改。

4. 添加背景图

在前视图添加一个平面，并贴上贴图作为背景，最后调节好透视图的角度。

5. 渲染成影片

步骤1：单击工具栏上的（渲染设置）按钮，打开“渲染设置”面板，在“公用参数”卷展栏中设置“活动时间段”为0～200，如图2-94所示。

步骤2：在“渲染输出”栏中单击 文件... 按钮，输入保存的文件名为“爱护地球.avi”，并选择压缩器，如图2-95所示。

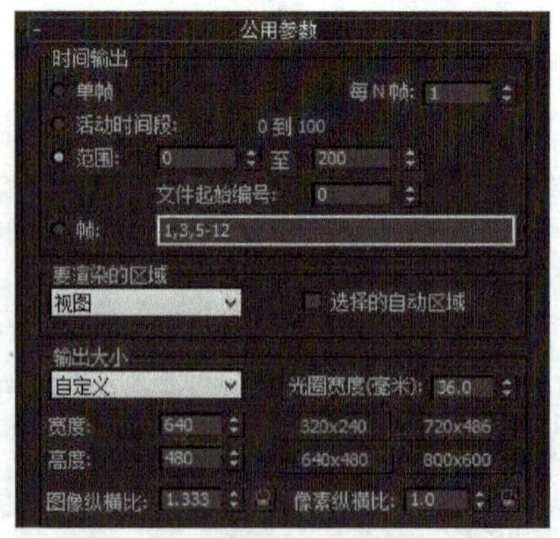

图2-94　“渲染设置”面板

步骤3：单击“渲染”按钮进行渲染输出，结果如图2-96和图2-97所示。

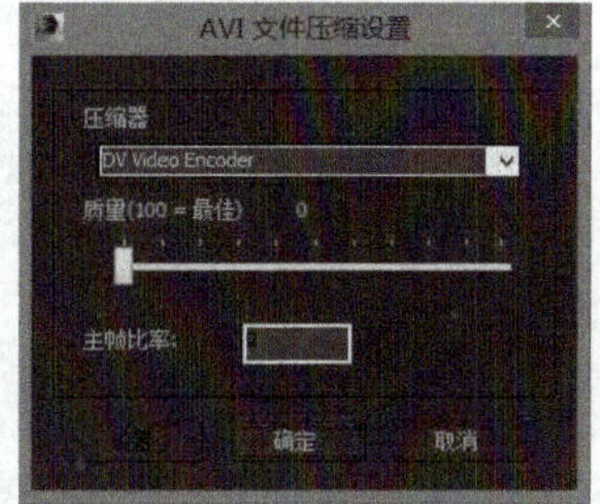

图2-95　压缩设置

图2-96　第30帧的画面

图2-97　第200帧的画面

必备知识

轨迹视图 - 曲线编辑器

“轨迹视图”提供两种基于图形的不同编辑器，用于查看和修改场景中的动画数据。也可以使用“轨迹视图”来指定动画控制器，以便插补或控制场景中对象的所有关键点和参数。

“轨迹视图”有两种模式：“曲线编辑器”和“摄影表”。“曲线编辑器”将动画显示为功能曲线上的关键点；通过编辑关键点的切线，可控制中间帧，如图2-98所示。“摄影表”模式将动画显示为包含关键点和范围的电子表格，并允许调整运动的时间控制，如图2-99所示。“轨迹视图”中的关键点和曲线也可显示在轨迹栏中。“运动”面板上也包含“轨迹视图”上相同的“关键点属性”对话框。

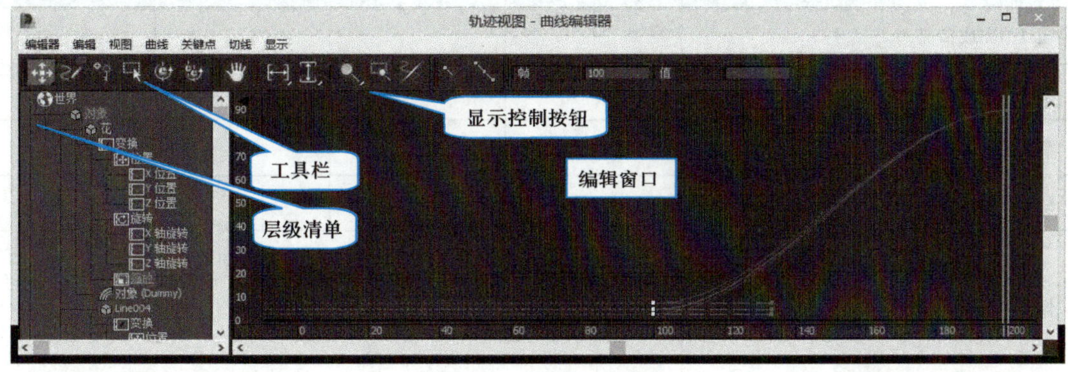

图2-98　曲线编辑器

图2-99 摄影表

任务拓展

打开“蝴蝶.max”文件，利用曲线编辑图做出蝴蝶翻飞的动画，如图2-100所示。

图2-100 蝴蝶翻飞动画

项目评价

在本项目中，学习了3ds Max中的3种动画制作方法：路径变形、记录关键点和曲线编辑。通过本项目的学习，给自己做个评价，见表2-2。

表2-2 项目评价表

	很满意	满意	还可以	不满意
项目的完成情况				
与同组成员沟通及协作情况				
掌握的知识点				
产品设计评价				
体会和经验				

实战强化

做一条短片介绍学校或团队。

单元小结

本单元的项目主要实现广告制作的三维动画。进行了基础动画的训练，学习了基本变换动画和参数动画的制作方法，以及基本的动画制作流程和“轨迹视图”调节方法。这些基础的动画制作方法对制作一般的片头动画、建筑游览动画已经足够使用了。

动画是三维软件中最难掌握的部分，因为在模型的基础上加入了一个时间维度。在3ds Max中，动画大致可以分为以下几种。

基本变换动画

对物体进行移动、旋转和缩放的动画变化，这也是最简单的动画类型。

参数动画

在3ds Max中，几乎所有可以调节的参数都可以记录成动画，如“弯曲”修改器的弯曲度、灯光的强弱、摄影机的焦距、材质的光泽度等。对这种类型的动画，指定也非常简单，只要打开“自动关键点”按钮记录其变化即可。

角色动画

这是一种特殊的分类法，主要是根据人物（或动物）制作要求制作带有拟人色彩的动画效果，它涉及了骨骼、皮肤、表情变形、正向反向（IK）动力学、约束等概念，有一套完整的制作流程。

粒子动画

使用粒子系统制作一些特殊效果，如礼花、水流、喷泉、雨雪等。3ds Max提供了两种不同类型的粒子系统：事件驱动和非事件驱动。

动力学动画

直接使用基于物理算法的特性进行物体的受力、碰撞、液体流动等动态模拟，可以很容易并且精确地制作出仿真运动效果，如下落、碰撞、变形等，使用的物理参数包括弹力、摩擦力、阻力、最大静摩擦力、重力、风力、螺旋力等。

学习单元3 场景制作

单元概述

本单元通过3个项目的制作，学习利用3ds Max进行场景设计，掌握室内基础空间的设计、家具的设计和摄影机的使用；掌握室外场景的设计，花园、户外景观、水的设计，产品展示柜的设计等。通过本单元的学习，希望读者在掌握3ds Max基本操作的基础上可以举一反三、融会贯通，大胆地发挥想像力，设计出高质量的产品模型。

学习目标

（1）知识目标

- 认识和掌握3ds Max中基础空间的设计方法。
- 掌握摄影机的使用方法。

（2）技能目标

- 熟练地利用3ds Max进行空间设计。
- 掌握摄影机的使用方法。
- 特殊材质的制作方法。

（3）情感目标

- 严谨求实，培养学生良好的学习习惯与职业道德。
- 分组实训，互帮互教，培养学生的团队协作能力和沟通能力。
- 培养学生的审美情趣和艺术修养，感受艺术与美的熏陶，在科技与艺术所营造的现代艺术设计过程中享受成功与快乐。

项目8 设计会议室场景

会议室场景设计草图如图3-1所示。

图3-1 会议室场景设计草图

项目描述

本项目将通过5个任务来完成一个会议室场景制作。

第一个任务：创建基础空间。利用长方体，通过多边形修改把它修改成一个会议室的空间，包括门、窗和天花板。

第二个任务：场景内物品的制作。

第三个任务：场景环境灯光的设置。了解聚光灯、mr天空门户、目标灯光等基本灯光的创建与设置方法。

第四个任务：摄像机巡视。在场景内加上摄像机，展示场景内环境。

第五个任务：渲染与输出。图片的渲染与视频的渲染输出。

任务1 创建基础空间

任务分析

设计一个室内的场景，首先要思考一下场景的空间构造大体是什么样的，场景内都有些什么东西？还要思考场景内都有哪些较大的物件，有哪些是特点显著的物品等？思路清晰后制作起来就会事半功倍。具体实施时先要确认好场景的大框架，确定好门窗的位置；然后加入构成场景的主体物，如墙体、门窗等。

任务实施

1. 准备工作：打开3ds Max软件，视口呈四屏显示

步骤1：设置单位。执行“自定义”→“单位设置”命令，把单位设置为cm或者mm，场景的所有物体制作时，需要用统一的单位。

步骤2：激活透视图（用鼠标在视图中单击一下），单击屏幕右下角的（最大化视口切换）按钮（快捷键为<Alt+W>），透视图呈单屏显示。

2. 创建游戏室内场景的基础空间

步骤1：创建一个长方体，设定参数并且转换为可编辑多边形，如图3-2所示。

步骤2：进入“元素”级别，如图3-3所示。按<Ctrl+A>组合键选择所有的面，再单击翻转按钮，翻转法线。

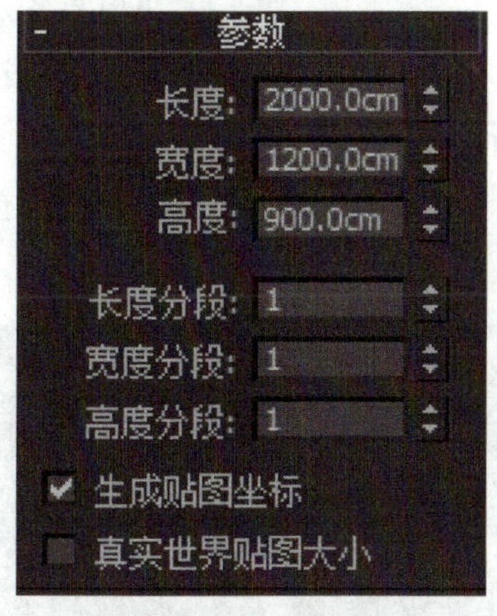

图3-2 长方体参数

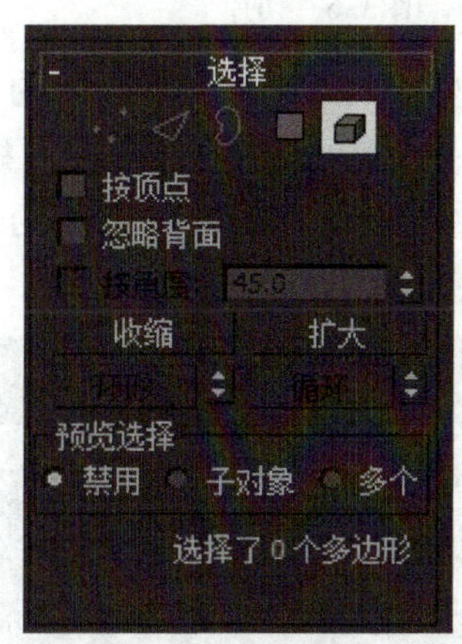

图3-3 选择面板

步骤3：为了方便观察，在视图区域单击鼠标右键，在弹出的快捷菜单中选择“对象属性”，打开“对象属性”对话框，在“常规”面板中，勾选“显示属性”中的“背面消隐”复选框，如图3-4所示。

步骤4：按<4>键，进入面的子层级，将前面和底面删掉。因为地砖和墙面所用的材质不同，所以需要重新创建地板，这样操作在添加材质时更加方便，如图3-5所示。

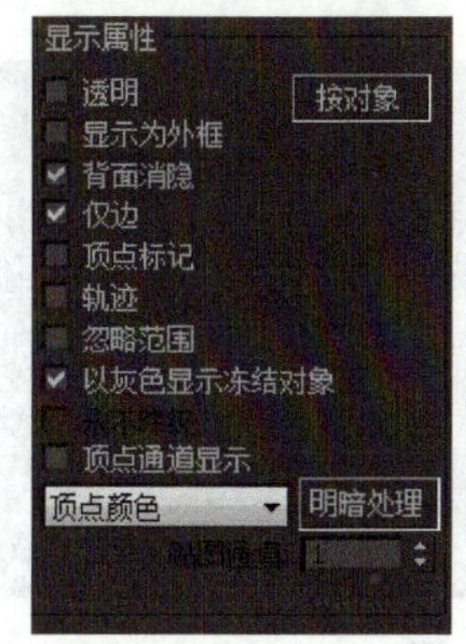

图3-4 对象属性面板

图3-5 选择前面和底部并删除

步骤5：按<2>键，进入“边”的子层级，在修改面板中使用快速切片或者连接工具为长方体加线，如图3-6所示。

步骤6：按<4>键，进入“面”的子层级，选择左边中间的面，执行“挤出”命令制作出窗洞，如图3-7所示。

图3-6 切片

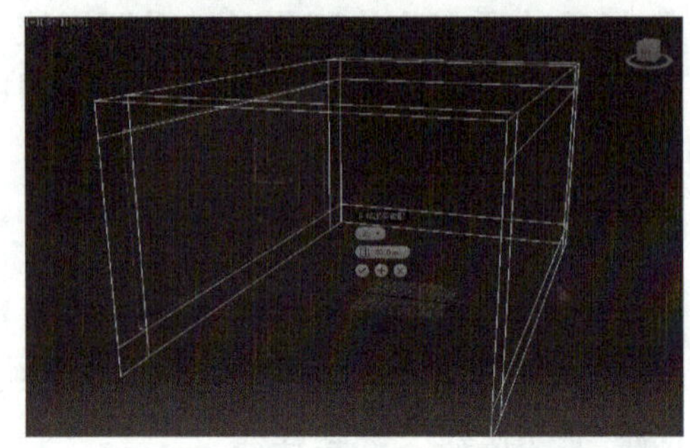
图3-7 挤出成型

步骤7：按<2>键，进入“边”的子层级，对挤出的面使用快速切片或者连接工具增加一条水平的边和五条垂直的边，如图3-8所示。

步骤8：按<4>键，进入“面”的子层级，选中中间的12个面，进行挤出，挤出量为30cm，如图3-9所示。

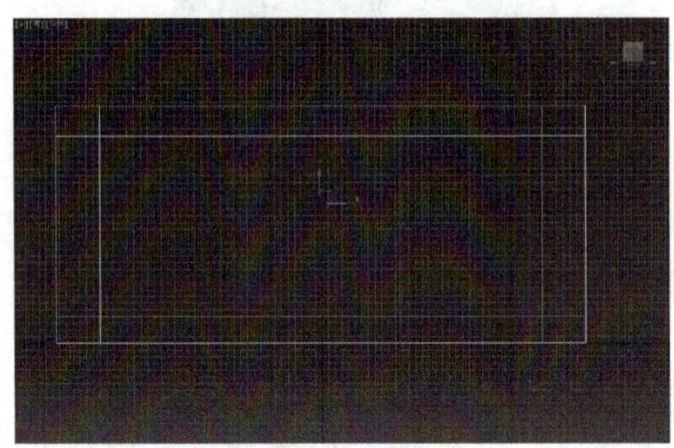
图3-8 增加边

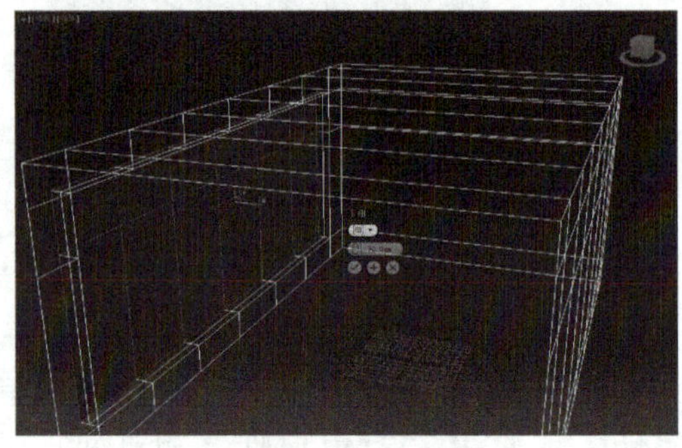
图3-9 挤出成型

步骤9：在顶视图框选窗台边的面，执行“挤出”命令制作窗框，如图3-10所示。

步骤10：按<2>键，进入“边”的子层级，选择窗台中间的边进行切角，如图3-11所示。

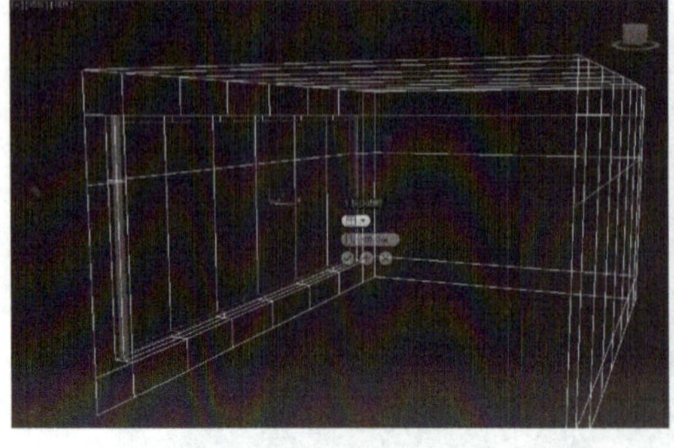
图3-10 制作窗框

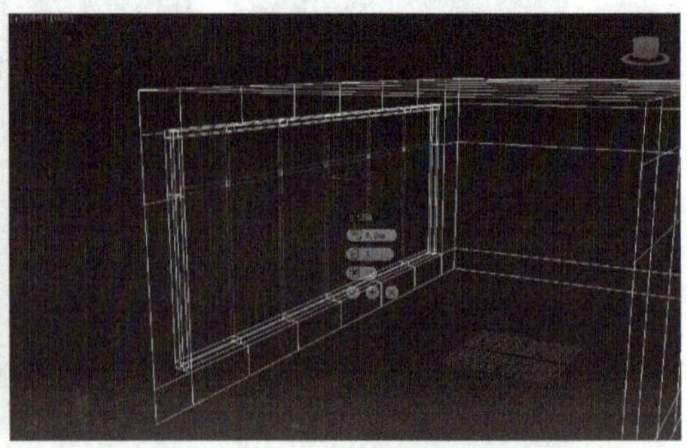
图3-11 切角

步骤11：按<4>键，进入“面”的子层级，选中切角附加的面，进行挤出，如图3-12所示。

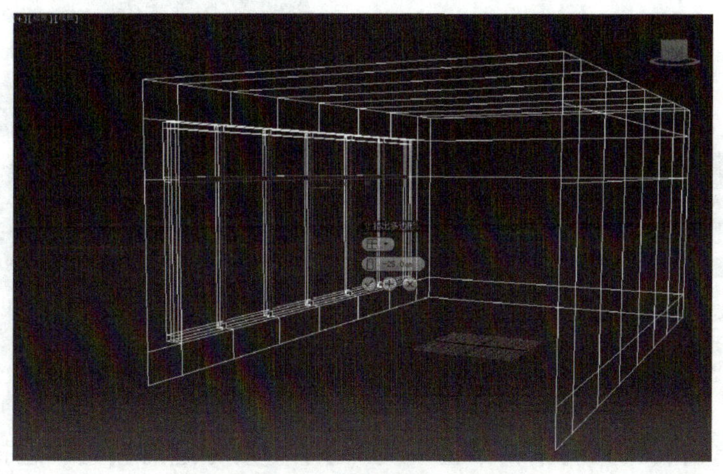

图3-12 挤出切角附加的面

步骤12：设置材质。选用3ds Max自带的MENTAL RAY材质，相对于默认的渲染器来说，物品渲染出来的效果更加真实、更富有细节，因此MENTAL RAY材质的应用面更广。按<F10>键，弹出“渲染设置”对话框，在“公用”栏下找到“指定渲染器”卷展栏。打开卷展栏，单击“产品级”项右边的“…”按钮，在弹出的“选择渲染器”窗口中选择“NVDIA mental ray”，单击“确定”按钮，就可选择“MENTAL RAY渲染器”了，如图3-13所示。

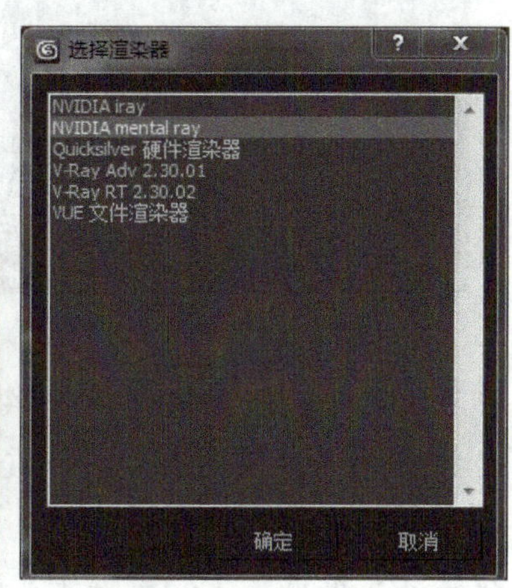

图3-13 指定渲染器

步骤13：按<M>键进入“材质编辑器”，单击菜单中的“模式”选择“精简材质编辑器”进入精简方式，选择一个示例球。

步骤14：单击示例窗右下角的“Standard”按钮，进入“材质浏览器”窗口，双击“多维/子材质”，进入多维材质面板的设置面板，设置ID数量为3，单击ID为1的子材质旁边的按钮，选择“Autodesk墙漆”材质。设置参数如图3-14所示。

步骤15：单击按钮转到父对象，单击ID为2的子材质旁边的按钮，选择“实心玻璃”材质。设置为略带淡蓝色的磨砂玻璃，具体参数如图3-15所示。

图3-14 “Autodesk墙漆”材质

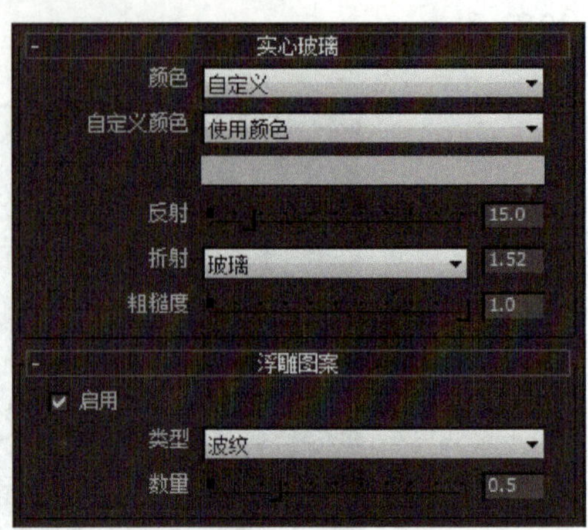

图3-15 “实心玻璃”材质

步骤16：单击转到父对象，单击ID为3的子材质旁边的按钮，选择“Autodesk玻璃”材质，设置为透明的清玻璃，具体参数如图3-16所示。

步骤17：查看清玻璃的透明效果，单击“背景”按钮打开背景图，材质球呈现效果如图3-17所示。

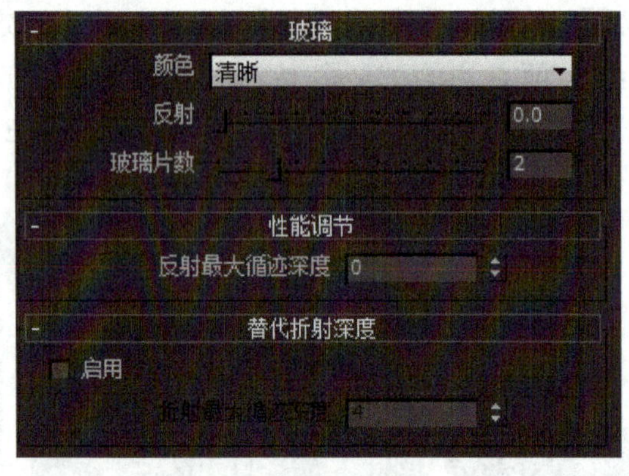

图3-16 “Autodesk玻璃”材质

图3-17 清玻璃效果

步骤18：选择场景框架，按<4>键，进入面的子层级，框选窗户上面的面，在“多边形：材质ID”卷展栏中设置材质ID为2。

步骤19：框选窗户下面的面，用同样的方法将材质ID设置为3。

步骤20：框选整个场景框架，将材质ID设置为1。

步骤21：选定整个场景框架，并选择要赋予的材质球，单击“将材质指定给选定对象”工具按钮将材质指定给选定对象。

步骤22：地板的制作。单击创建面板中的“几何体”按钮，选择标准基本体，单击 长方体 按钮，在前视图创建一个长方体作为整个场景的地板，具体位置和参数如图3-18所示。

步骤23：选择一个新的材质球，设置地板的材质，选择“Autodesk陶瓷”材质。设置参数如图3-19所示。

图3-18　场景的地板参数

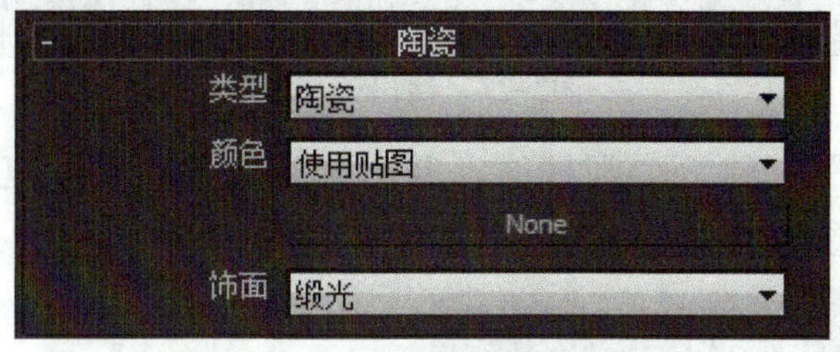

图3-19　“Autodesk陶瓷”材质

步骤24：在“陶瓷”卷展栏中单击 None 按钮，为地板赋予一个 平铺 材质，具体设置如图3-20所示。

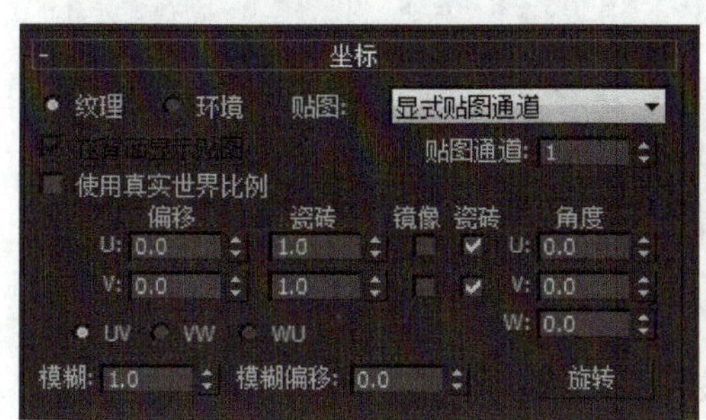

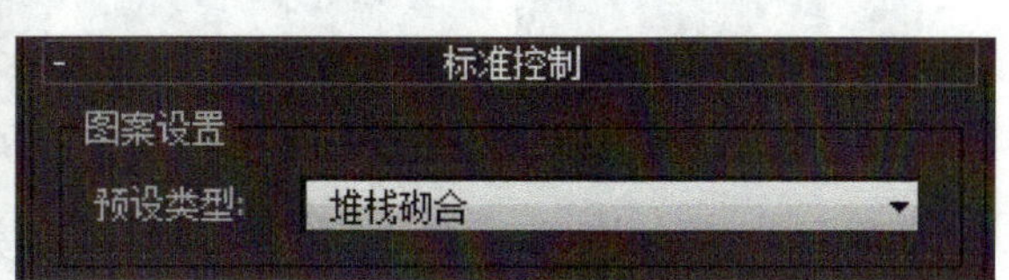

图3-20　“平铺”材质

步骤25：瓷砖的面过大或过小，可以在“高级控制”卷展栏中调节 “水平数”和“垂直数”的值来改变，如图3-21所示。

步骤26：天花板的制作。利用“画线”工具，参照图3-22进行逐点绘制，在最后接口处，系统提示“是否闭合样条线？”时，单击 是(Y) 按钮得到封闭的截面图形。

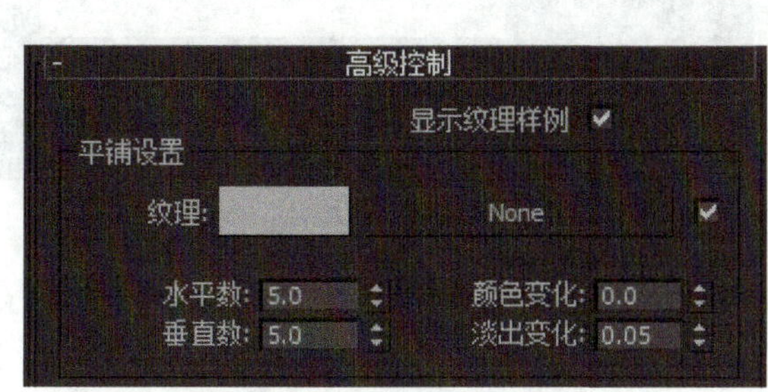

图3-21　“高级控制”面板

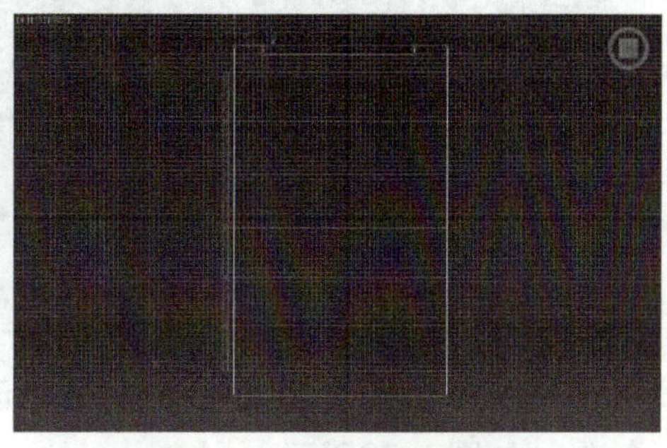

图3-22　天花板截面图形

步骤27：利用“挤出”命令，挤出天花板，如图3-23所示。

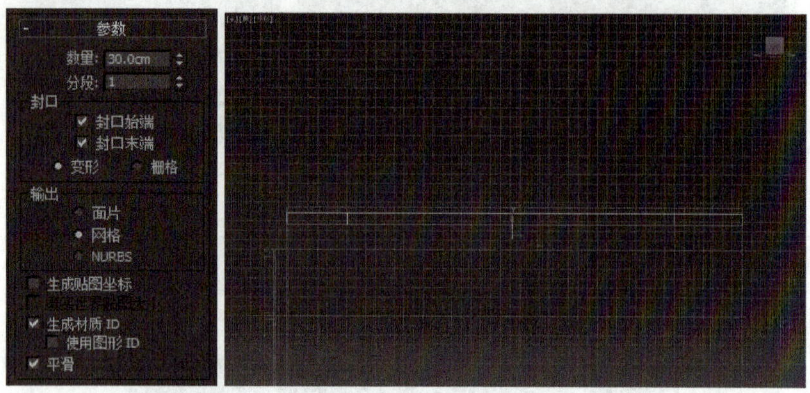

图3-23 挤出天花板

步骤28：在顶视图创建一个圆柱体，并对圆柱体进行缩放复制做出另一个较小的圆柱体，具体位置和参数如图3-24所示。

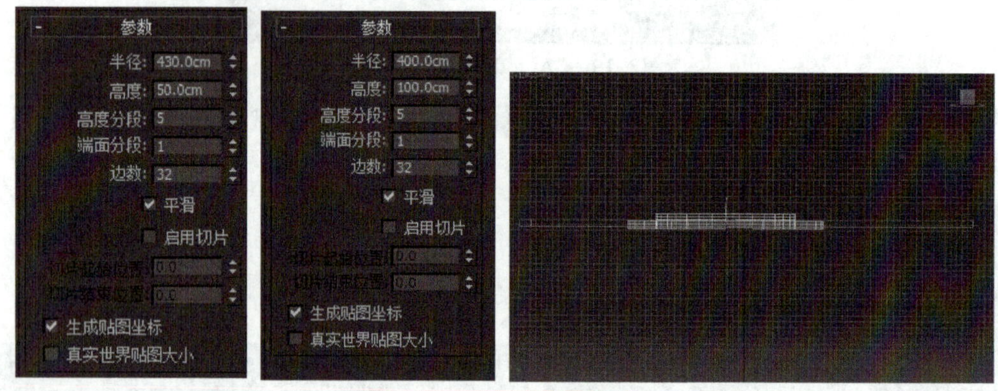

图3-24 建立两个圆柱体

步骤29：合并图形，单击“几何体”按钮，选择下拉菜单中的“复合对象”，在面板中单击ProBoolean（超级布尔）按钮，单击开始拾取拾取两个圆柱体，把两个图形合并起来，如图3-25所示，形成富有装饰性的天花板，将其放置在天花板的位置。

步骤30：为天花板赋予一个“Autodesk墙漆”材质，具体参数如图3-26所示。

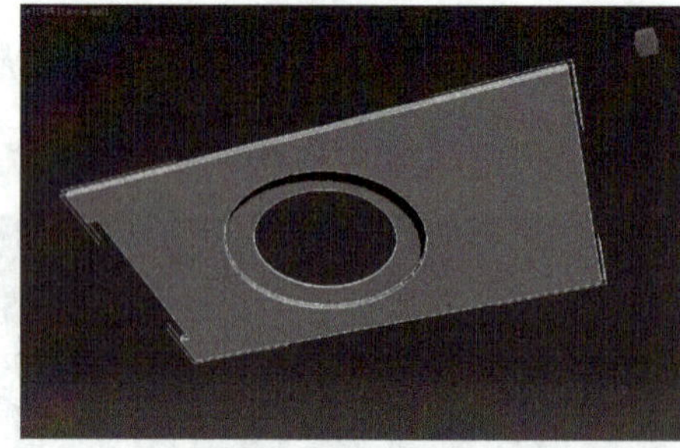

图3-25 合并成型

图3-26 “Autodesk墙漆”材质

步骤31：门的制作。在顶视图创建一个枢轴门，如图3-27所示。

步骤32：单击命令面板中的（修改）按钮，进入修改命令面板。修改枢轴门的各项参数，如图3-28所示。

图3-27 枢轴门

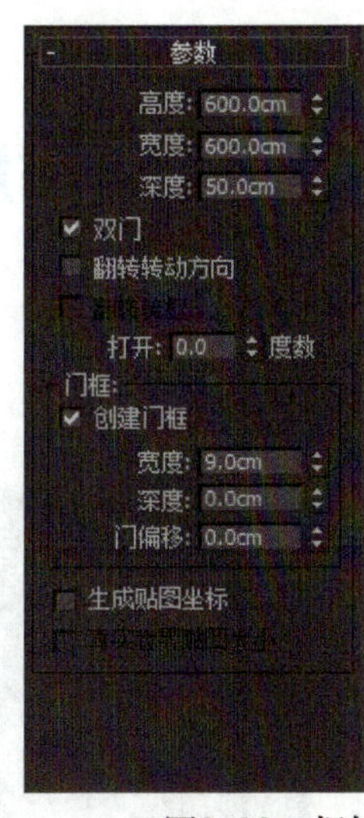

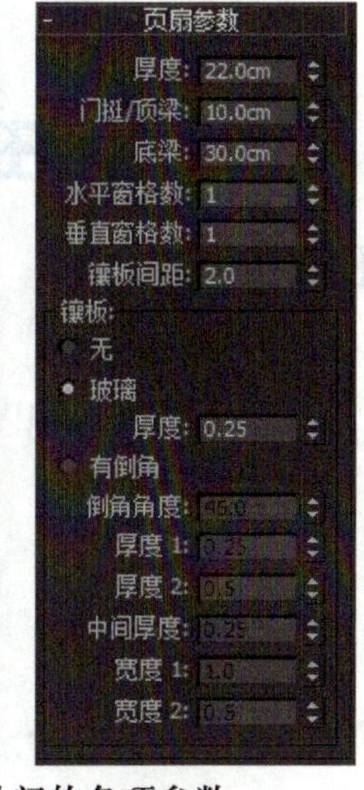

图3-28 枢轴门的各项参数

步骤33：设置木门的材质。选择下一个材质球，选择“Autodesk 硬木”材质。设置参数如图3-29所示。

步骤34：单击“图像”旁的“4Finishes.Plaster.Venetian.Smooth.jpg”按钮，为木门赋予一个贴图，具体参数如图3-30所示。

图3-29 “Autodesk 硬木”材质

图3-30 木门贴图参数

步骤35：保存文件并命名为“会议室.max”。

必备知识

了解门、窗、植物、栏杆、墙的形态。

任务拓展

参考图3-31，制作一个仓库空间。

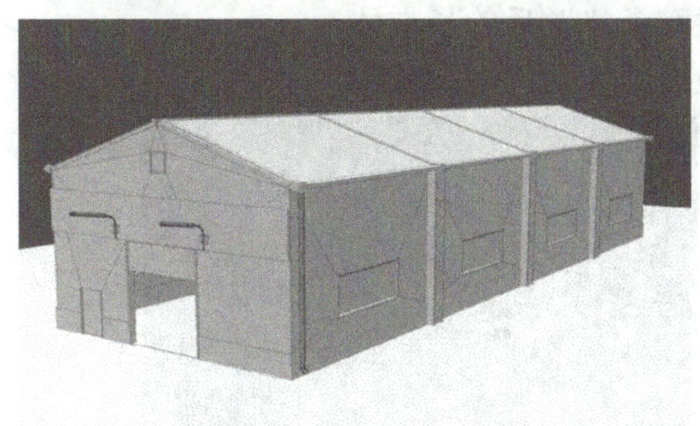

图3-31 仓库空间

任务2 制作场景内的物品

任务实施

（1）投影墙

步骤1：在前视图创建一个长方体，如图3-32所示。

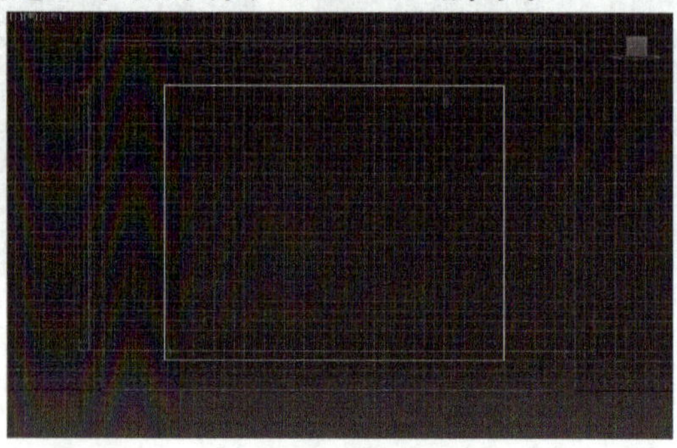

图3-32 投影墙位置

步骤2：单击命令面板中的 （修改）按钮，进入修改命令面板。修改长方体的各项参数，如图3-33所示。

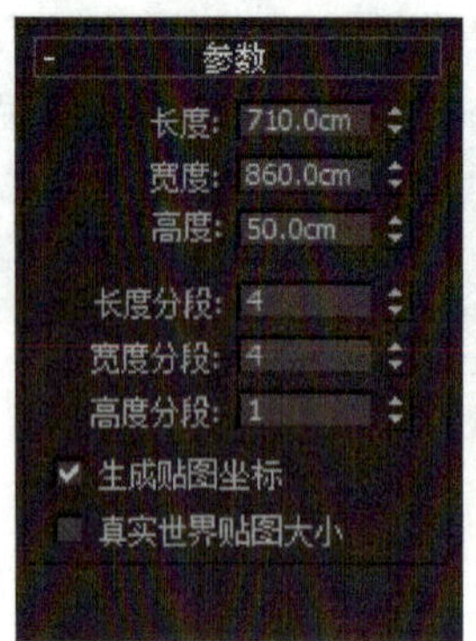

图3-33 投影墙参数

步骤3：使用前面的窗户制作方法，执行“切角”和“挤出”命令制作出墙面的凹陷，效果如图3-34所示。

步骤4：将前面设置好的天花板墙漆材质赋予修改后的长方体。

步骤5：在前视图创建一个长方体作为投影屏，如图3-35所示。

图3-34 制作凹陷的墙面

图3-35 投影屏

步骤6：打开材质编辑器，选择漫反射旁边的小按钮，单击“位图”，把“工作会议”贴图指定给选定对象。将创建和修改后的两个长方体置于场景框架的墙面，如图3-36所示。

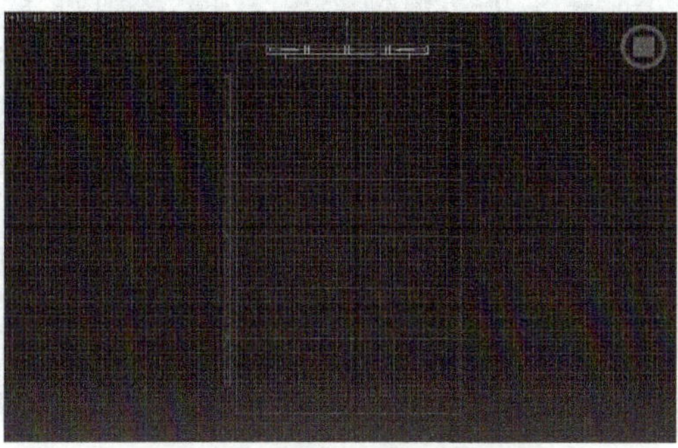

图3-36 投影屏放置的位置

步骤7：保存文件并命名为“投影墙.max”。

小技巧

当场景中有很多物体的时候，若想对一个物体做修饰，有一个很好用的快捷方式，就是按<Alt+Q>组合键，它可以孤立当前选项，这样就会将这个物体单独孤立出来，更加方便修改，当修改完成时，再次按<Alt+Q>组合键可恢复到原始的形态。

（2）灯饰

步骤1：在顶视图创建一个长方体作为灯架，具体位置和参数如图3-37所示。

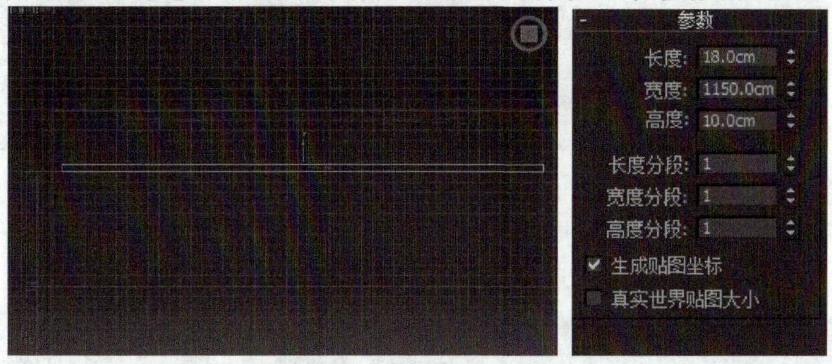

图3-37 灯架位置与参数

步骤2：在顶视图创建一个圆柱体，具体位置和参数如图3-38所示，在圆柱体的右侧沿X轴方向复制出另一个圆柱体。

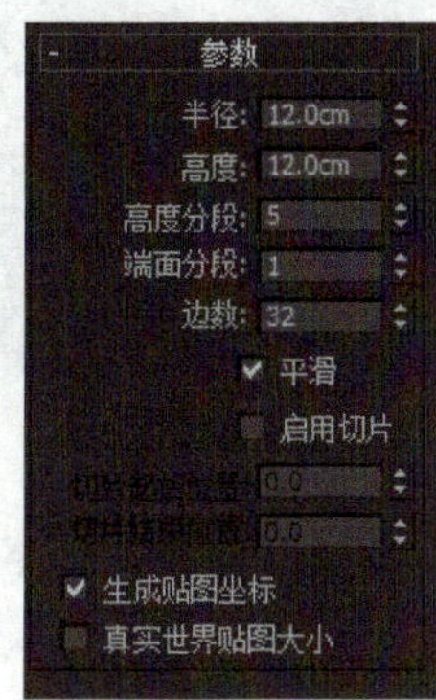

图3-38 圆柱体位置与参数

步骤3：选中上述长方体和圆柱体，沿Y轴复制一组，如图3-39所示。

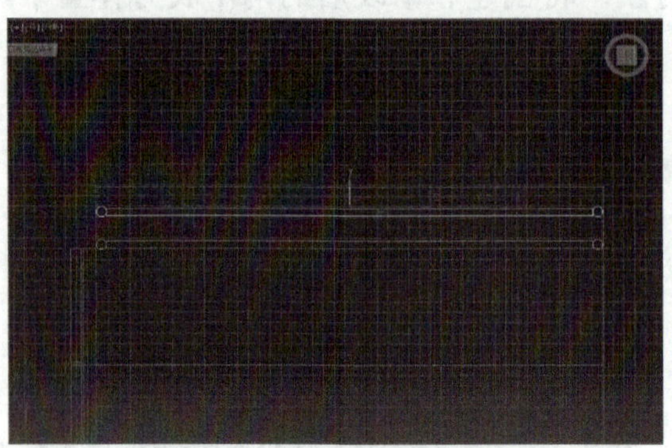

图3-39　沿Y轴复制

步骤4：在顶视图创建一个管状体作为灯体的一部分，位置和参数如图3-40所示。

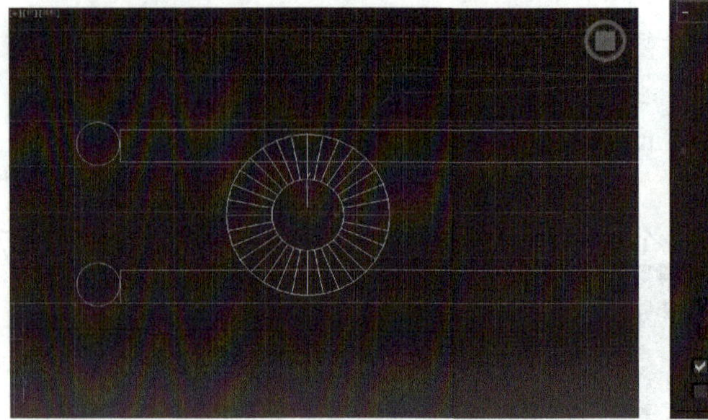

图3-40　制作灯

步骤5：在顶视图创建一个球体作为灯的另一部分，位置和参数如图3-41所示。

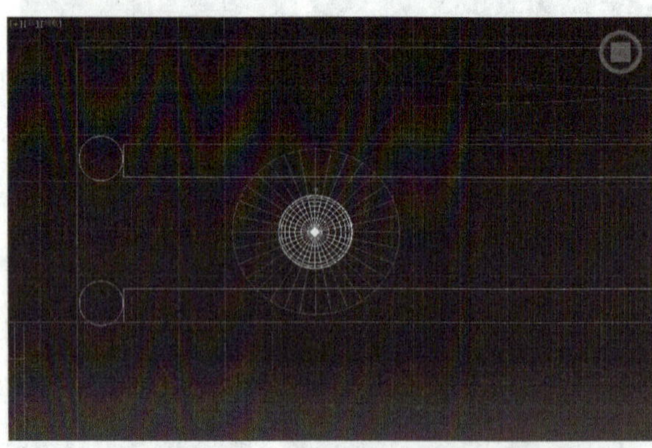
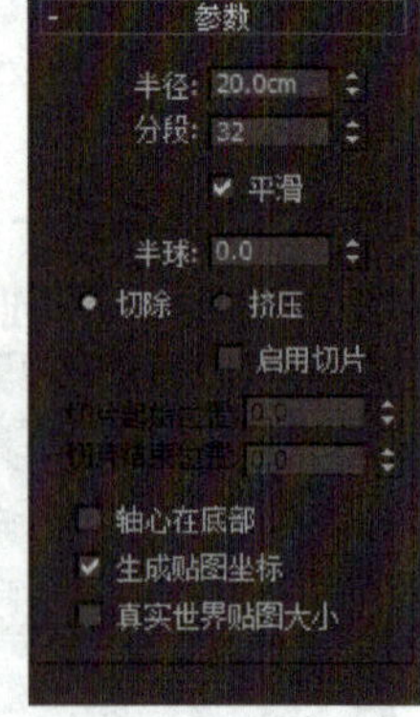

图3-41　制作灯的另一部分

步骤6：将管状体和球体沿Y轴复制3个，并对整个灯饰进行成组的操作，如图3-42所示。

步骤7：赋予灯饰金属材质。选择一个新的材质球，选择“Autodesk金属”材质，其参数分别设置为铝材质、抛光，如图3-43所示。

图3-42 完成灯的制作

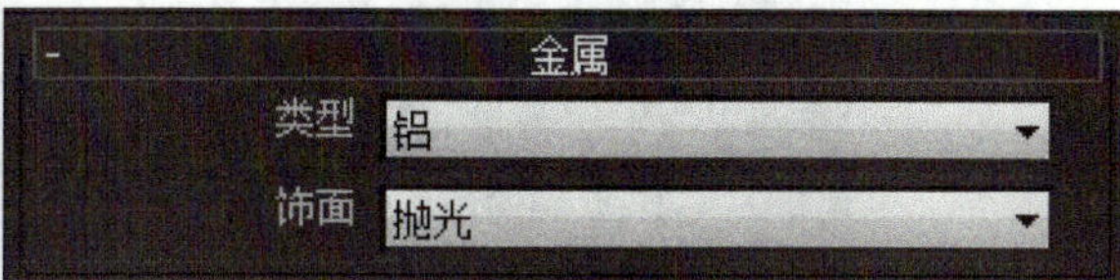

图3-43 “Autodesk金属”材质

步骤8：在选项中对灯饰进行解组，选择中间的球体，对其赋予一个自发光的材质，进入材质编辑器修改“材质球明暗方式”为“金属”，如图3-44所示。

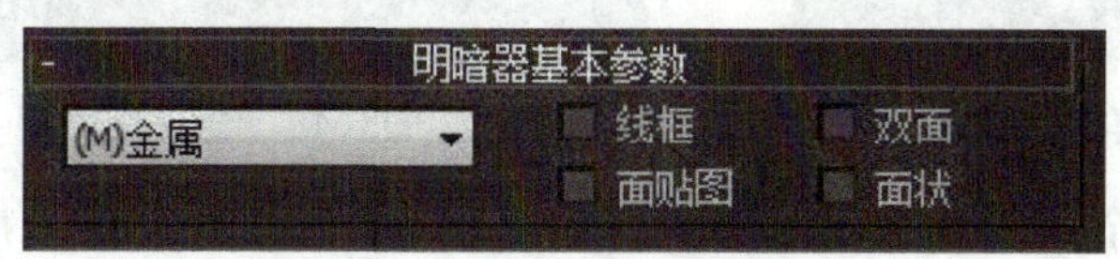

图3-44 明暗器基本参数设置

步骤9：勾选“自发光”中的“颜色”，不透明度调整至50%，如图3-45所示。

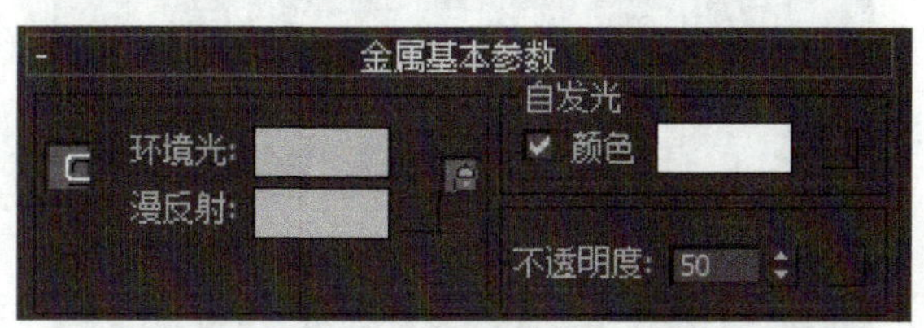

图3-45 金属基本参数设置

步骤10：保存文件并命名为“灯饰.max”。

（3）会议桌

步骤1：在顶视图创建一个矩形，作为倒角剖面的截面，并将步数设置为4，结果如图3-46所示。

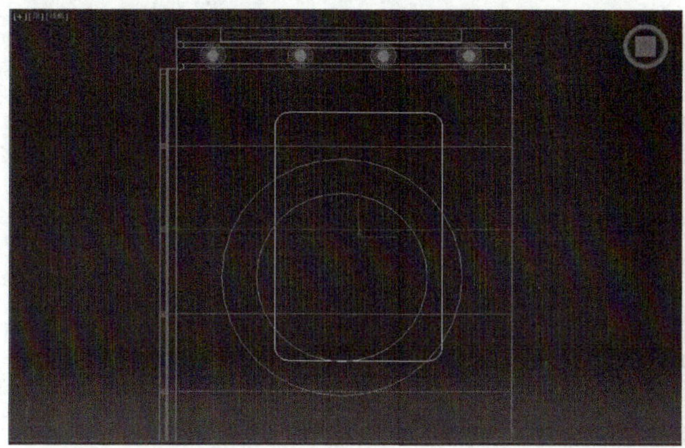

图3-46 会议桌的位置与参数

步骤2：如图3-47所示，绘制出一封闭的截面图形。

步骤3：选择矩形，进入修改面板，在下拉菜单中选择“倒角剖面”命令。

步骤4：单击拾取剖面按钮，再选择绘制的剖面线，形成会议桌，如图3-48所示。

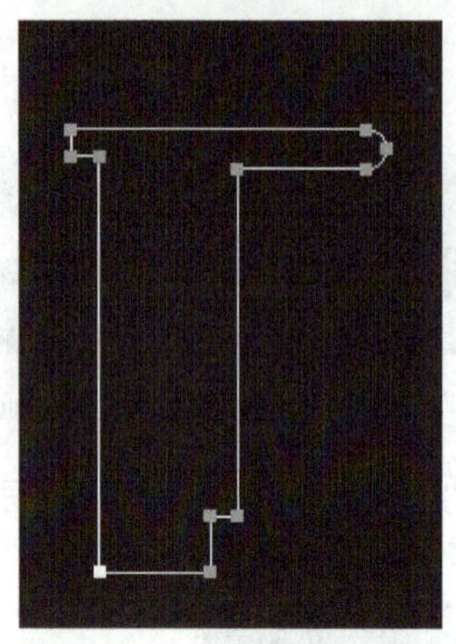

图3-47 会议桌截面图形

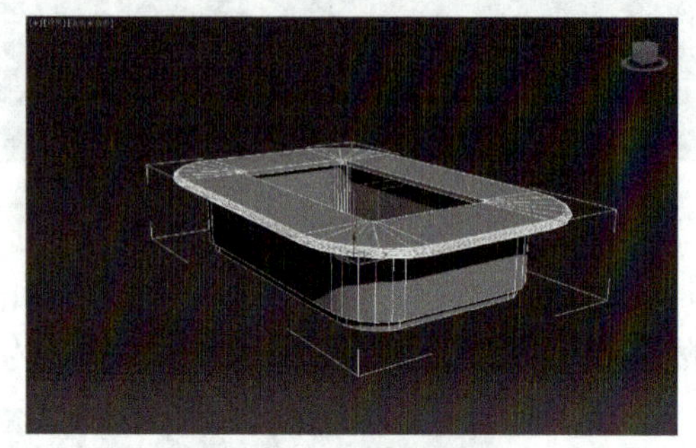

图3-48 会议桌成型

步骤5：选择一个新的材质球，使用和木门一样的方法设置材质，修改参数，如图3-49所示。

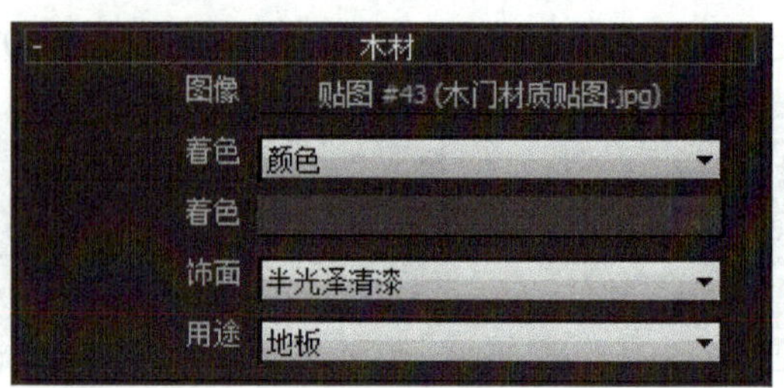

图3-49 木材参数设置

步骤6：保存文件并命名为“会议桌.max”。

（4）椅子

步骤1：在左视图绘制一个线形，按<1>键进入点的子层级进行调整，形状如图3-50所示。

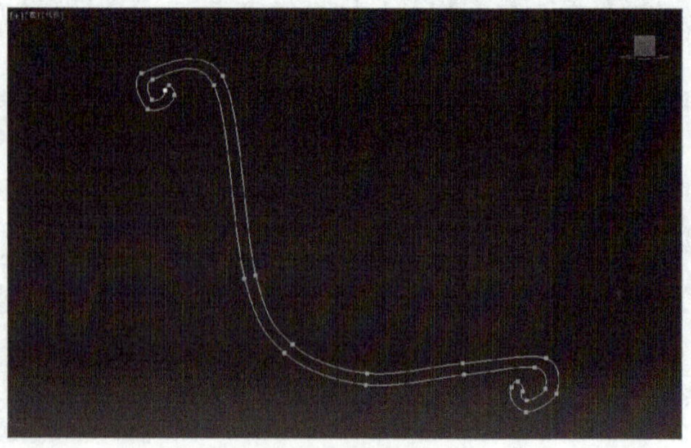

图3-50 椅子曲线

步骤2：对椅子线形执行“挤出”命令，参数设置和效果如图3-51所示。

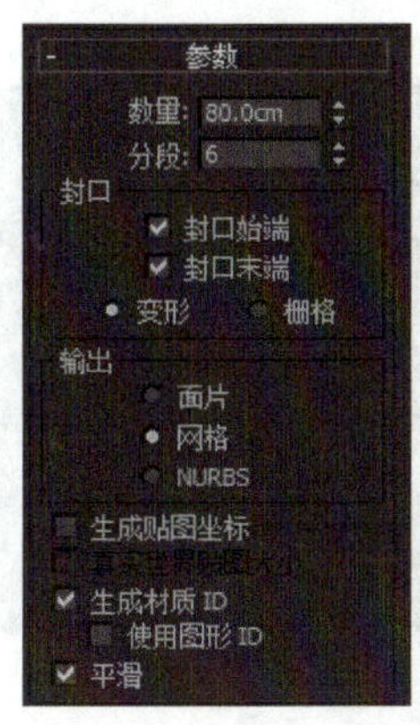

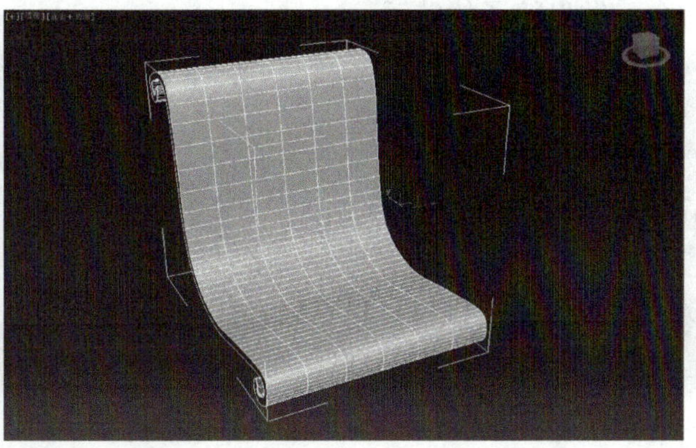

图3-51　挤出成型

步骤3：调节椅座的凹陷程度。在修改命令面板的下拉菜单中选择“编辑多边形”命令，打开“软选择”卷展栏，选择“使用软选择”。按<1>键，进入点的子层级，选择座椅中间的点从而产生座椅的凹陷效果，如图3-52所示。

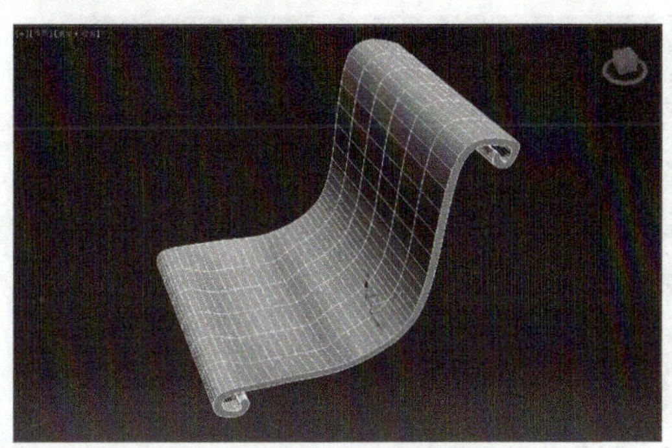

图3-52　凹陷成型

步骤4：制作椅的边线。确认座椅处于选中状态，在原位置复制一个，在“修改记录列表”中删除“编辑多边形”和“挤出”命令，打开“渲染”卷展栏并设置渲染参数，设置及效果如图3-53所示。

图3-53　椅子边线

步骤5：沿X轴复制一个边线，作为椅子另一边的边。

步骤6：用同样的方法制作扶手。绘制如图3-54所示的线形，同样设置渲染值，沿X轴复制一个，做出椅子的扶手。

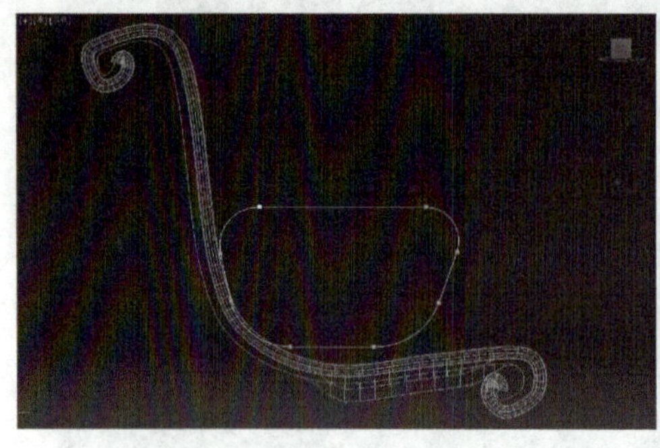

图3-54 制作扶手

步骤7：在顶视图创建一个如图3-55所示的圆柱体作为椅子的支撑轴。

步骤8：将创建的圆柱体转换为“可编辑多边形”，利用“挤出”命令进行修改后的效果，如图3-56所示。

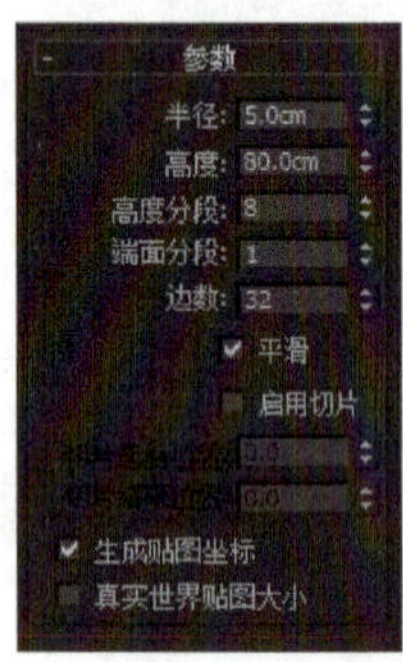

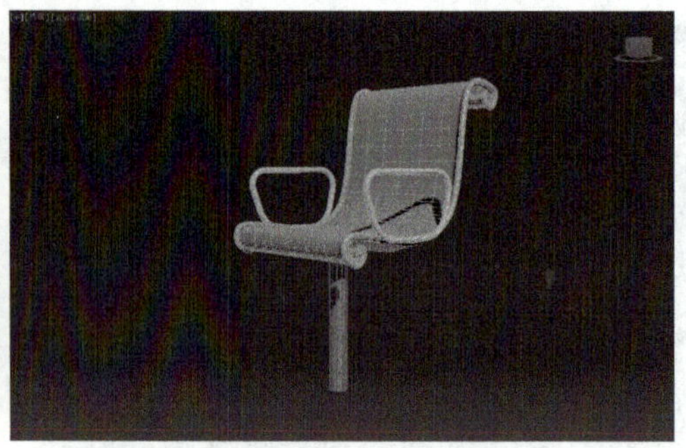

图3-55 制作椅子支撑轴

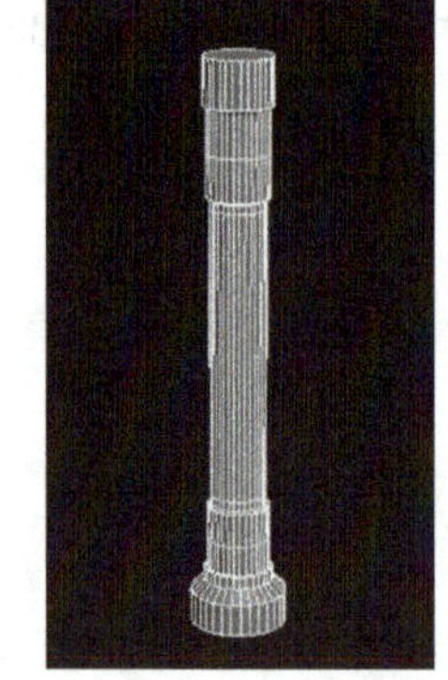

图3-56 挤出成型的支撑轴

步骤9：椅脚线条的绘制。在左视图绘制一线条，并在“渲染”卷展栏中勾选“在渲染中启用”，其他参数的设置和效果如图3-57所示。

步骤10：将其转换为“可编辑多边形”，按<4>键进入面的子层级，选择椅脚的底面，执行“挤出”命令，如图3-58所示。

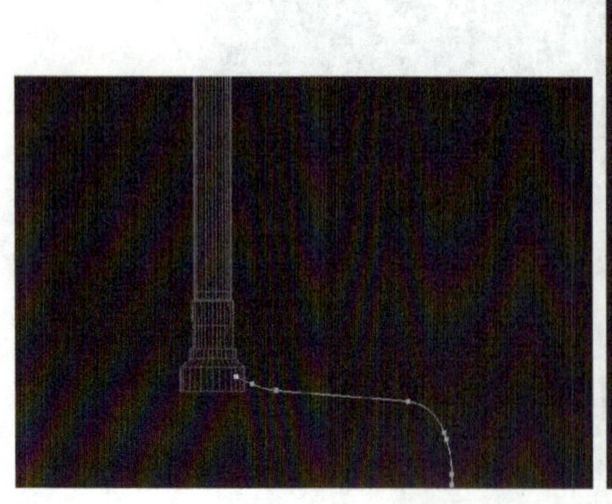

图3-57 椅脚线条的绘制

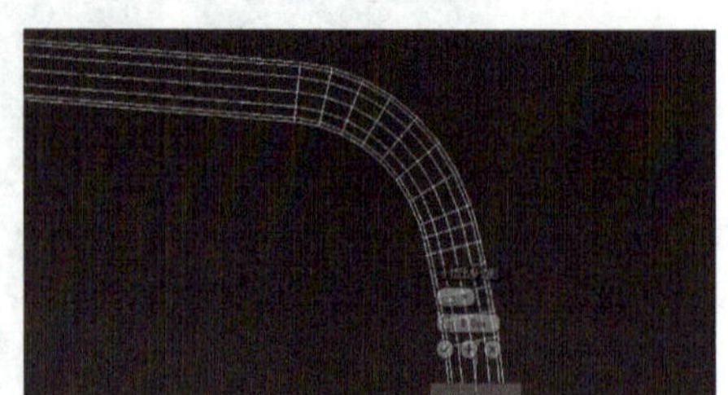

图3-58 挤出椅脚

步骤11：设置椅子的材质。按多维子材质的方法为椅子设置材质。

步骤12：保存文件并命名为“椅子.max”。

(5) 投影仪

步骤1：创建一个切角长方体作为投影仪主体，参数设置及效果如图3-59所示。

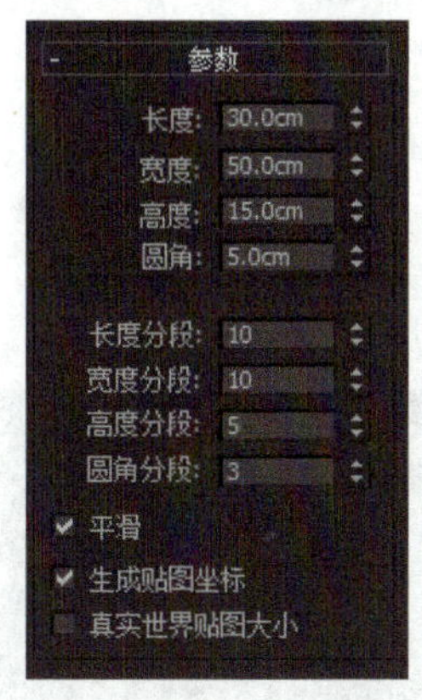

图3-59　长方体作为投影仪主体

步骤2：将切角长方体转换为“可编辑多边形”，对顶面、前面、侧面进行“挤出”，效果如图3-60所示。

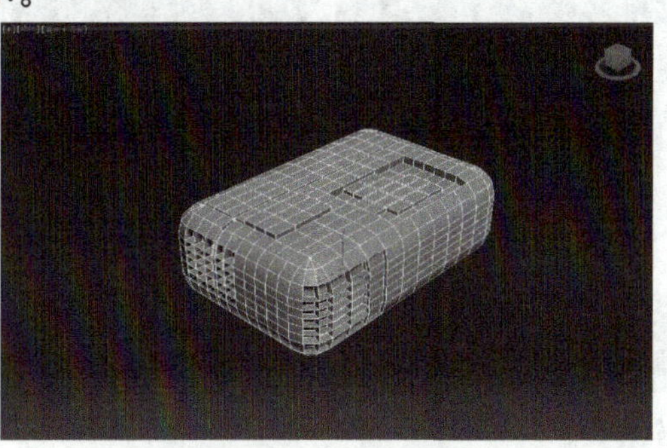

图3-60　挤出成型

步骤3：创建一个圆锥体，放置于如图3-61a所示的位置，利用几何体的布尔运算，便可获得如图3-61b所示的效果。

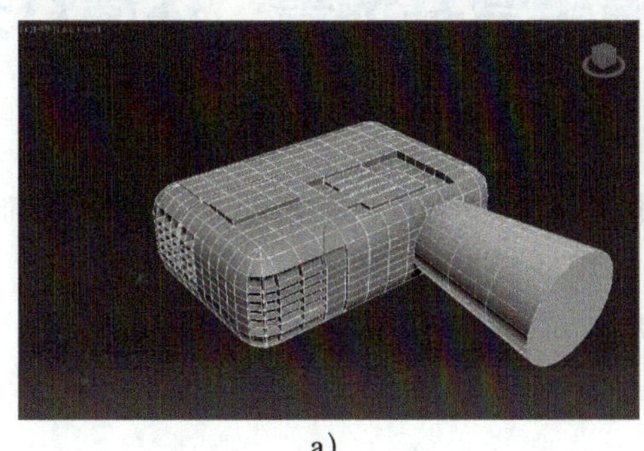

a)

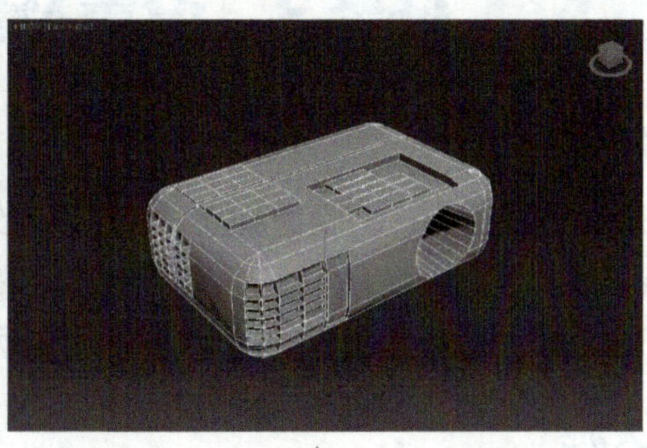

b)

图3-61　布尔运算成型

步骤4：投影仪设置塑料材质。

步骤5：保存文件并命名为“投影仪.max”。

必备知识

在本任务中，会议室里的物体都能用之前学过的方法去完成，但方法不是唯一的，大家可以灵活地运用3ds Max的各项功能，做出更好的作品。

任务拓展

在会议室中，还有一些常用的设备，例如，装饰画、射灯、吸顶灯、盆景和麦克风等，如图3-62所示，通过练习把它们制作出来。

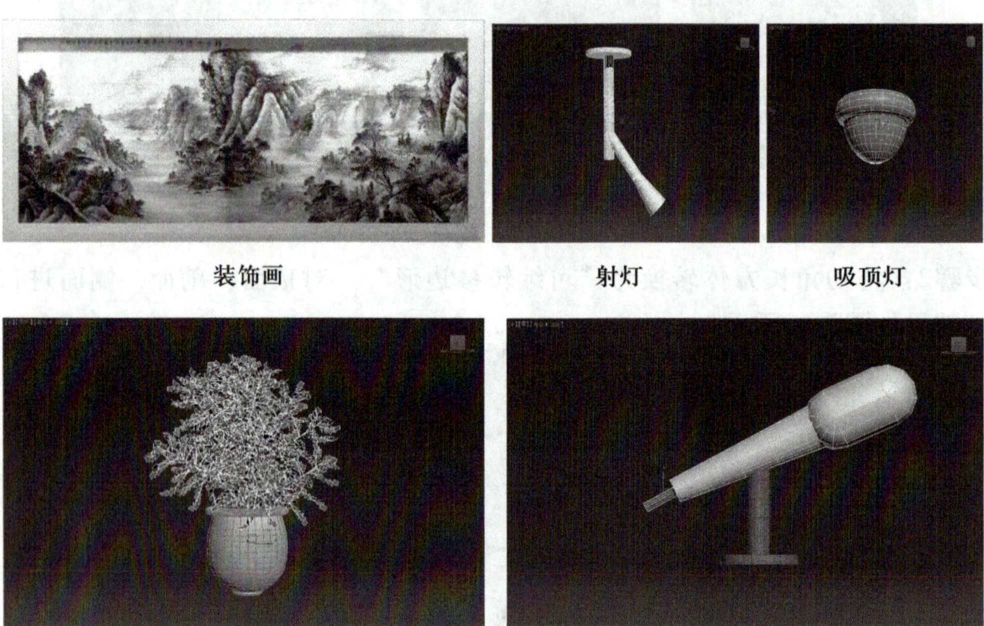

图3-62 会议室的其他物件

任务3 设置及渲染合并场景、环境灯光

任务分析

完成上面的两个任务后，接下来需要设置场景的灯光。在场景中，物品的质感和光泽是要靠灯光来体现的，因此灯光的设置情况决定着场景的真实程度。

在3ds Max里有光度学灯光和标准灯光两类，一般使用的是标准灯光。

任务实施

（1）合并文件

步骤1：打开之前完成的会议室场景，执行“导入”→“合并”命令，选择要合并的文件，然后选择“自动重命名合并材质”，如图3-63所示。

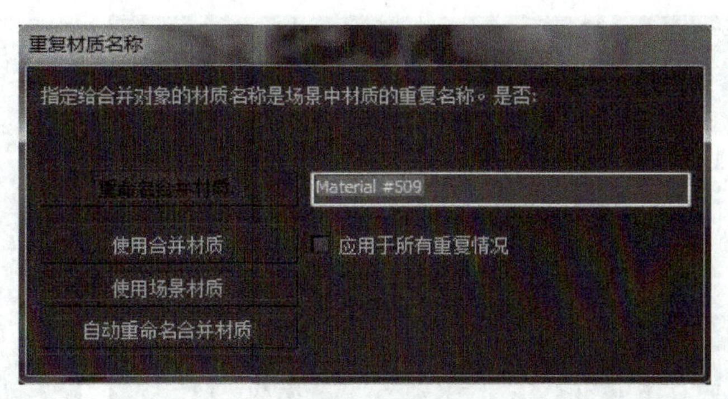

图3-63　合并材质

步骤2：合并文件后，如果某个模型的比例不协调，可以选中该模型进行缩放调整，合并后的场景效果如图3-64所示。

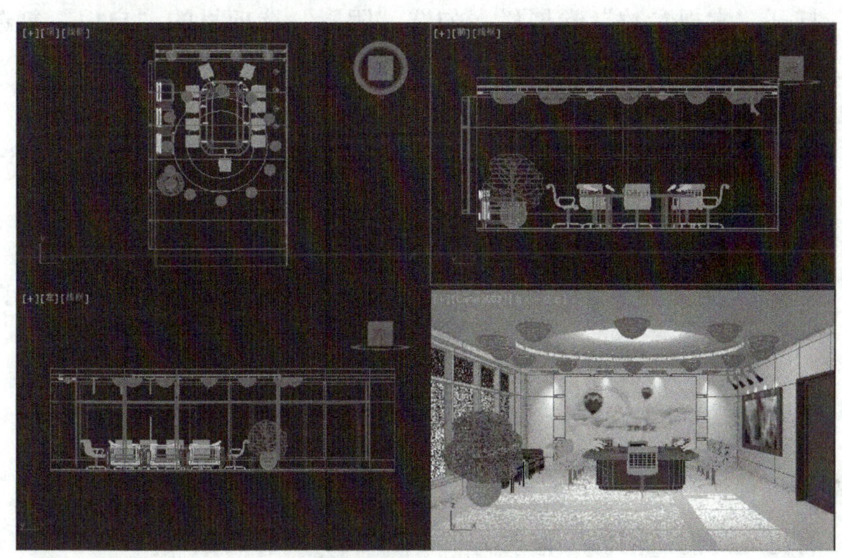

图3-64　合并后的场景

(2) 环境灯光设置

准备阶段：单击创建面板的灯光区中的“灯光”按钮，选择标准。在“对象类型”卷展栏中可以看到8个灯光选项，如图3-65所示。

图3-65　灯光类型

在这几个选项中，常用的灯光有目标聚光灯和泛光灯。聚光灯顾名思义就是将灯光聚集在一个点上放射出去；泛光灯则是灯光在一个中心上呈放射状发散出去；外部灯光可以用目标平行光来模拟阳光平行照射的效果；天光也是用来模拟阳光照射的效果，与目标平行光不同的是，它可以从四周同时对物体投射光线。

在这个场景里，首先创建的是外部的太阳光，所以选择目标平行光。在前视图的位置创建一个平行光，设置“倍增”为15，“颜色”为淡蓝色，具体位置和参数如图3-66所示。

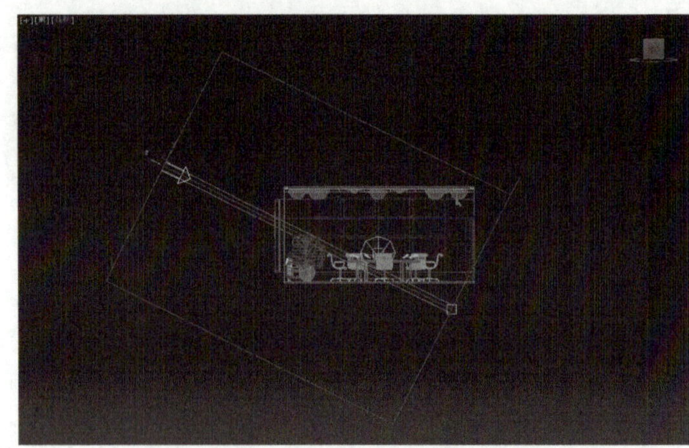

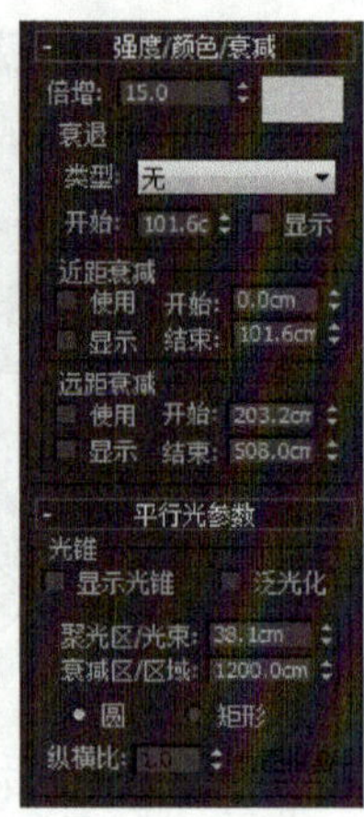

图3-66 制作目标平行光

步骤1：打开“常规参数”卷展栏，勾选“阴影”选项里的“启用”复选框，在下拉列表中选择“高级光线跟踪”，高级光线跟踪所产生的阴影更接近于阳光所产生的阴影。其他参数如图3-67所示。

步骤2：在场景内放置一盏泛光灯，设置颜色倍增值为2.0的白色，如图3-68所示。

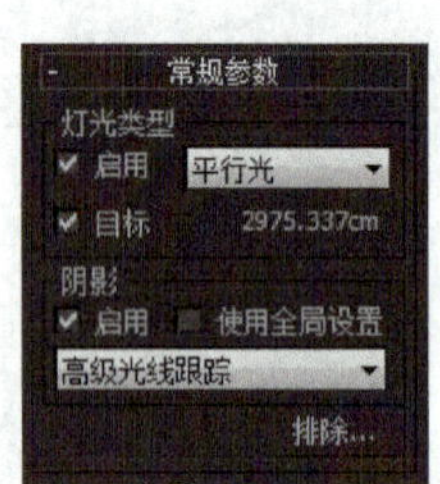

图3-67 目标平行光参数设置

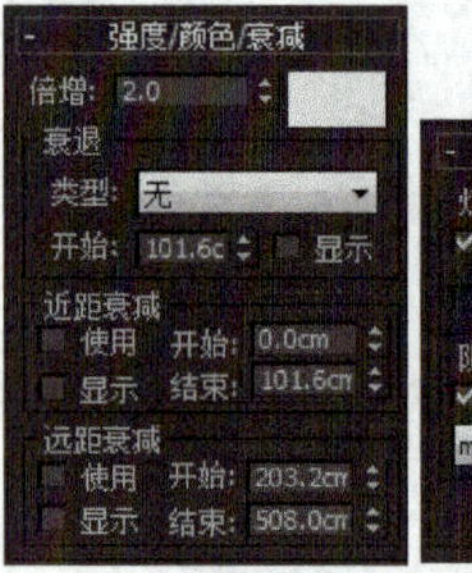

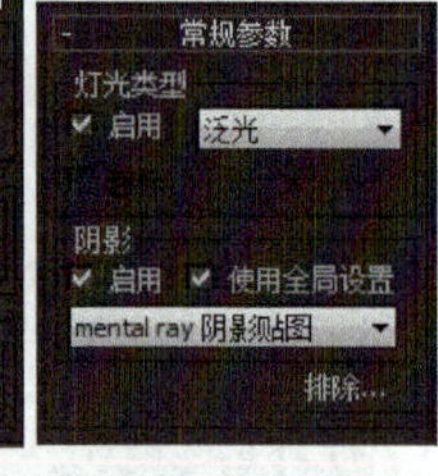

图3-68 泛光灯

步骤3：将泛光灯的“阴影”修改为“mental ray阴影贴图”。

步骤4：为投影仪创建一个目标聚光灯，具体位置参数如图3-69所示。

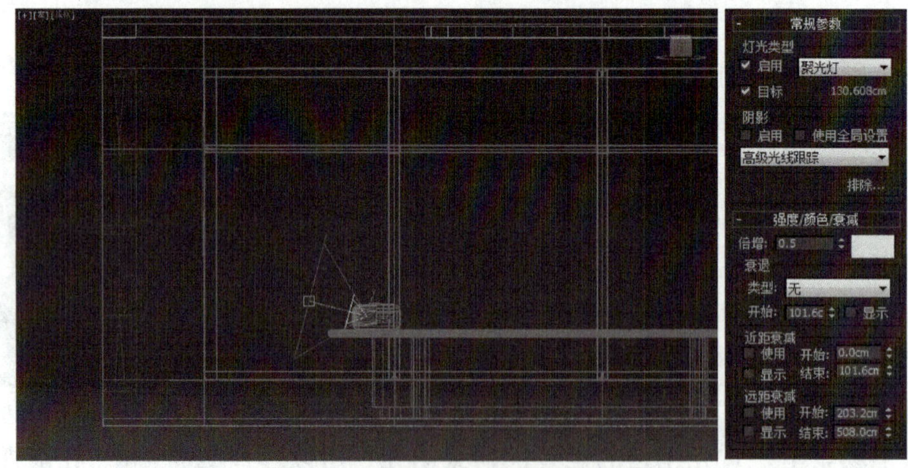

图3-69 建立目标聚光灯及设置参数

步骤5：为射灯创建一个目标聚光灯，注意在射灯外部创建，不要把灯光放置在射灯内，具体位置参数如图3-70所示。复制4个灯光给4盏射灯，如图3-71所示。

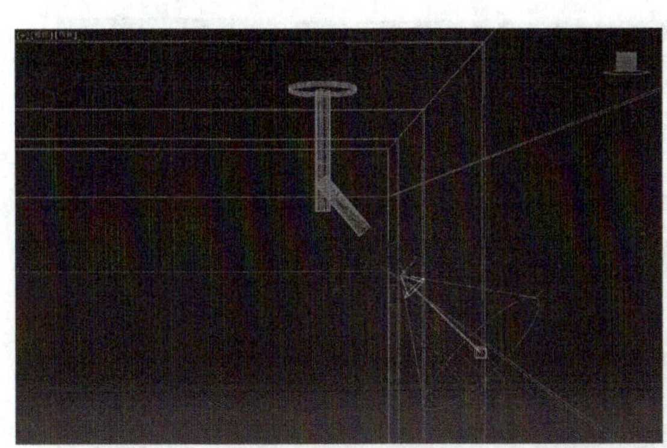
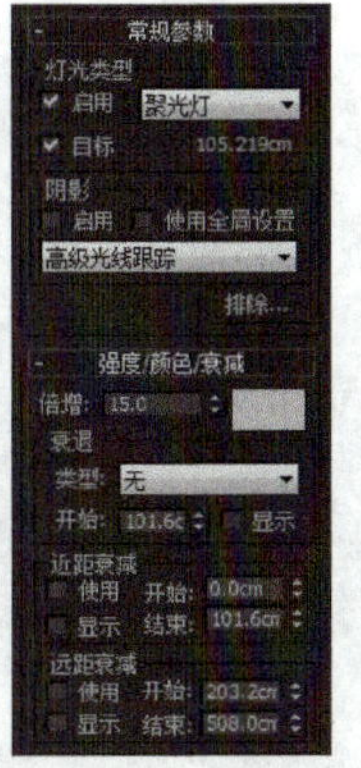

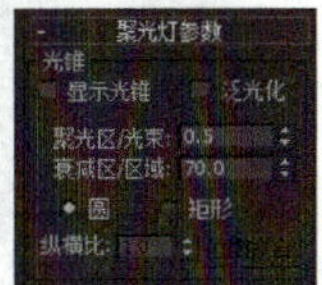

图3-70　为射灯创建一个目标聚光灯

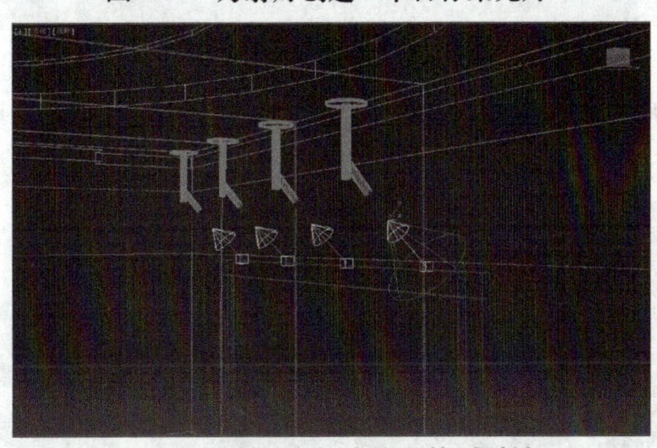

图3-71　复制3个灯光给另外3盏射灯

步骤6：为投影屏顶上的灯具创建目标聚光灯，创建方法与壁画上的射灯一样，具体位置参数如图3-72所示。

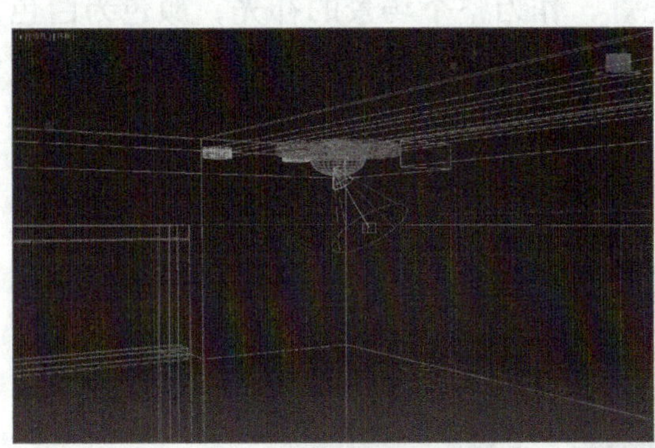
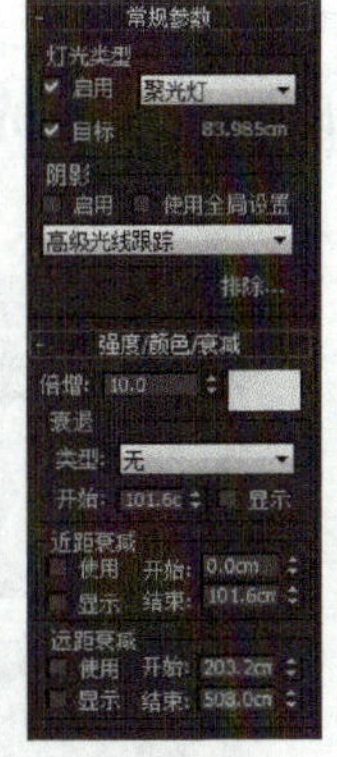

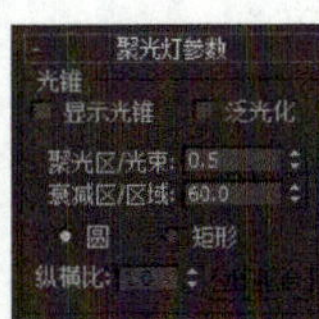

图3-72　投影屏射灯的创建

步骤7：复制出3个灯光，并移动到其余的灯具中，如图3-73所示。

步骤8：吸顶灯灯光的设置。在创建灯光面板中，选择下拉菜单中的“光学度”，在前视图创建一盏“目标灯光”作为天花板灯槽的灯光，过滤颜色选择白色，强度设置为7000lm，如图3-74所示。

图3-73　复制投影屏射灯

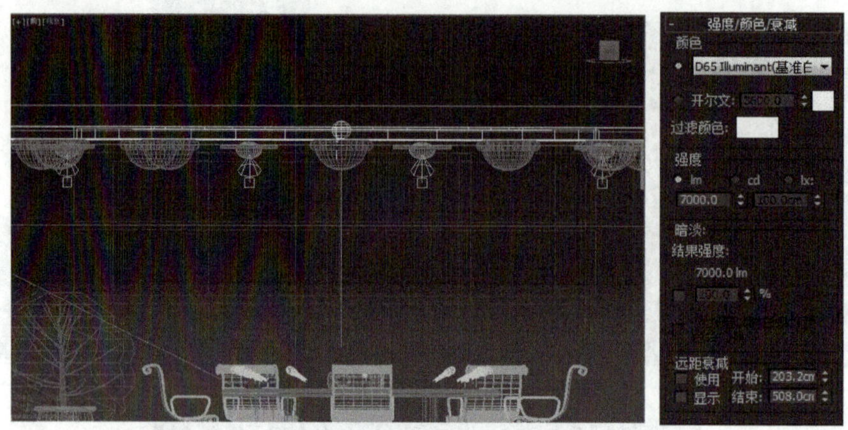

图3-74 吸顶灯灯光的设置

步骤9：在“图形/区域阴影”卷展栏的下拉列表中选择“圆形”，半径设置为500cm，如图3-75所示。

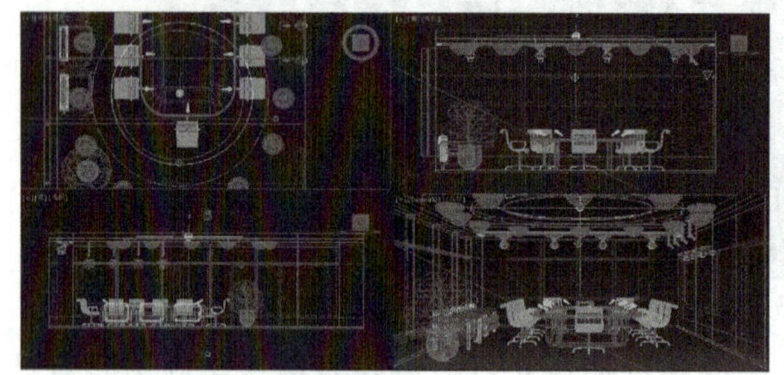
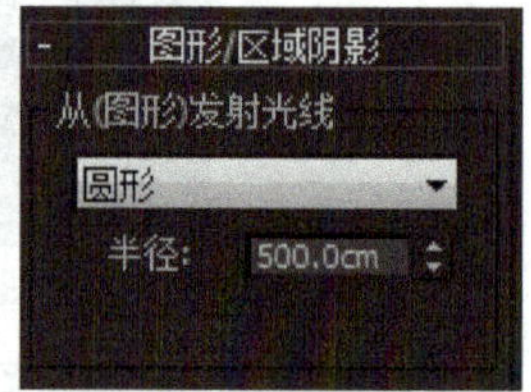

图3-75 吸顶灯灯光的设置

步骤10：在场景中设置一盏泛光灯，作为整个场景的补光，颜色为白色，倍增设为1.5。在场景窗户外设置一盏天光，作为模拟光，设置“倍增”为2.5，颜色为淡蓝色，如图3-76所示。

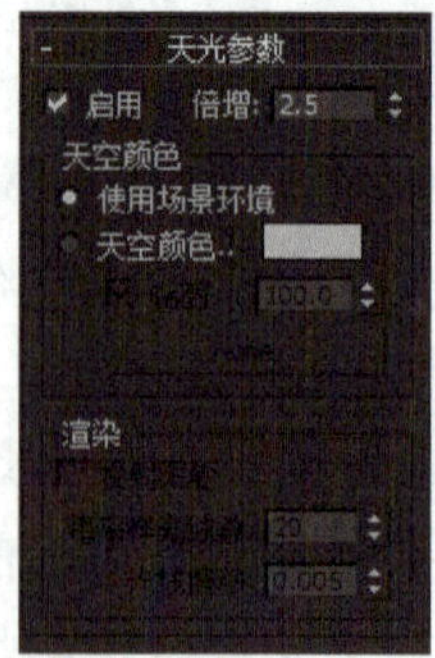

图3-76 增加场景的光线

最终效果如图3-77所示。

图3-77 设置灯光后的效果

必备知识

灯光是3ds Max中的一种特殊物体，它本身不能渲染显示，只能在视图操作时看到，但它却可以影响周围物体表面的光泽、色彩和亮度。通常灯光是和材质共同作用的，它们的结合可以产生丰富的色彩和明暗对比，从而使三维作品更具有真实感。

3ds Max有两种内置的灯光类型：标准灯光和光度学灯光。由于在3ds Max中整合了mental ray渲染器，因此又增加了一类mental ray的专用灯光。另外3ds Max的其他一些渲染插件，也带有自己的灯光类型。这些灯光分别具有各自的特点和优势，能够满足各种照明的需求。

任务拓展

学习了打灯的方法后，就可以尝试着在不同的场景内打灯光，也可以尝试在不同时段设置不同的灯光效果，这样可以更快地提高打灯的熟练度和技术。课后大家就多去尝试着用不同的灯光打出不同的灯光效果吧!

任务4 设置摄像机巡视

任务分析

摄像机巡视，就是在场景内设置一个摄像机，在所建造的场景内进行巡视查看，从而产生一个简短的巡视动画。

在创建面板中的摄像机区域中可以找到摄像机，摄像机分为自由和目标两种，在本任务选用自由种类。选择创建一个摄像机，在命令面板可以看到参数，可以进行不同的修改以及镜头效果的转换。

任务实施

步骤1：按<Ctrl+C>组合键在场景中快速创建一个摄像机，按<C>键可以快速进入摄像机的视角设置，具体参数如图3-78所示。

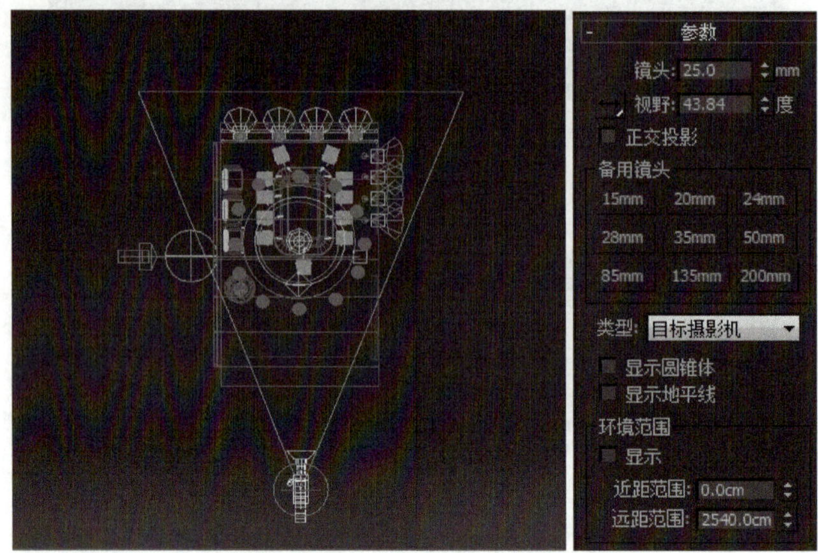

图3-78　创建一个摄像机并设置参数

步骤2：在“剪切平面”栏中，勾选“手动剪切”，参数设置如图3-79所示。

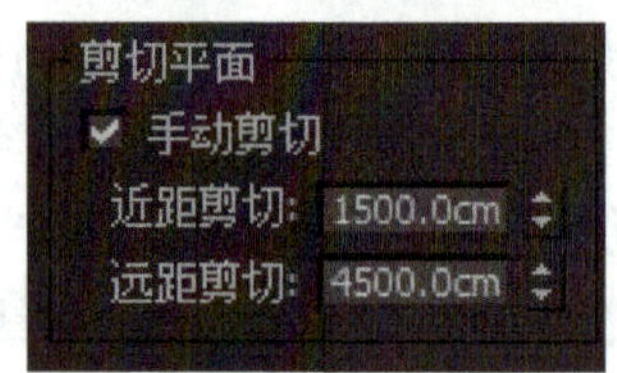

图3-79　手动剪切

步骤3：单击“时间配置”按钮，调整时间轴的长短及帧数，如图3-80所示。

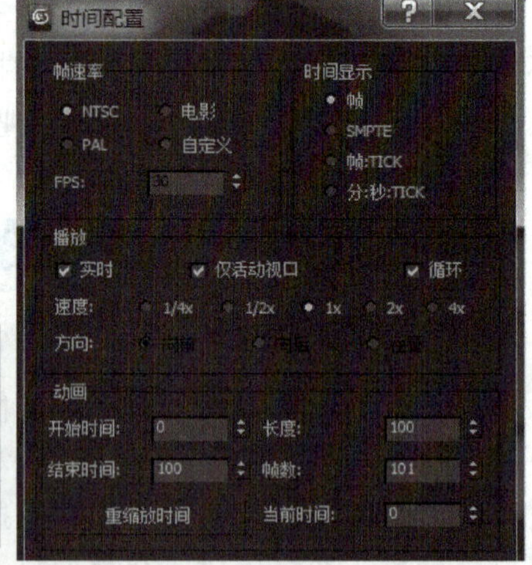

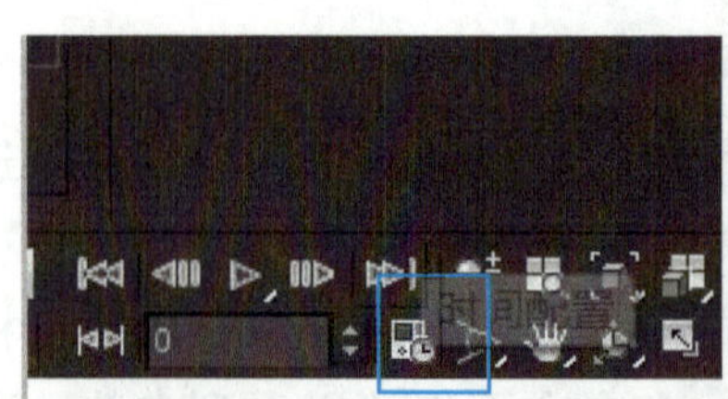

图3-80　调整时间轴

步骤4：在给摄像机作巡视时，需要给它打上关键帧来进行每一次不同的镜头运动。一般情况下单击“自动关键点”（快捷键为<N>）按钮，配合动画的设置，如图3-81所示。

步骤5：制作摄像机的动画路径。在场景中再创建一个样条线，以此作为摄像机运动的路径，如图3-82所示。

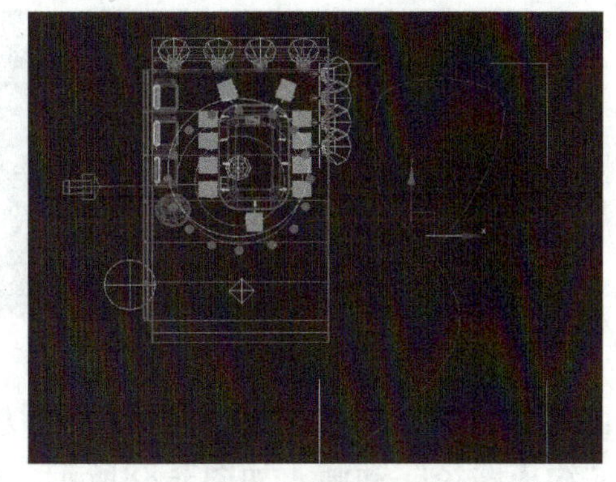

图3-81 打开“自动关键点”　　图3-82 摄像机路径

步骤6：进一步调整路径，在不同的视图中进行调整，如图3-83所示。

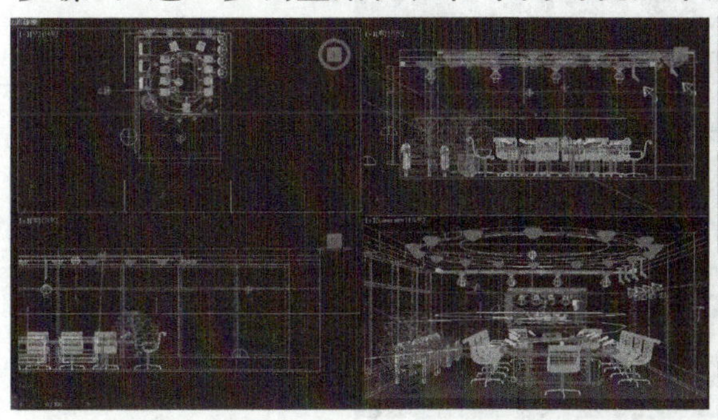

图3-83 调整摄像机路径

步骤7：选择摄像机，单击“运动”按钮进入运动面板，打开“指定控制器”卷展栏，选择“位置”，再单击左上角的按钮，打开“指定位置控制器”，如图3-84所示。

步骤8：选择“路径约束”，并单击“确定”按钮，如图3-85所示。

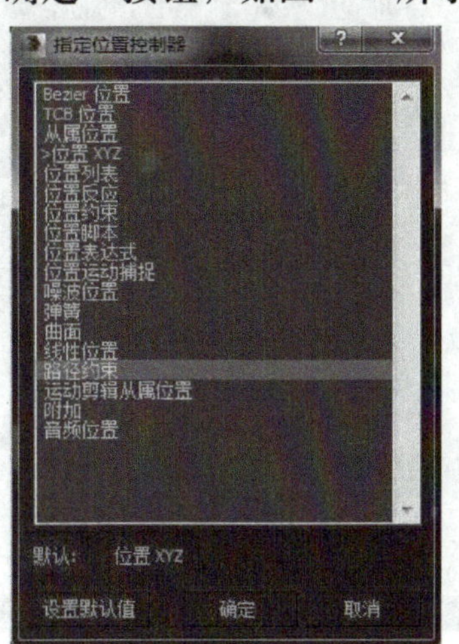

图3-84 打开指定控制器　　图3-85 路径约束

步骤9：在“路径参数”卷展栏中，单击“添加路径”按钮，然后选择视图上的样条线，这样就能把摄影机指定到路径上，如图3-86所示。

步骤10：播放动画，可以看到摄影机沿着路径运动，若要在不同的关键帧上来确定摄影机的位置，则可以通过调节“%沿路径”的值来设置关键帧，如图3-87所示。

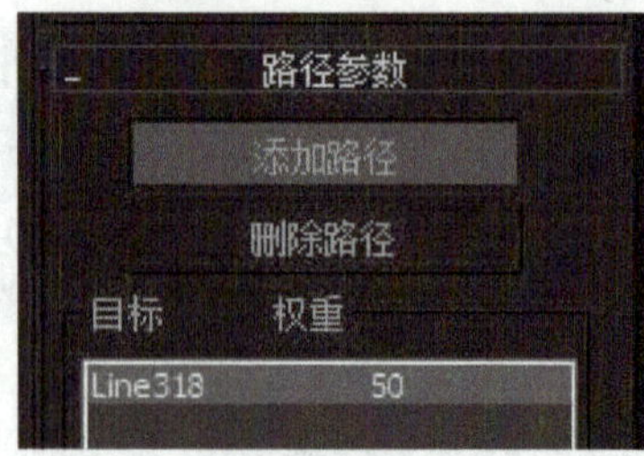

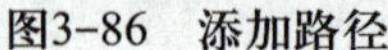
图3-86 添加路径

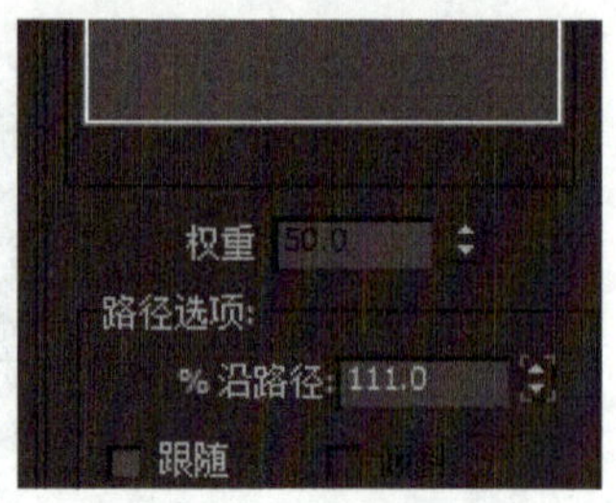

图3-87 设置关键帧

步骤11：制作目标点路径动画。用同样的方法画出摄影机的目标点路径的样条线，并设置“约束路径”动画，如图3-88所示。这样就可以让摄影机按运动路径和目标路径行走拍摄。

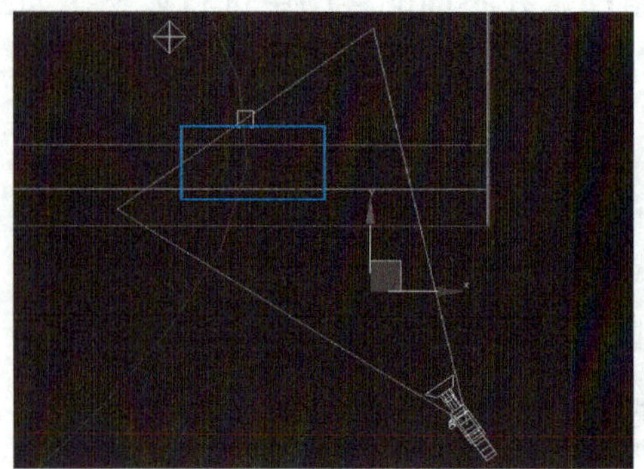

图3-88 设置目标点路径动画

步骤12：利用3个视图来调整摄影机的位置、方向等，把透视图改为摄影机视图，便于观察效果，如图3-89所示。动画的截图效果如图3-90所示。

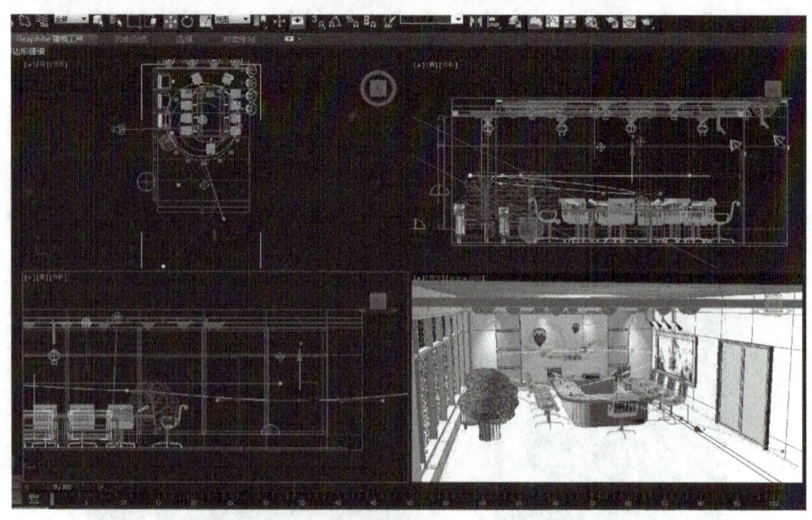

图3-89 将透视图改为摄影机视图

图3-90 动画的部分截图

步骤13：渲染输出，保存文件并命名为“会议室.avi”。

必备知识

控制器

控制器是3ds Max 中用来处理动画任务的插件，而用于变换动画的默认控制器包括如下几项。

① 位置：位置 XYZ；②旋转：Euler XYZ；③缩放：Bezier 缩放。如图3-91所示。

本任务中用到的约束控制器是处理场景中的动画任务。这些控制器将存储动画关键点值和程序动画设置，并且将在动画关键点值之间插值。动画约束控制器可以使动画过程自动化。通过与另一个对象的绑定关系，可以使用约束来控制对象的位置、旋转或缩放。约束需要一个设置动画的对象及至少一个目标对象。目标对受约束的对象施加了特定的动画限制。

图3-91 指定控制器

约束的常见用法包括：

1）在一段时间内将一个对象链接到另一个对象，如角色的手拾取一个棒球拍。

2）将对象的位置或旋转链接到一个或多个对象。

3）在两个或多个对象之间保持对象的位置。

4）沿着一个路径或在多条路径之间约束对象。

5）将对象约束到曲面。

6）使对象指向另一个对象。

7）保持对象与另一个对象的相对方向。

路径约束

使用路径约束可以限制对象的移动：使其沿样条线移动，或在多个样条线之间以平均间距行移动。

位置约束

通过“位置”约束可以根据目标对象的位置或若干对象的加权平均位置对某一对

象进行定位。

缩放约束

通过“缩放”约束可以根据目标对象的具体情况，限制对象的大小。

添加路径

添加一个新的样条线路径使之对约束对象产生影响。

删除路径

从目标列表中移除一个路径。一旦移除目标路径，它将不再对约束对象产生影响。

路径列表

显示路径及其权重。

权重

为每个目标指定并设置动画。

% 沿路径

设置对象沿路径的位置百分比。这将把“轨迹属性”对话框中的值微调器复制到“轨迹视图”中的“百分比轨迹”。如果想要设置关键点来将对象放置于沿路径特定百分比的位置，则要启用“自动关键点”，移动到想要设置关键点的帧，并调整“%沿路径”微调器来移动对象。

跟随

在对象跟随轮廓运动的同时将对象指定给轨迹。

倾斜

当对象通过样条线的曲线时允许对象倾斜（滚动）。

倾斜量

调整这个量使倾斜从一边或另一边开始，这依赖于这个量是正数或负数。

平滑度

控制对象在经过路径中的转弯时翻转角度改变的快慢程度。较小的值使对象对曲线的变化反应更灵敏，而较大的值则会消除突然的转折。此默认值对沿曲线的常规阻尼是很适合的。当值小于2时往往会使动作不平稳，但是当值约为3时可以模拟出对象在某种情况下不稳定的效果。

允许翻转

启用此选项可避免在对象沿着垂直方向的路径行进时有翻转的情况。

恒定速度

沿着路径提供一个恒定的速度。禁用此项后，对象沿路径的速度变化依赖于路径上顶点之间的距离。

循环

默认情况下，当约束对象到达路径末端时，它不会越过末端点。循环选项会改变这一行为，当约束对象到达路径末端时会循环回起始点。

相对

启用此项保持约束对象的原始位置。对象会沿着路径同时有一个偏移距离，这个距离基于它的原始世界空间位置。

任务拓展

设置摄影机永远注视投影屏，并沿会议室走一圈，通过练习熟练掌握路径的设置与摄影机的运动技巧。

项目评价

在本项目中，学习了在3ds Max中室内空间的制作方法、灯光的设置和摄影机的使用，通过本项目的学习，给自己做个评价，见表3-1。

表3-1　项目评价表

	很满意	满意	还可以	不满意
项目的完成情况				
与同组成员沟通及协作情况				
掌握的知识点				
产品设计评价				
体会和经验				

实战强化

参照图3-92制作一个图书馆。

图3-92　制作一个图书馆

项目9 设计花园

花园设计草图如图3-93所示。

图3-93 花园设计草图

项目描述

本项目将分成4个任务来完成一个花园的设计。第一个任务是：制作湖心亭，其中很多部件都不是一次成型，要通过二维线条转为三维立体图形。首先要完成基本的线条绘制，通过修改器的参数设置，再与其他部分组合形成湖心亭。第二个任务是：小船和长椅的制作。在园林景观里，小船和长椅都是不可或缺的一部分，前者增加了游园的趣味，后者能供游人在原地休憩。第三个任务是：周边环境的制作与布置。中国式的园林既有花草、树木，也有山石与水，相映成趣。第四个任务是：整合与摄影机巡视。将前面完成的三个任务进行整合，然后添加光线，最后设置摄影机巡视动画并渲染输出。通过摄影机的视觉带你游花园，欣赏所到之处的美景，与其他朋友分享花园设计。

一般来说，花园中必不可少的是花草树木，布局时要注意它们的远近、疏密和节奏关系。为了增强花园的观赏性和实用性，一些小构件和具有人文景观的园林设施也应尽量考虑在内，如湖心亭、荷花池、小拱桥、假山，甚至是长椅和垃圾桶等。花园环境要营造得舒适，必须注意构件的数量和布局，太多会显得拥挤，太少又会显得疏落无生气。

任务1 制作湖心亭

任务分析

设计花园时，首先要做好整体规划。花园核心的主体建筑对花园的效果起决定性的作用，因此更需要做好它的策划。因为现在设计的是有湖的花园，要想360° 观看湖周边的景色，主体建筑可以选择湖心亭。亭子的设计款式很多，这里选择了既美观又不太复杂的造型来实施。

任务实施

初次创建湖心亭的模型，请跟着老师的方法耐心地完成。如果画得不满意，则一定要重画，位置摆放要准确，不能随便了事。

初始建模时，为了准确观察模型的位置以及大小变化，通常不会只使用一个视口来建模，习惯只盯着单一视口来建模的初学者一定要改掉这个习惯，在建模过程中要经常注意其他几个视口的变化，以便适时调整模型的大小、形状与位置。

步骤1：单击屏幕左上角的按钮，在菜单中执行“重置”命令，重新设定系统，设置单位为“毫米”，显示单位比例为“公制”。

步骤2：激活顶视图（用鼠标在顶视图上点一下），创建一个圆锥体，“键盘输入”卷展栏中的参数设置如图3-94所示，然后单击“创建”按钮。

步骤3：在“参数”卷展栏中设置参数，如图3-95所示。设置好参数后的圆锥体如图3-96所示。

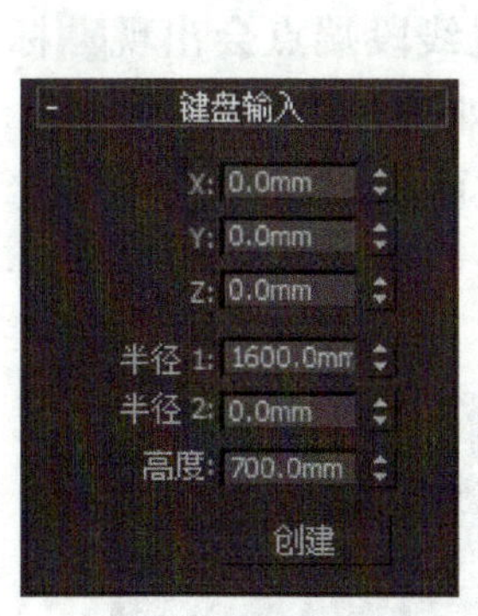

图3-94 圆锥体参数设置

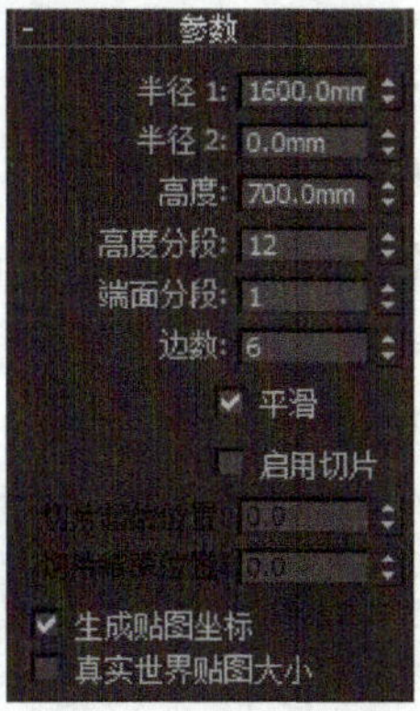

参数
半径 1: 1600.0mm
半径 2: 0.0mm
高度: 700.0mm
高度分段: 12
端面分段: 1
边数: 6
平滑
启用切片
生成贴图坐标
真实世界贴图大小

图3-95 调整参数

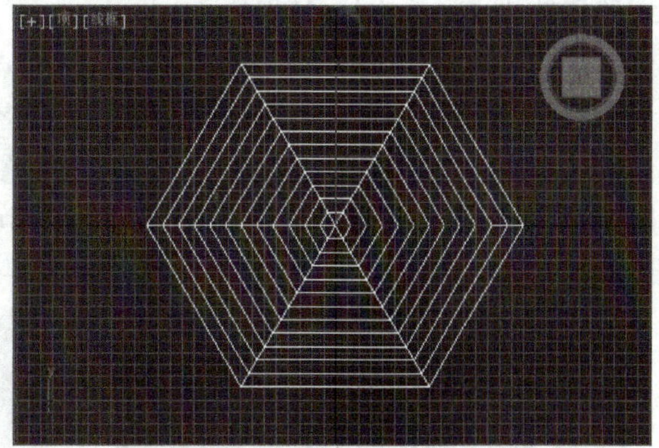

图3-96 效果图

步骤4：单击“修改”按钮进入修改面板，将当前的圆锥体重命名为“亭_顶”，用鼠标右键单击“亭_顶”的模型，在弹出的快捷菜单中选择“转换为/转换为可编辑多边形”命令，如图3-97所示。在修改面板中选择“多边形”子层级，选择“亭_顶”的底部，按<Delete>键删除，如图3-98所示。

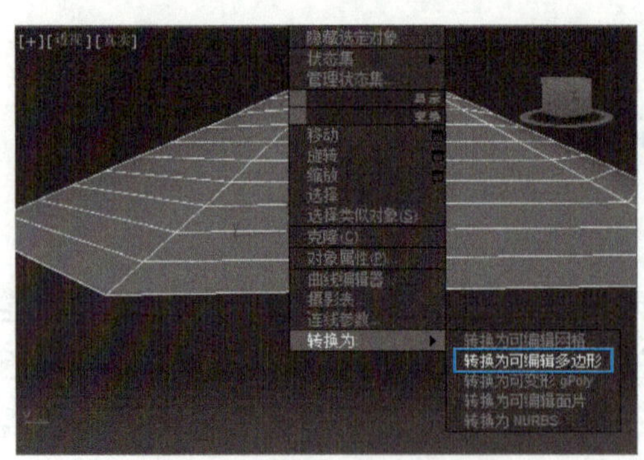

图3-97　转换为可编辑多边形

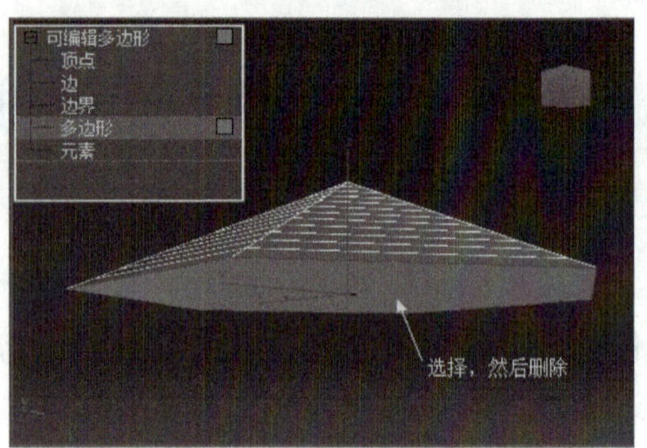

图3-98　删除底部

步骤5：退出“可编辑多边形”返回上一层级“壳”。在“参数”卷展栏中设置“内部量”为15mm，这时“亭_顶”有了厚度，如图3-99所示。

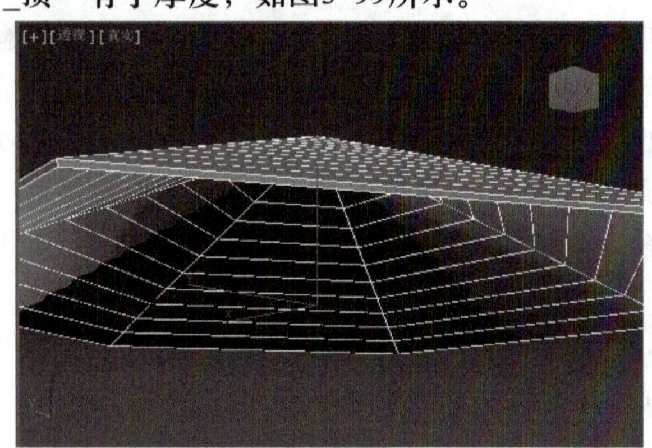

图3-99　增加顶部厚度

步骤6：单击工具栏上的（捕捉）工具，然后在图标上单击鼠标右键，在弹出的快捷菜单中选择“栅格和捕捉设置”对话框，选中“端点”项，以便绘制线段时捕捉到线段的端点，如图3-100所示。

步骤7：绘制线段，鼠标滑过线段的中点会出现标记，滑过线段端点会出现标记，在“亭_顶”的一条棱上画线段，重命名为“亭_顶_棱1”，如图3-101所示。

步骤8：选中“亭_顶_棱1”，单击“修改”按钮进入修改面板，在“渲染”卷展栏中勾选“在渲染中启用”和“在视口中启用”两项，然后选中单选项“矩形”并设置其长度为12mm，宽度为40mm，如图3-102所示。

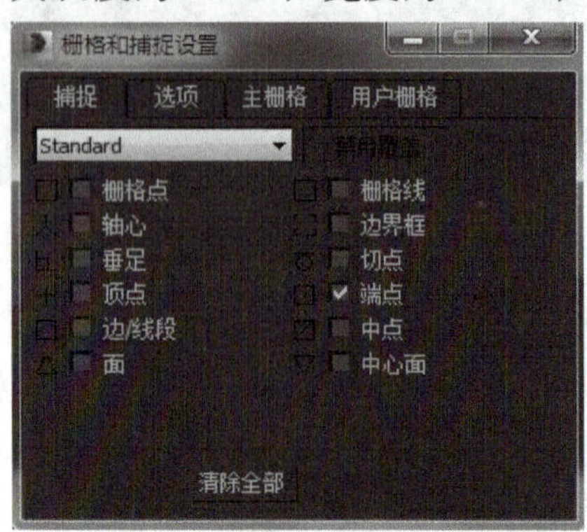

图3-100　栅格和捕捉设置

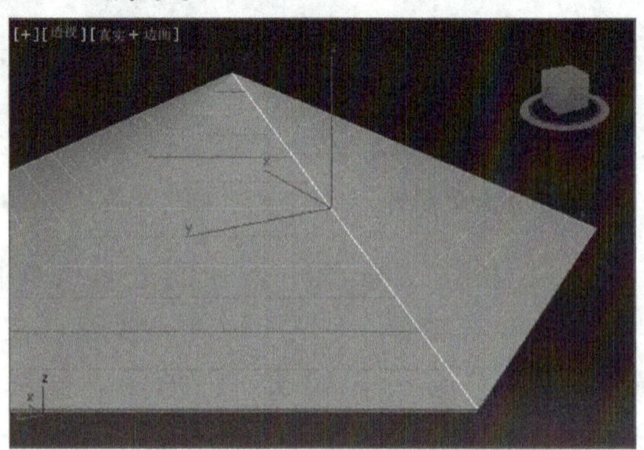

图3-101　绘制顶部线段

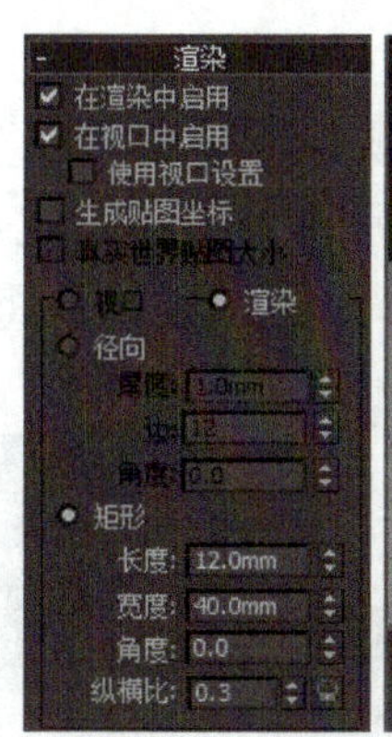

图3-102　渲染显示线的厚度

步骤9：激活顶视图，选取“亭_顶_棱1”，单击 (选择并旋转）按钮，把工具栏中的“参考坐标系”改为“拾取”，然后在视图中选择对象“亭_顶”，此时参考坐标系显示“亭_顶”，单击 (使用变换坐标中心）按钮，变换中心更改为坐标中心，单击工具栏 (角度捕捉切换）按钮，开启角度捕捉功能，按住<Shift>键，在顶视图沿着Z轴旋转到60° 停下，弹出“克隆选项”对话框，选择“实例”并修改副本数为5，亭子顶部生成5条棱，如图3-103所示。

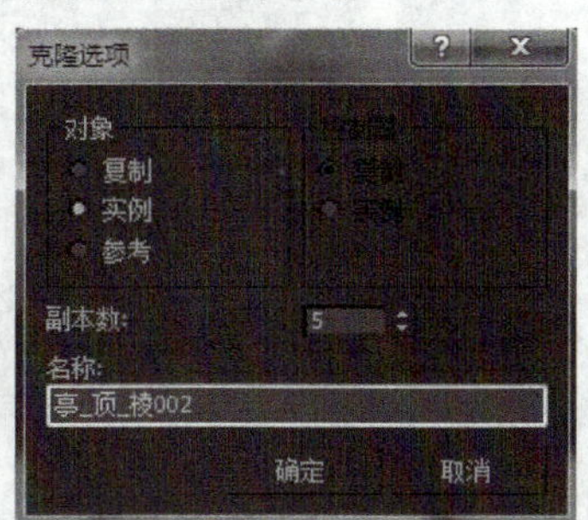

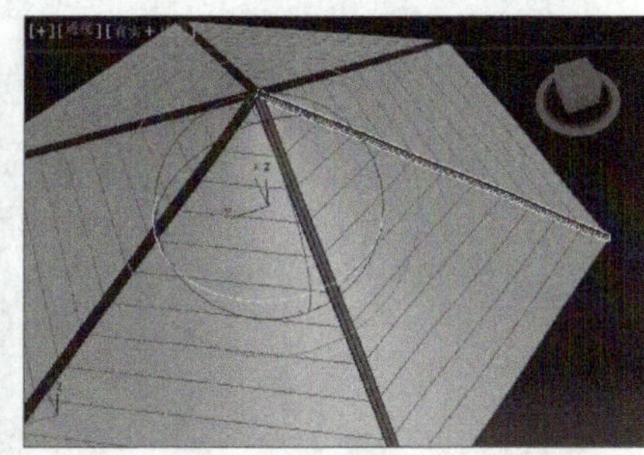

图3-103　复制线段

步骤10：将“亭_顶”上的六条棱组合起来并命名为“亭_顶_棱组”，然后使用 (移动并选择）工具在透视图沿Z轴向上移动，直到棱的底面紧贴“亭_顶”上的棱即可，如图3-104所示。

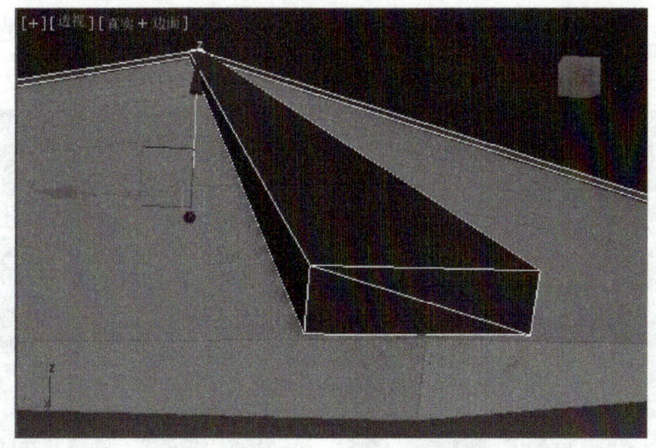

图3-104　调节位置

步骤11：利用制作“墙”功能在顶视图沿着“亭_顶”上绘制一段墙，重命名为

“亭_顶_梁”，如图3-105所示。

步骤12：进入“墙”修改器“分段”的子层级，在顶视图框选“亭_顶_梁”的全部边，在“编辑分段”卷展栏中修改参数，如图3-106所示。这时墙的宽度和高度都增大了，如图3-107所示。返回到“墙”层级，用 (选择并移动) 工具将其移到“亭_顶”下面，如图3-108所示。

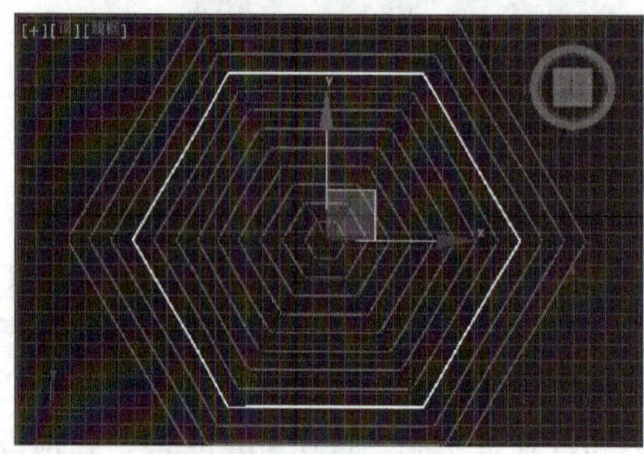
图3-105 绘制一段墙

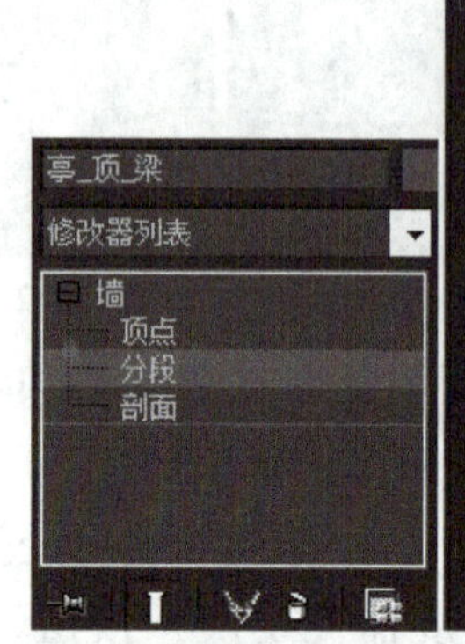

图3-106 修改参数

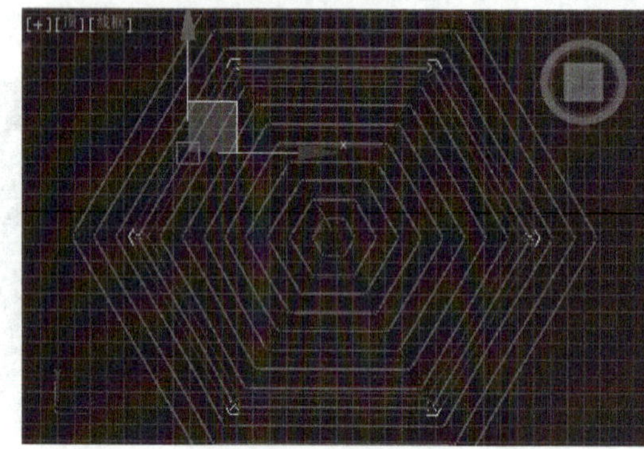
图3-107 增宽墙体

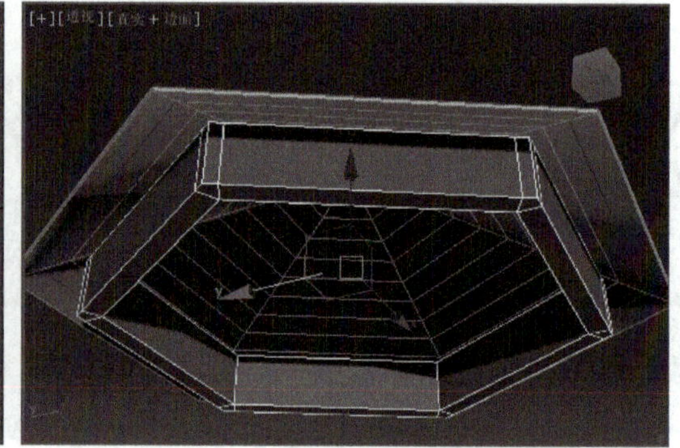
图3-108 调节位置

步骤13：激活顶视图，建立一个圆柱体，在“键盘输入”卷展栏中输入半径70mm，高度-2600mm，单击“创建”按钮，在顶视图的世界坐标中心生成一个圆柱体，将其重命名为“亭_柱”，用 (选择并移动) 工具将其移动到“亭_顶_梁”的下方，如图3-109所示。

步骤14：以“亭_顶”的中心为坐标中心，利用 (角度捕捉切换) 工具，复制出另外5根柱子，如图3-110所示。

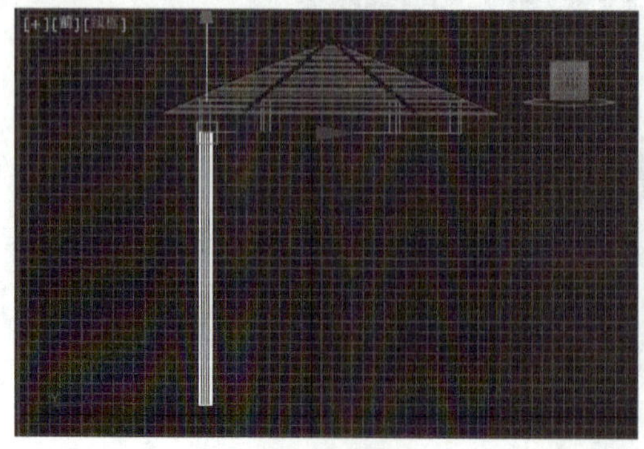
图3-109 亭柱

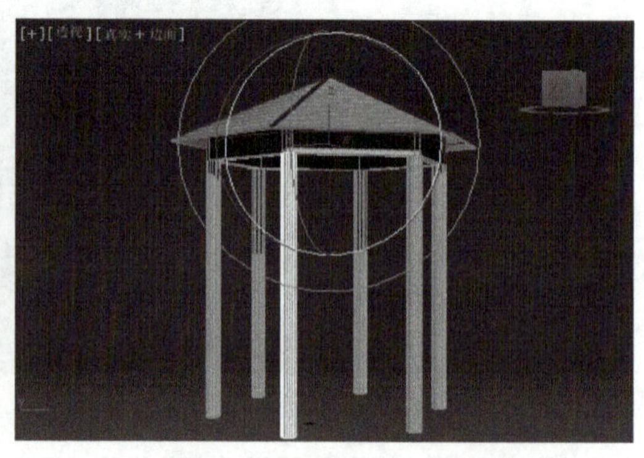
图3-110 复制另外5根柱子

步骤15：创建湖心亭的地板。在顶视图创建一个新的圆柱体，将其命名为“亭_地面”，进入修改面板调整参数，设置半径为1600mm，高度为120mm，高度分段为1，端面分段为6，边数为6。用 （选择并移动）工具将其移到“亭_柱”的正下方，如图3-111所示。

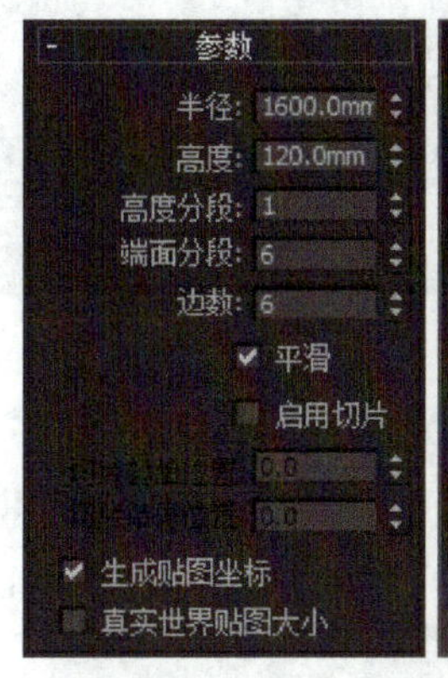

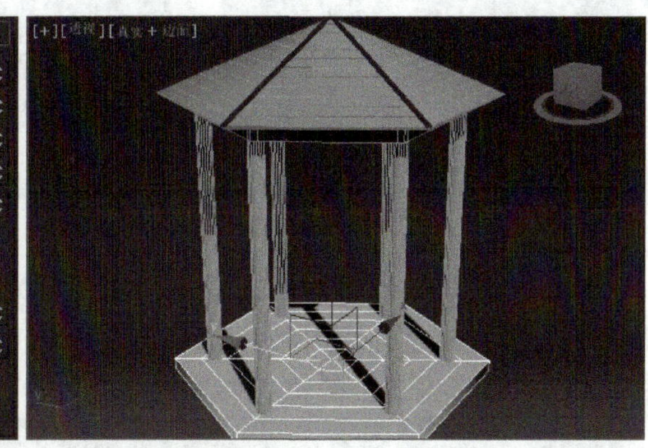

图3-111 制作地面

步骤16：创建亭里的石椅。创建一个长为1200mm，宽为300mm，角半径为100mm的圆角矩形。注意：不要勾选“渲染”卷展栏中的“在渲染中启用”和“在视口中启用”两项参数。再配合使用 （角度捕捉切换）工具将其旋转-30°，并移动到图3-112中的位置。

步骤17：以“亭_顶”的中心为坐标中心，利用 （角度捕捉切换）工具辅助旋转-60°并复制出另外4个圆角矩形，如图3-113所示。

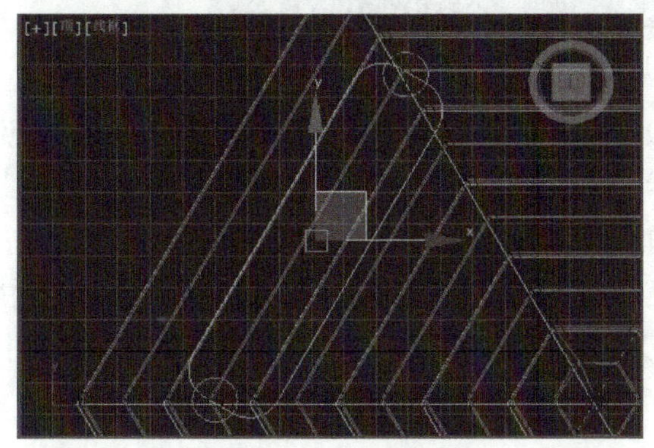

图3-112 石椅基本形状

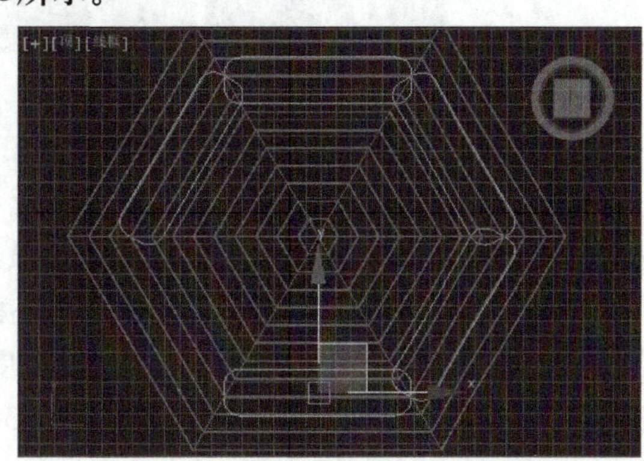

图3-113 复制另外4个圆角矩形

步骤18：将新创建的圆角矩形转换为“可编辑样条线”，单击“几何体”卷展栏下的“附加多个”，弹出“附加多个”对话窗口，将4个圆角矩形全部选中，然后单击该窗口右下方的“附加”按钮即可，此时选中一个圆角矩形，其他的圆角矩形都将呈高亮显示，即附加成功。

步骤19：将附加好的圆角矩形重命名为“椅-线”，隐藏“椅-线”以外的物体，进入“椅-线”可编辑样条线的样条线子层级。选中一个圆角矩形，在“几何体”卷展栏内，单击 （并集），再单击“布尔”按钮，在顶视图中依次选择邻近的圆角矩形。圆角矩形相交的地方被删掉，如图3-114所示。

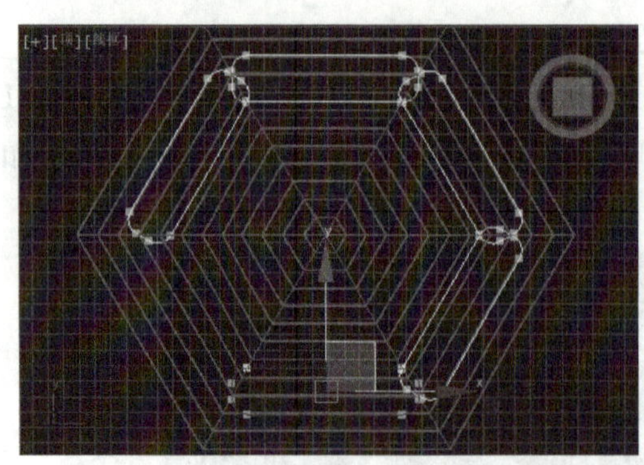
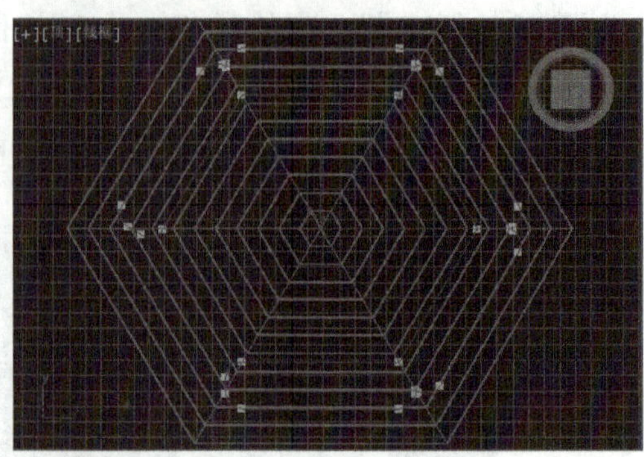

图3-114 石椅的合并

步骤20：在修改面板的下拉列表中选择“挤出”，为圆角矩形加一个“挤出”的修改器，将挤出“参数”里的数量修改为45mm，分段为1，然后在前视图用（移动并选择）工具将“椅-线”移到适当的位置并重命名为“亭_椅-座”，如图3-115所示。

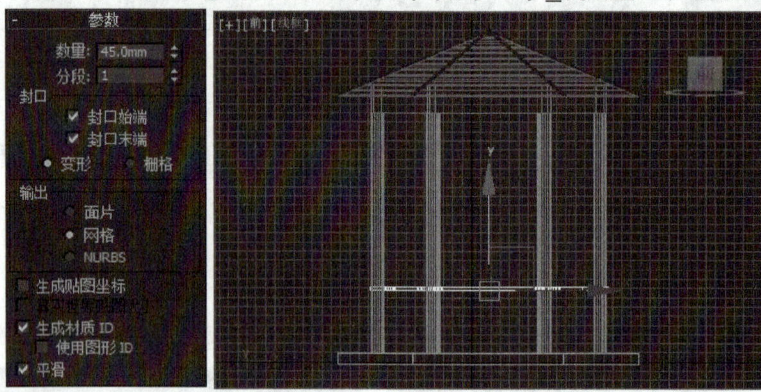

图3-115 调整位置

步骤21：制作靠背。激活顶视图，打开（捕捉开关），设置捕捉端点，依照“亭_顶”的一段绘制线段，如图3-116所示。使用（选择并均匀缩放）工具对线段进行放大，如图3-117所示（灰色的部分被冻结了）。

步骤22：在修改面板的“渲染”卷展栏中，勾选“在渲染中启用”和“在视口中启用”两项参数，选择“径向”，设置厚度为45mm，边为12。在前视图用（移动并选择）工具将线段移到适当的位置，如图3-118所示（灰色的部分被冻结了）。

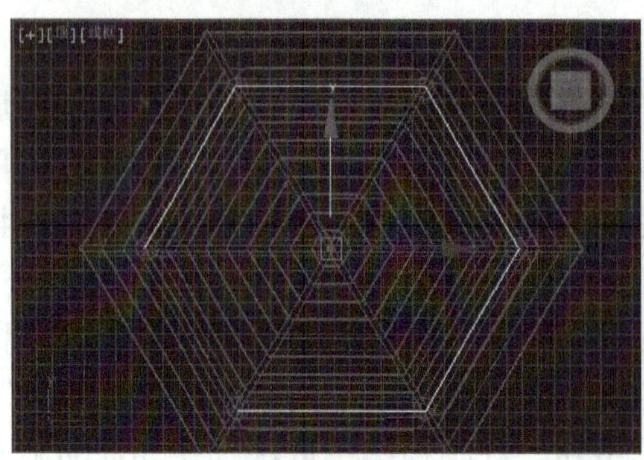

图3-116 顶部线条

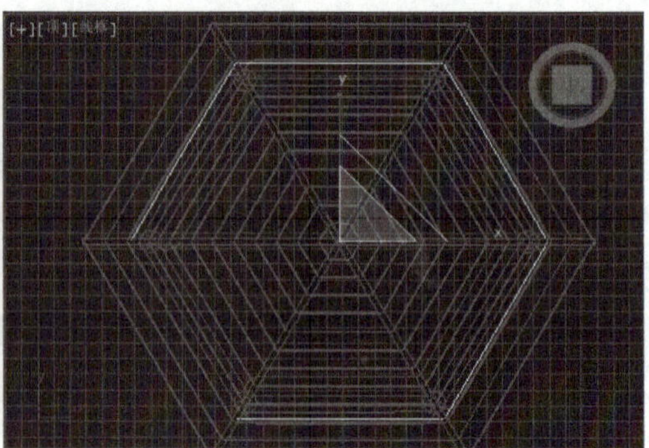

图3-117 放大线段

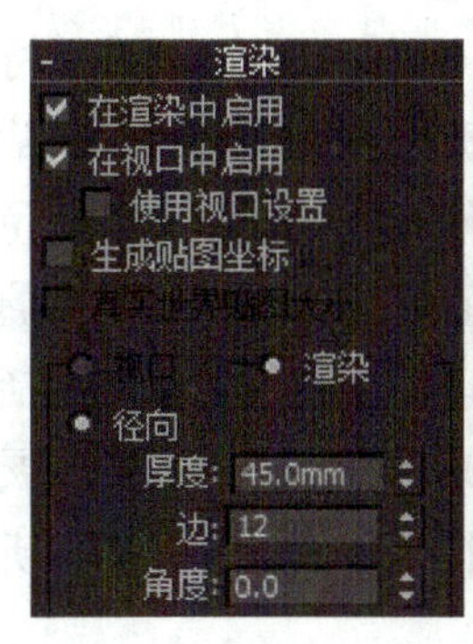

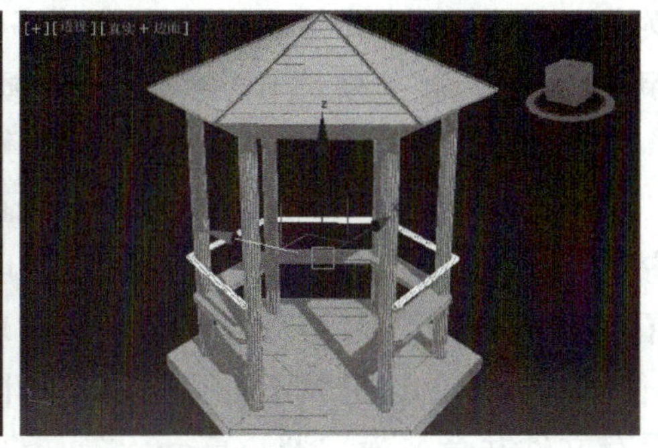

图3-118　调整大小

步骤23：制作靠背柱子。在左视图创建一条样条线，同样地，在修改面板“渲染”一栏，勾选“在渲染中启用”和“在视口中启用”两项参数，选中“径向”，设置厚度为20mm，边为12。利用（选择并旋转）工具旋转5°，如图3-119所示。

步骤24：激活顶视图，单击（选择并移动）工具，按住<Shift>键，然后沿X轴方向拖动进行复制。弹出“克隆选项”对话框，选择对象为实例，副本数为10。移动到合适的位置，如图3-120所示。

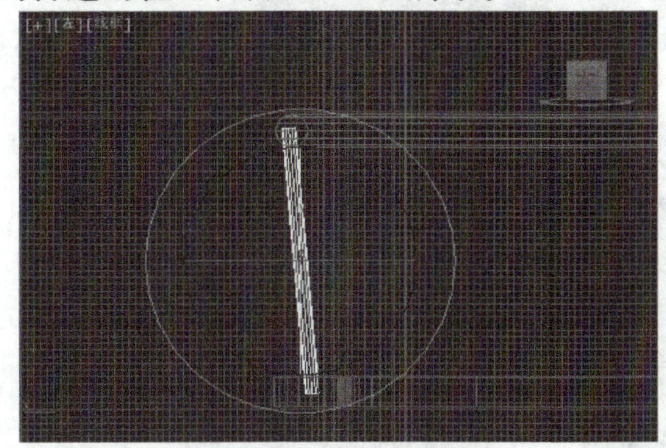

图3-119　柱子

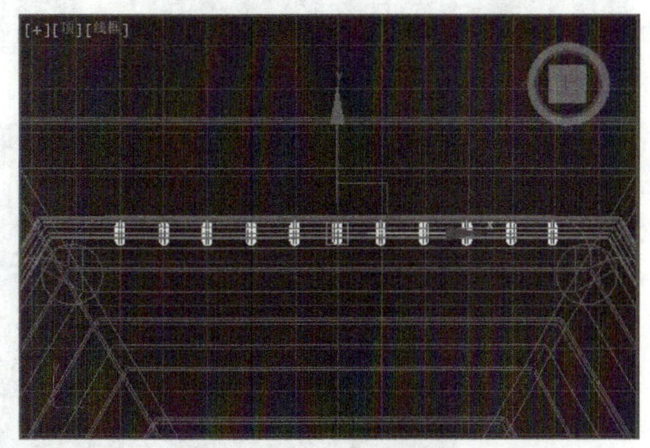

图3-120　复制柱子

步骤25：将复制出来的对象与源对象一起合成组，以“亭_顶”为中心旋转复制，生成其他椅子上的靠背。单击（选择并旋转）工具，设置参考坐标系为“拾取”，在顶视图中拾取“亭_顶”，使用（变换坐标中心）工具，按住<Shift>键就能以“亭_顶”为中心旋转复制。弹出“克隆选项”对话框设置对象为实例，副本数为5。然后将多余的一组删除，如图3-121所示。至此，亭子的建模就完成了。

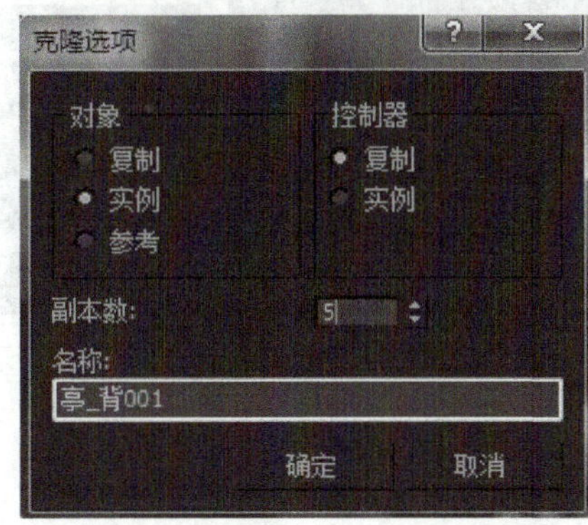

图3-121　复制多排柱子

步骤26：为湖心亭添加材质和贴图。选择“亭-顶”，单击 （材质编辑器）按钮，指定一个新材质球，命名为“木-深”。在材质编辑器下方的“贴图”卷展栏为“漫反射颜色”和“凹凸”指定各自的位图文件，然后单击已设置的位图按钮，进入其子层级修改“瓷砖”数值为1，最后在材质球下面的工具栏中单击 （将材质指定给选定对象）按钮，再单击 （视口中显示明暗处理材质）按钮，激活透视图进行渲染。此时可以看出木纹理的方向不符合要求，这时就要利用 “UVW展开”修改器展开UV，调整其位置和大小，这里就不再重复了，如图3-122～图3-128所示。

步骤27：保存文件并命名为“湖心亭.max”。

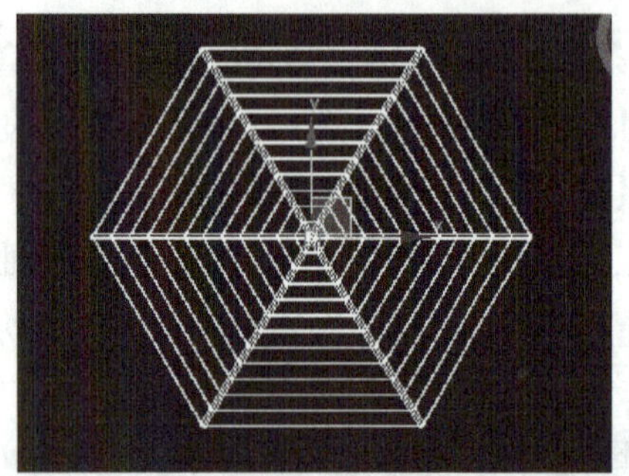

图3-122 “亭-顶”图形

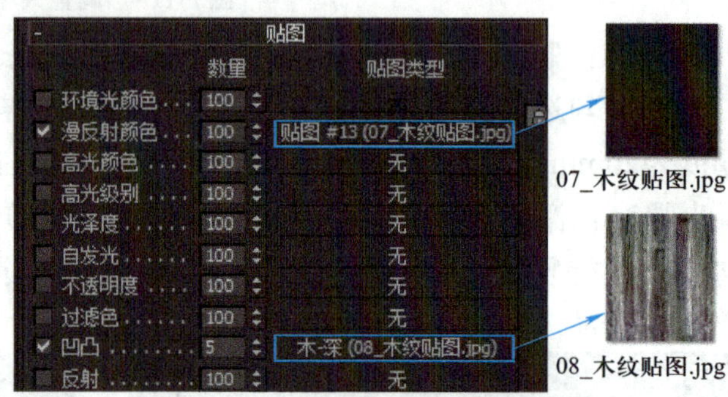

图3-123 贴图参数设置

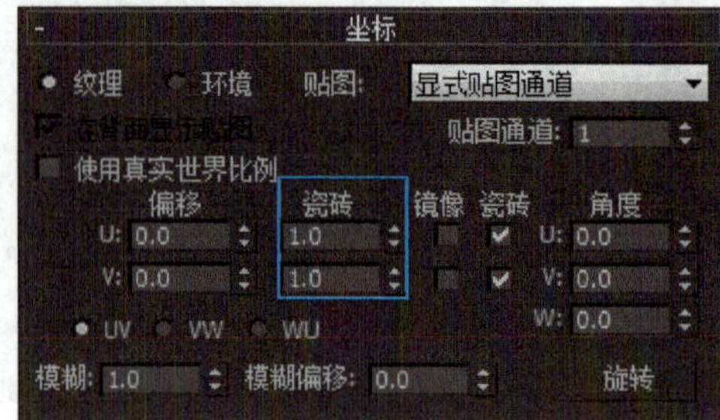

图3-124 坐标参数设置

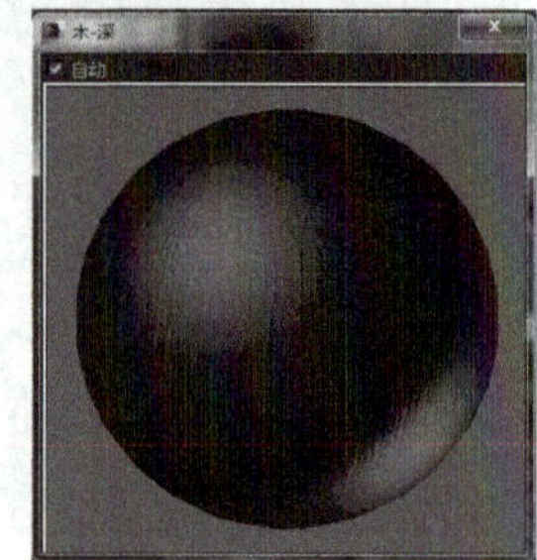

图3-125 材质球

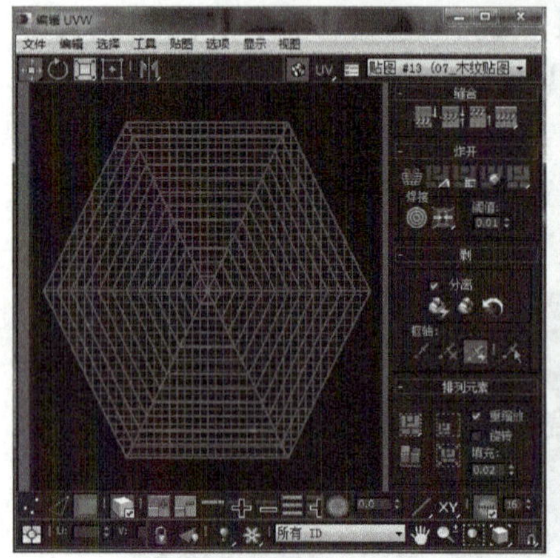

图3-126 参数设置

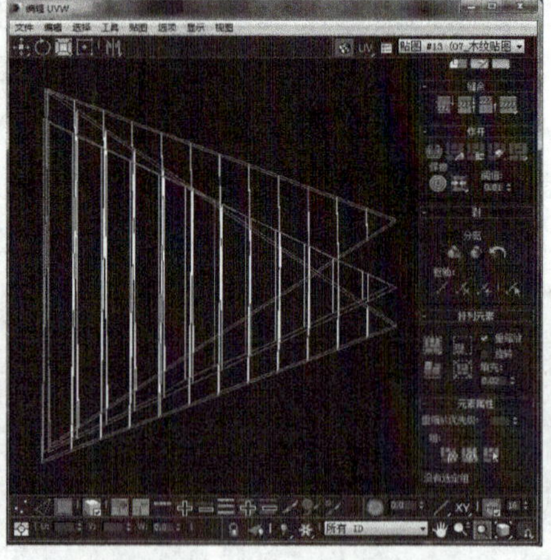

图3-127 渲染视图

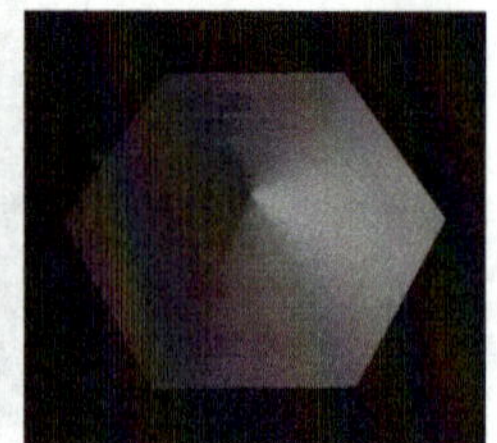

图3-128 透视图

必备知识

“壳”修改器的原理是可以在无厚度的曲面内外添加一定的面来表现曲面的厚度，

还可以指定边的特性、材质ID和边的贴图类型，如图3-129所示。

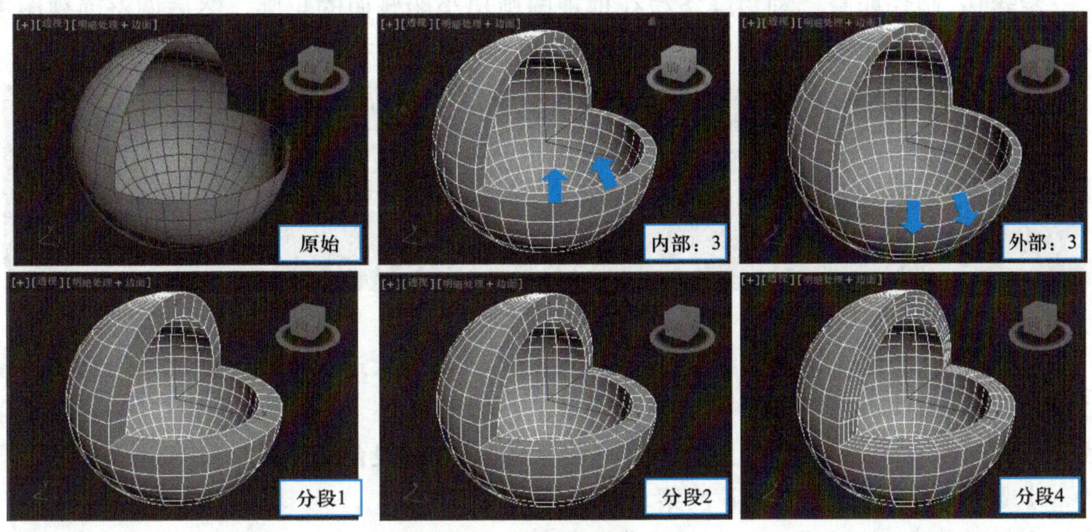

图3-129　曲面厚度的生成

任务拓展

湖心亭除了顶部之外，其他组件都运用了深色的木纹材质进行贴图，其中木地板还要用到“UVW展开”修改UV的位置以符合对纹理的要求。参考图3-130，完成湖心亭的材质与贴图添加。

图3-130　亭子

任务2　制作小船和长椅

任务分析

完成了湖心亭的制作，下面就要为场景添加小船和长椅。在3ds Max中除了多边形建模的方法之外，还可以根据对象选用其他建模方法，船身的流线型制作是很重要的一环，所以这次利用曲面工具来对小船进行建模。

曲面工具包括横截面修改器和曲面修改器。利用横截面修改器可以连接样条线的顶点形成蒙皮，再利用曲面修改器调整其形状和扩展其他的功能。

（1）小船的制作

步骤1：制作船身。利用样条线在顶视图画出小船侧面的轮廓，然后调整前视图中线段各点的位置，如图3-131所示（可以参考图中每个点在栅格上的位置进行绘画）。

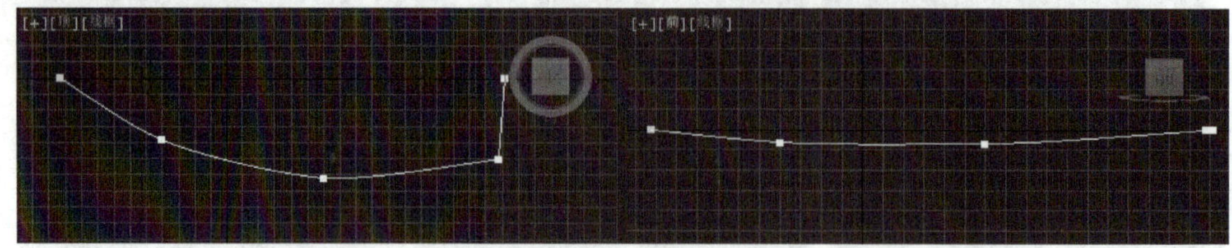

图3-131　小船线条

步骤2：将已绘画的样条线复制3条，按船的轮廓形状进行移动。然后单击其中一条线段，在修改面板的“几何体”卷展栏中单击“附加多个”，在弹出的窗口中将其余3条线段一起选中，单击“附加”按钮确认退出，此时4条线段合为一体，如图3-132所示。

步骤3：在修改面板的下拉菜单中选择“横截面”，为其添加一个“横截面”修改器，在修改面板的“参数”展卷栏中，点选“样条线选项”为“平滑”，如图3-133所示。

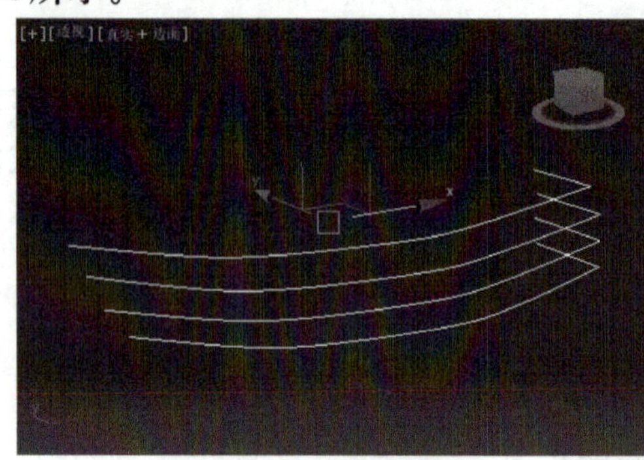

图3-132　组合线条

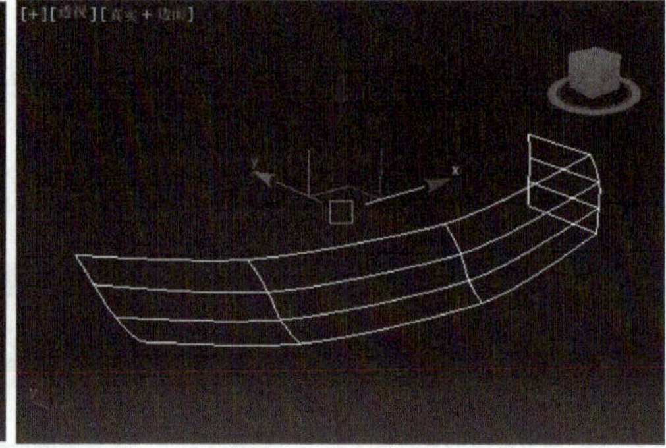

图3-133　平滑线段

步骤4：在修改面板的下拉菜单中选择“曲面”，为其添加一个“曲面”修改器，在修改面板的“参数”卷展栏中，点选“样条线选项”为“法线翻转”，如图3-134所示。

步骤5：单击打开修改器堆栈下的 I （显示最终结果开/关切换）按钮，返回样条线的顶点层级进行修改，通过点的移动尽量使船身表面呈现光滑和具有流线型，如图3-135所示。

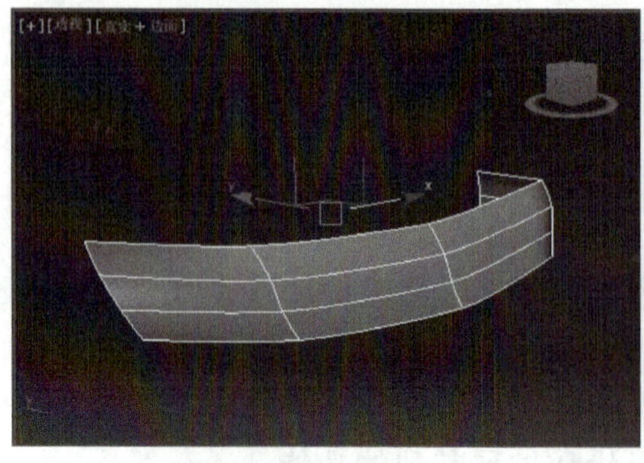

图3-134　生成曲面

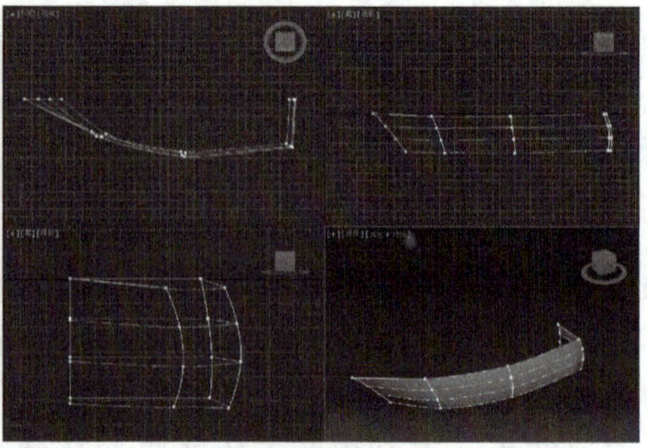

图3-135　修改船身

步骤6：将样条线的名称改为“船-身”，在其修改器堆栈最上层再添加一个“对称”修改器，调整相关参数，如图3-136所示。

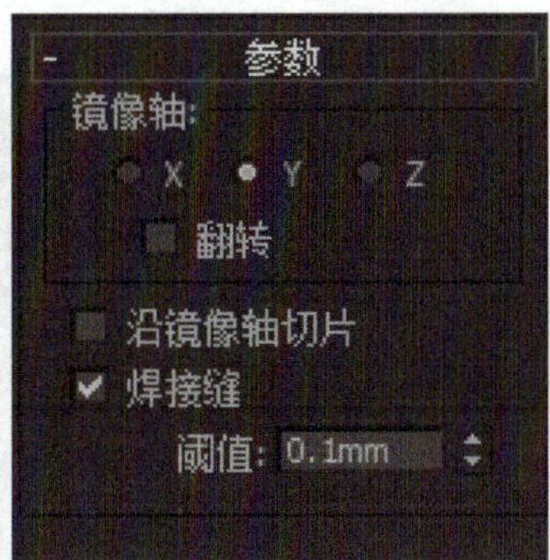

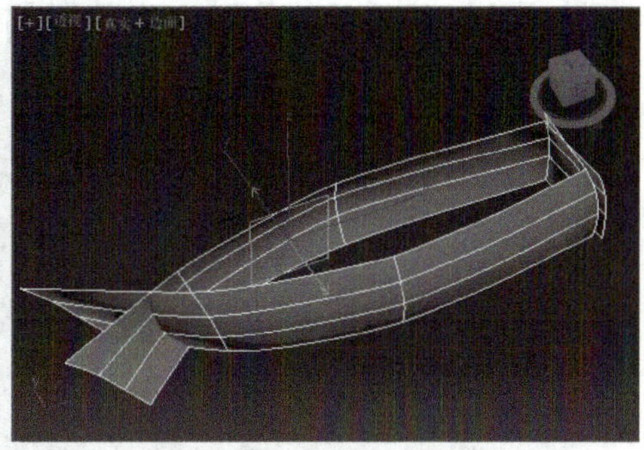

图3-136　复制“船-身”

步骤7：进入“对称”修改器的镜像层级，如图3-137所示，用（选择并移动）工具将镜像轴移动到图中的位置，使船身适配。还可以返回到样条线/顶点层级，通过移动顶点使船身中间的端点重合在一起，如图3-138所示。

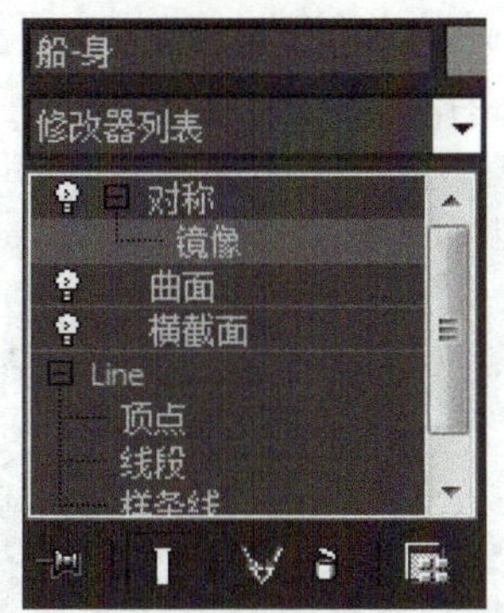

图3-137　选择镜像子层级

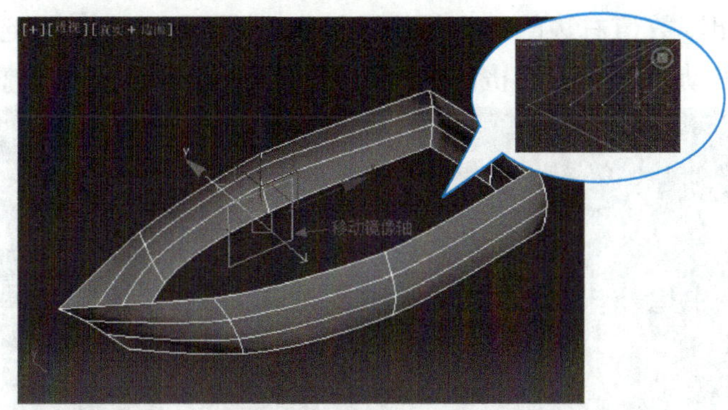

图3-138　移动合拢

步骤8：制作船边。返回“Line”的样条线层级，将样条线复制分离出来。首先选择底部的样条线，在修改面板的“几何体”卷展栏中，勾选“复制”复选框，单击“分离”按钮，在弹出的对话框中将复制出来的样条线命名为“船-身-线”，如图3-139所示。

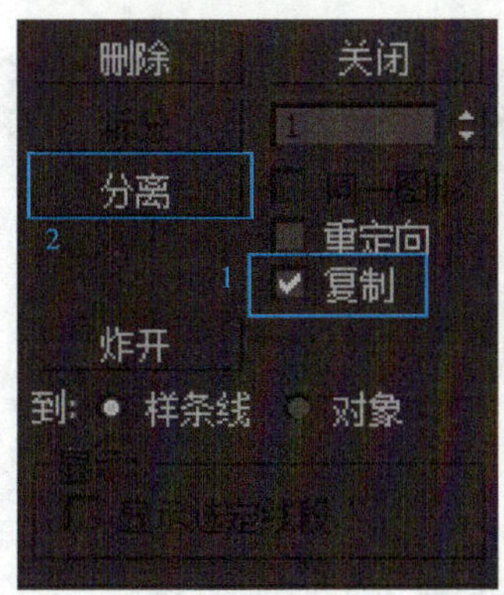

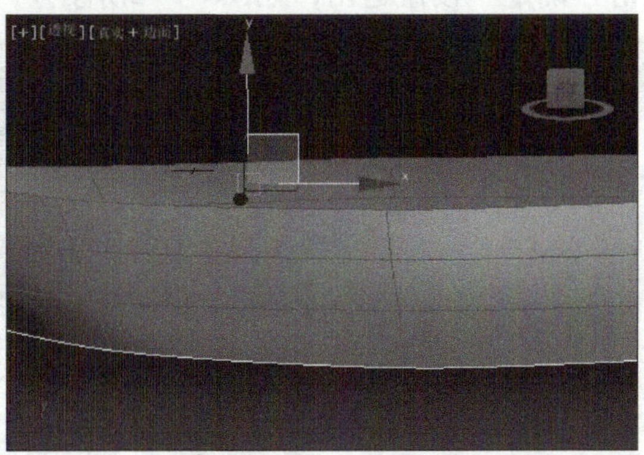

图3-139　分离出线条

步骤9：单击主工具栏上的（按名称选择）工具，在弹出的对话框中选择“船-

身-线”，在修改面板中选择可编辑样条线下的样条线层级。在“几何体”卷展栏中先勾选“复制”复选框，单击▣（垂直镜像）按钮，再单击“镜像”按钮。然后将线移动到如图3-140所示的位置，为其添加一个“网格编辑器”。

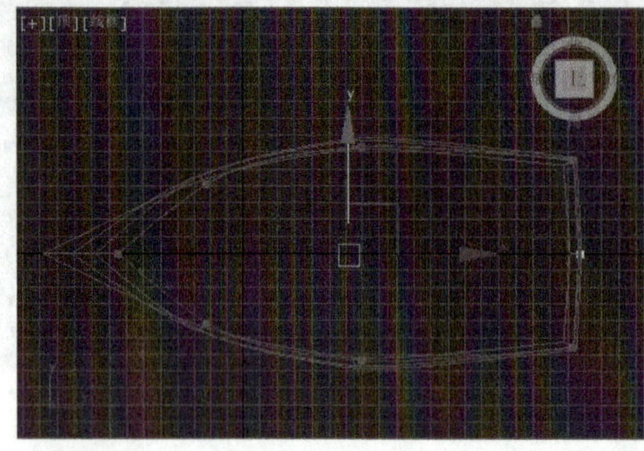
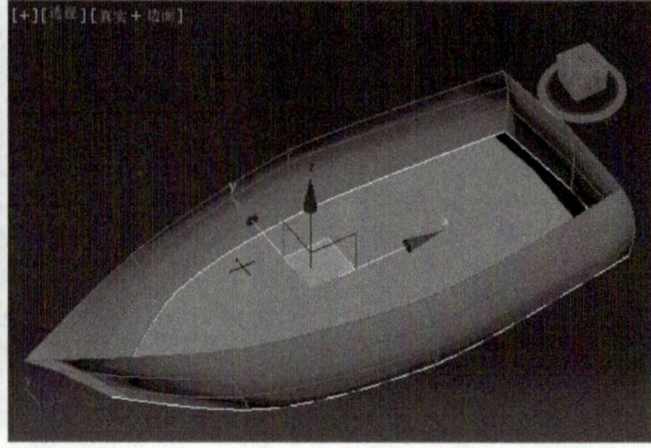

图3-140 复制线条

步骤10：进入编辑网格修改器，单击“编辑几何体”卷展栏中的“附加”按钮，拾取“船-身”，将二者附加在一起。选择最上的边，单击“编辑几何体”卷展栏中的“挤出”数值右边的“上箭头”按钮一次，然后用▣（选择并均匀缩放）工具和▣（选择并移动）工具调整挤出的距离与方向，同理挤出并调整若干次，如图3-141所示。

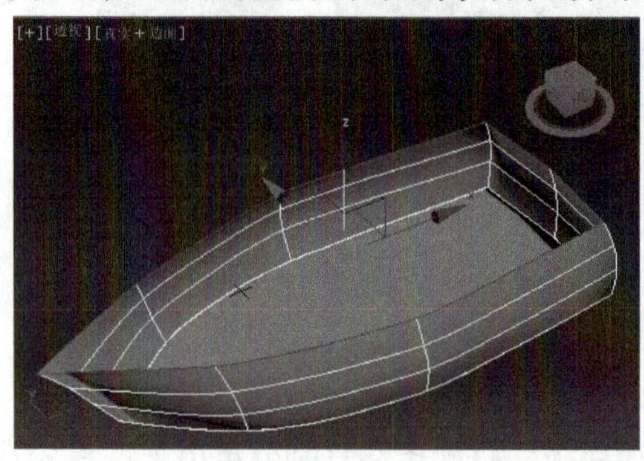
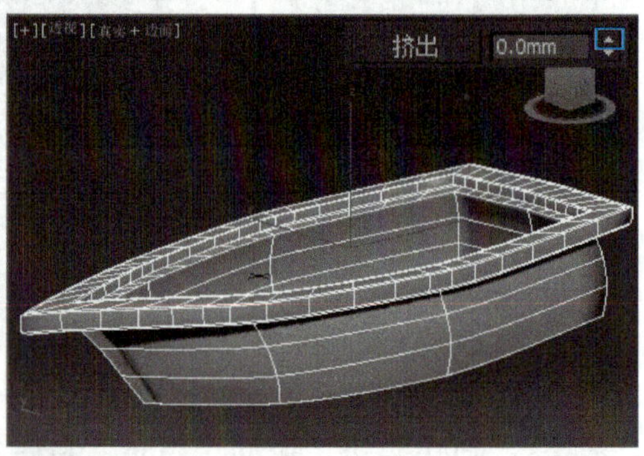

图3-141 挤出船边

步骤11：选择“对象属性”并单击鼠标右键，在出现的对话框中取消勾选“仅边”，单击“确定”按钮退出，如图3-142所示。

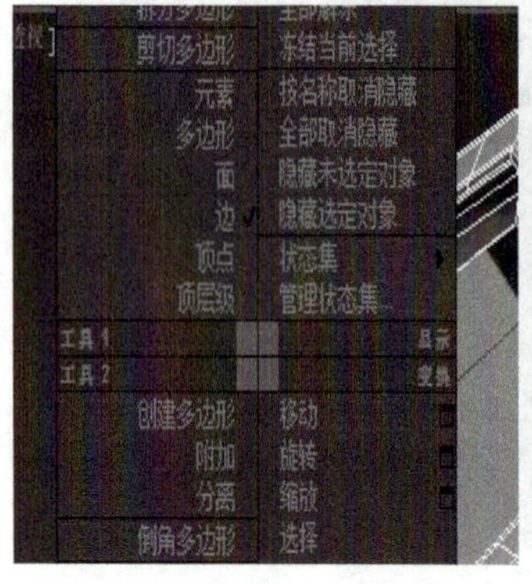

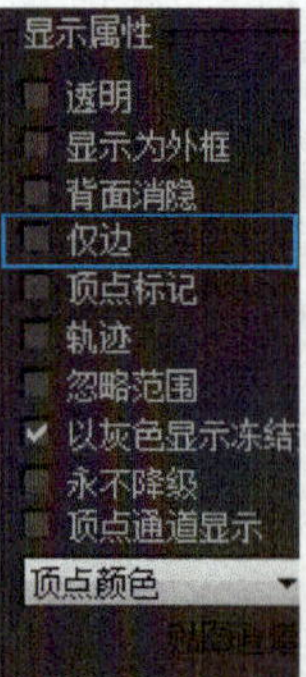

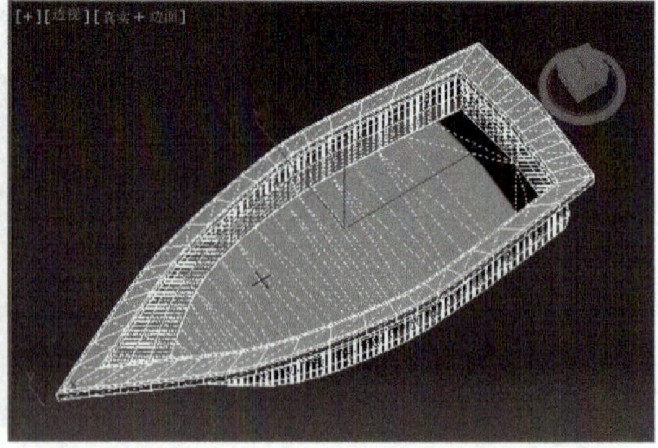

图3-142 选择边

步骤12：进入可编辑网格的面层级，选择相应的面，输入一定的挤出或倒角数值，然后按<Enter>键即可。可尝试先挤出250mm，再挤出15mm，最后倒角-8mm，如图3-143所示。

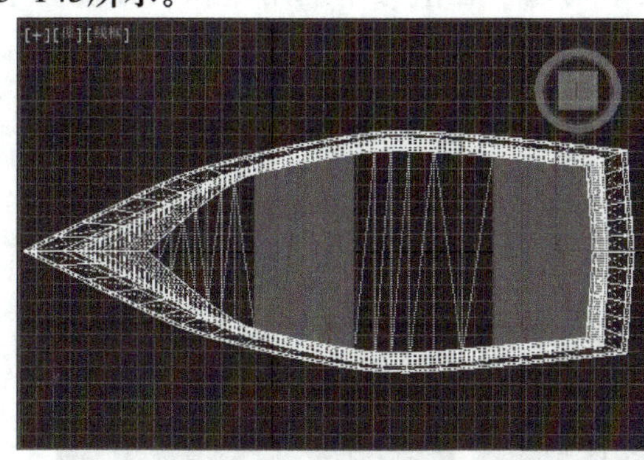
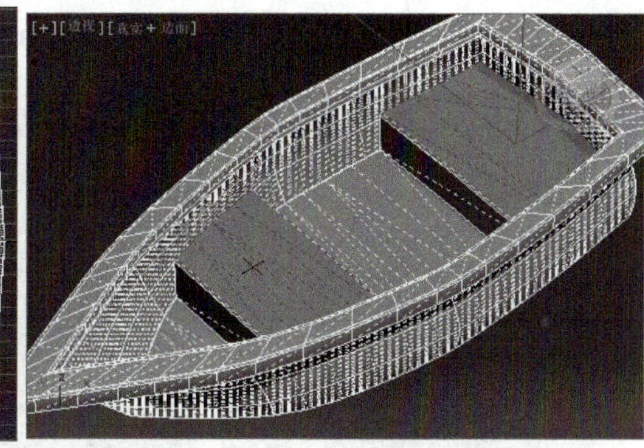

图3-143 选择面挤出船的座位

步骤13：再次选择“对象属性”并单击鼠标右键，在出现的对话框中选择“仅边”，单击“确定”按钮退出。至此，船的主体就构建好了，接下来进行船桨的建模。

步骤14：制作船桨。在顶视图新建一个长500mm、宽800mm、高100mm，分段数分别为3、3、1的长方体。将其重命名为“船桨”，并转换为可编辑多边形，如图3-144所示。

步骤15：进入可编辑多边形的点层级，将多边形调整至如图3-145所示的形状。

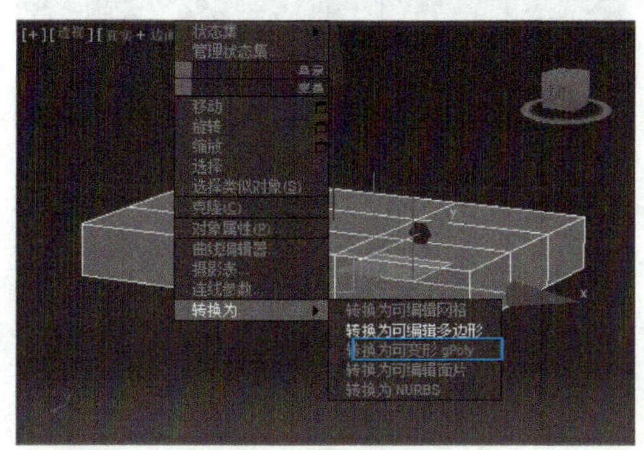

图3-144 多边形

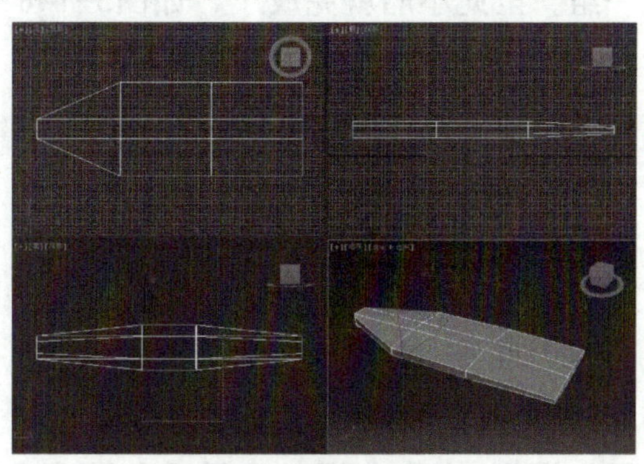

图3-145 修改基本形状

步骤16：用圆柱体创建船桨杆。创建2个圆柱体，一个半径为30mm、高度为2200mm、边数为12，命名为“船桨-杆”；另一个半径为30mm、高度为150mm、边数为12，命名为“船桨-顶”。用 (选择并移动)工具将其放置到合适的位置及合并成组，命名为“船桨-组”，如图3-146所示。

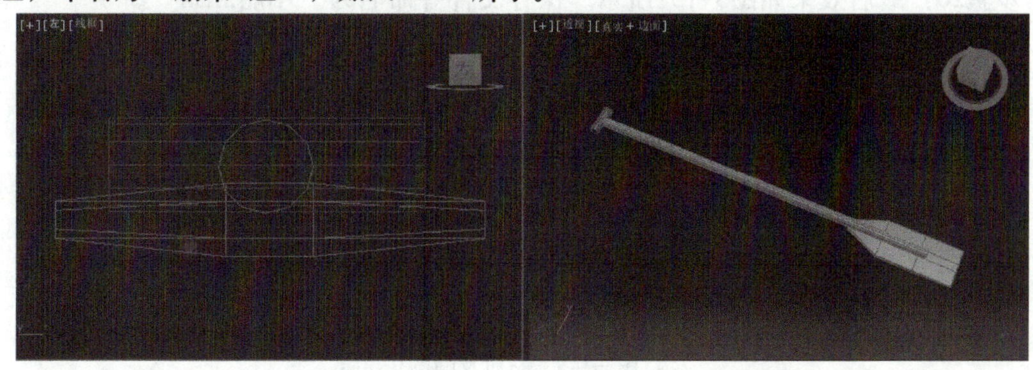

图3-146 船桨-杆

步骤17：制作固定圈。运用“样条线”和“圆”工具绘制二维图形，将其命名为“船-圈”。在修改面板的“渲染”卷展栏中勾选“在渲染中启用”和“在视口中启用”两项，修改“径向”参数：厚度为10mm，边为12。如图3-147所示。

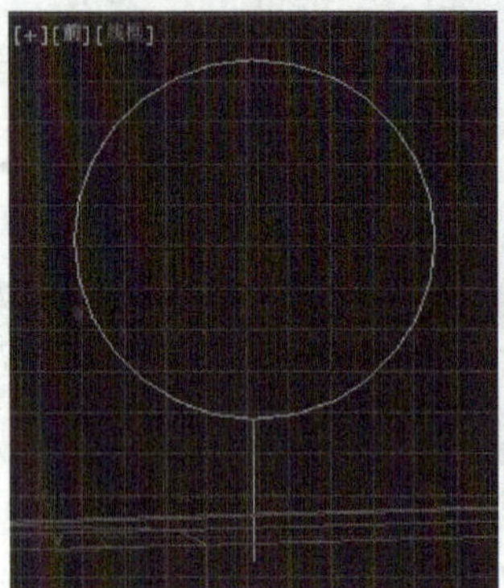

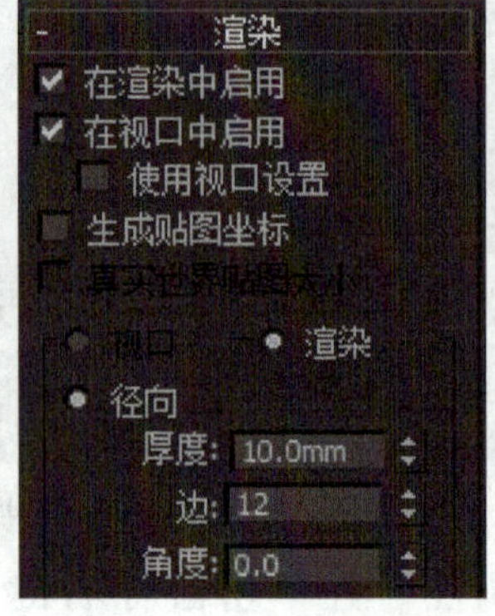

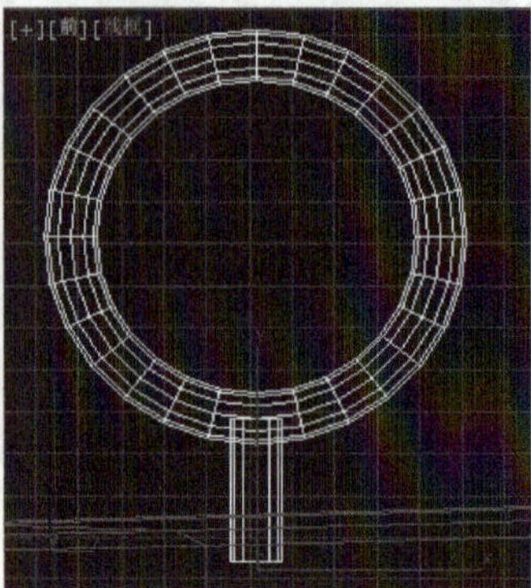

图3-147　固定圈的制作

步骤18：调整好“船-身”“船-圈”和“船桨”各自的位置和方向后，将其合成一组。至此小船就完成了，如图3-148所示。

图3-148　合成一组

步骤19：小船的材质贴图。选中船身，单击 (材质编辑器）按钮打开材质编辑器，指定一个新材质球，命名为“木-浅”。在卷展栏中为“漫反射颜色”和“凹凸”指定各自的位图文件，如图3-149所示。单击已设置的位图进入其子层级修改“瓷砖”数值，最后在材质球下面的工具栏中单击 (将材质指定给选定对象）按钮，再单击 (视口中显示明暗处理材质）按钮，激活透视图进行渲染，发现木纹理的方向不是很符合要求。这时就要利用“UVW展开”修改器，展开UV，调整其位置和大小，如图3-150所示。

步骤20：最后效果如图3-151所示。保存文件并命名为“小船.max”。

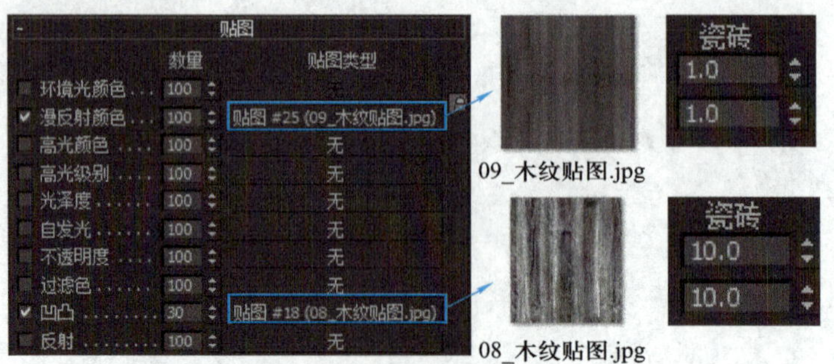

图3-149　材质及贴图

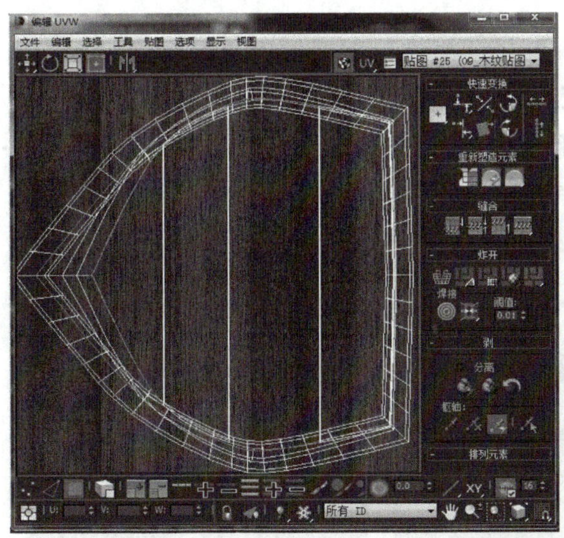
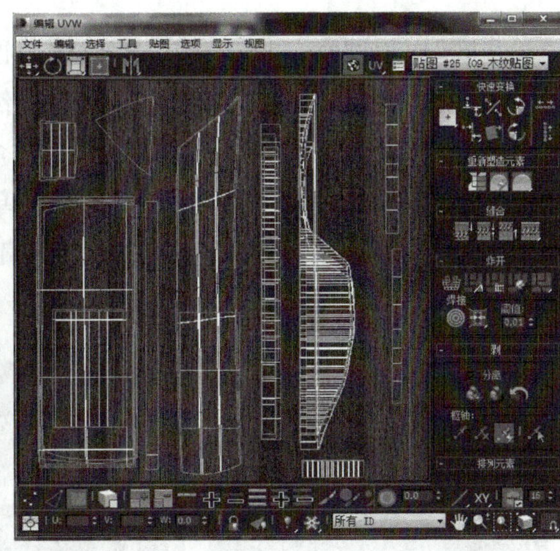
图3-150 UVW展开

图3-151 效果图

(2) 长椅的制作

步骤1：创建长椅的模型。激活左视图，绘制如图3-152所示的二维图形，命名为“长椅-架”。进入其修改面板的顶点层级，在“渲染”卷展栏中勾选“在渲染中启用”和“在视口中启用”两项，修改“矩形”参数：长度为4mm、宽度为2mm，如图3-153所示。

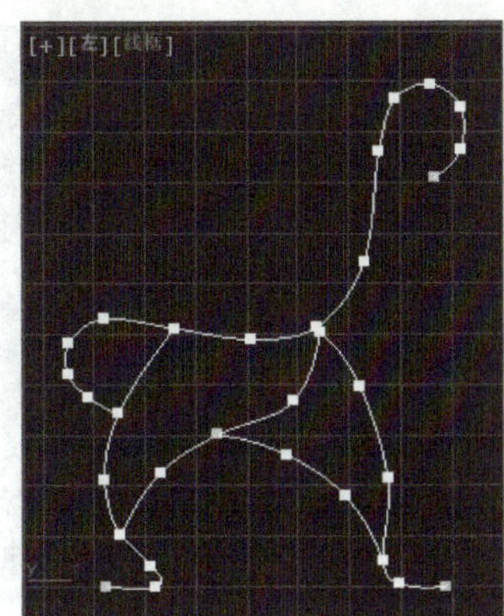
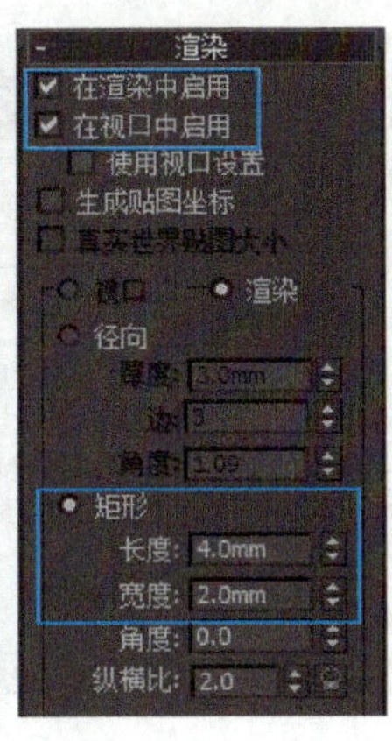

图3-152 椅的形状线

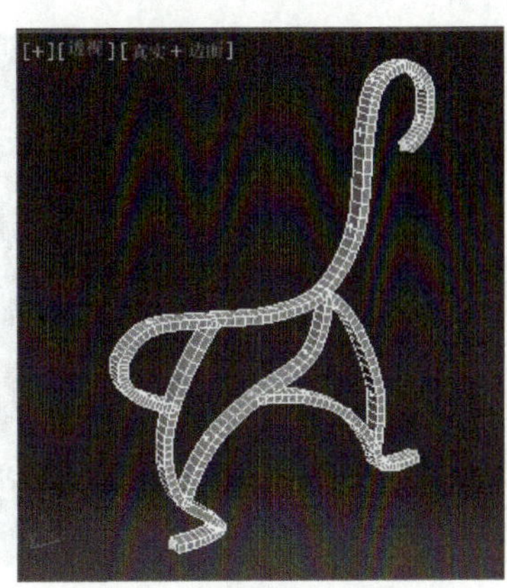
图3-153 线条的显示

步骤2：返回到“长椅-架”的修改面板，在“渲染”卷展栏中暂时取消勾选“在渲染中启用”和“在视口中启用”两项，然后进入样条线层级，选择图中红色部分的样条线。在“几何体”卷展栏的“分离”命令中，首先勾选“复制”复选框，然后单击 分离 按钮，弹出“分离”对话框后单击“确定”按钮退出，这样样条线“图形001”就复制出来了。进入其修改面板可编辑样条线的“点”层级后，沿“长椅-架”剖面调整其形状，如图3-154所示。

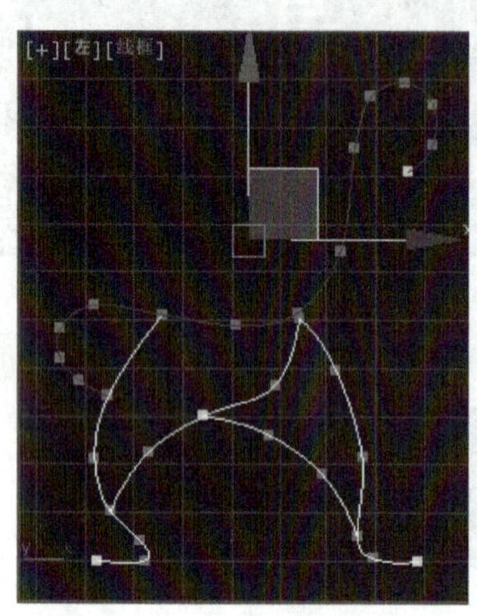
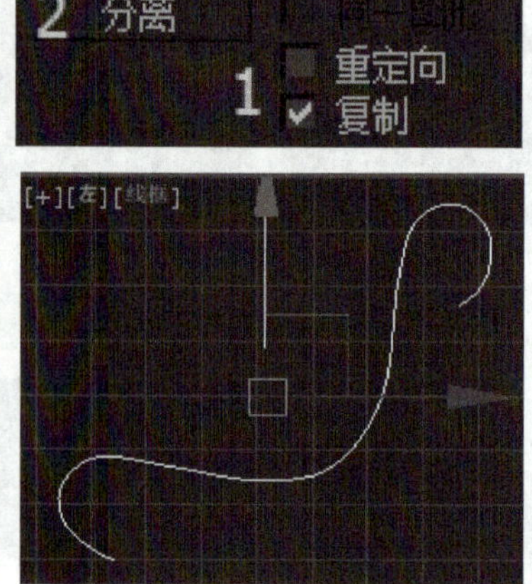

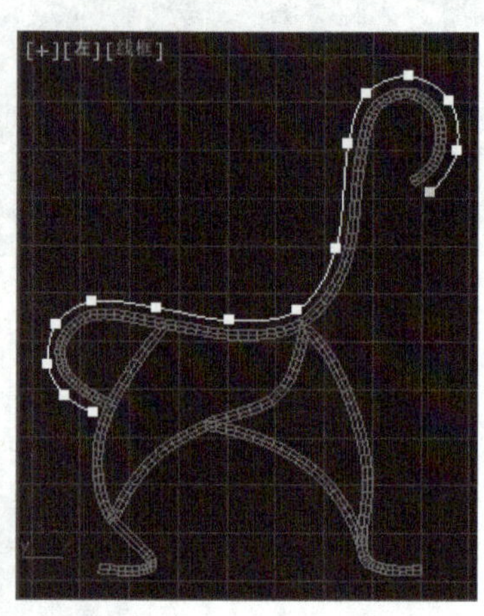

图3-154　分离出线条

步骤3：在左视图创建长3mm、宽6mm、高1600mm的长方体，将其命名为“椅-板”，运用“间隔”工具将“椅-板”沿着样条线“图形001”的形状进行排列复制，并用（选择并移动）和（选择并旋转）工具调整其横截面的方向和位置，如图3-155所示。

步骤4：复制一个“长椅-架”，并调整好“椅-板”与“长椅-架”的位置，将其全部合并成组，命名为“长椅”，至此模型就完成了，如图3-156所示。

步骤5：保存文件并命名为“长椅.max”。

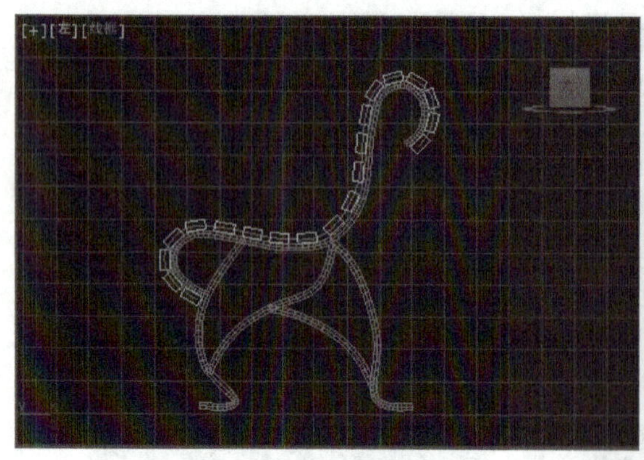

图3-155　椅-板制作

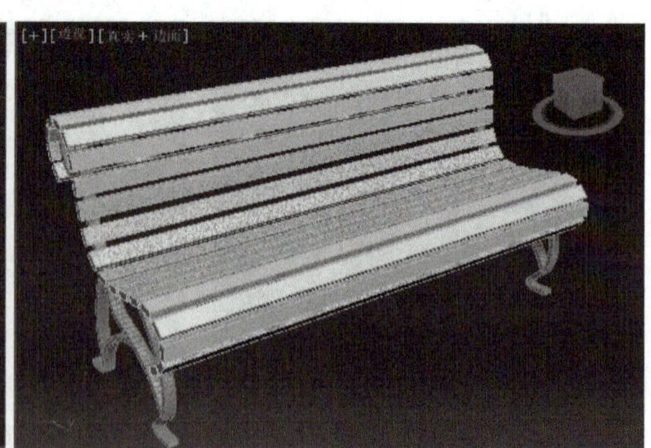

图3-156　效果图

必备知识

“横截面”修改器可以应用在不同形状、不同顶点数量和闭合/开放的二维图形中，与“曲面”修改器配合使用可以创建表面面片，如图3-157所示。

线性：顶点之间用直线连接，角点处无平滑过渡。

平滑：将线段变成圆滑曲线，但无调节手柄。

Bezier：提供两根手柄，但两根手柄呈一条直线并与顶点相切，使点两侧的曲线总保持平衡。

Bezier角点：两根手柄均可调节自己的曲率。

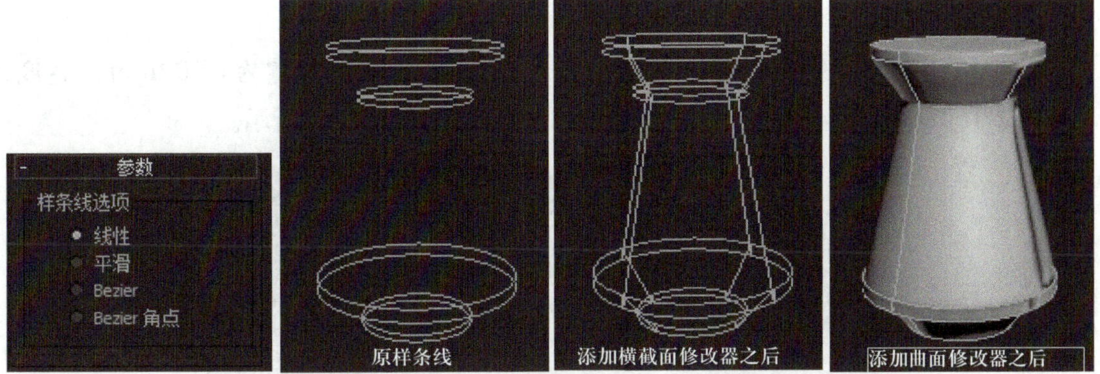

图3-157　创建表面面片

任务拓展

本任务中木船的其他组件还有长椅的木条都是运用浅色的木纹材质进行贴图，长椅支架则运用了金属材质贴图，其中船桨要用到“UVW展开”修改UV的位置以符合对纹理的要求。如图3-158所示，完成木船其他组件和长椅的材质与贴图。

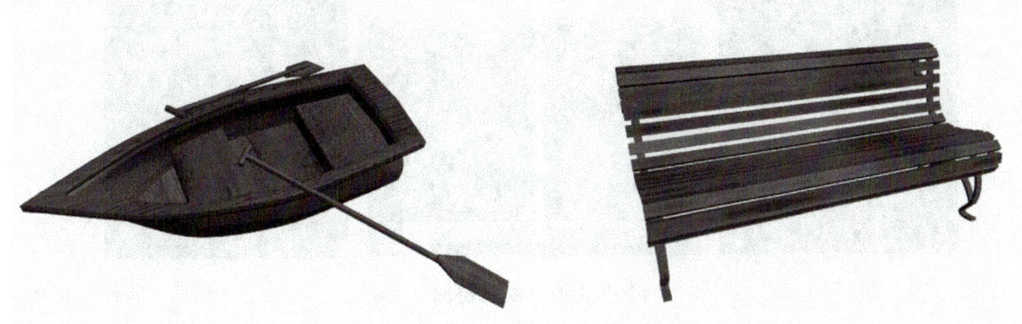

图3-158　练习

任务3 制作与布置周边环境

任务分析

完成了小船和长椅的制作后，要继续布置周边环境。在3ds Max中内置了很多基本工具，经过简单的步骤就可以变化出各种各样的造型。在本任务中，将准备制作连接湖心亭和岸边的桥面，拱门墙和湖边的山石。

桥面除了木板外还有栏杆，将使用样条线绘制栏杆的截面，然后用“车削”修改器进行整体造型，拱门墙则利用管状体进行多边形的编辑，山石的不规则形状可以利用多边形编辑里面的推拉变形。

（1）桥的制作

步骤1：激活顶视图，创建一个长方体：长为300mm、宽为1 600mm、高度为150mm，将其命名为“桥面”，并移动到图中位置，如图3-159所示。

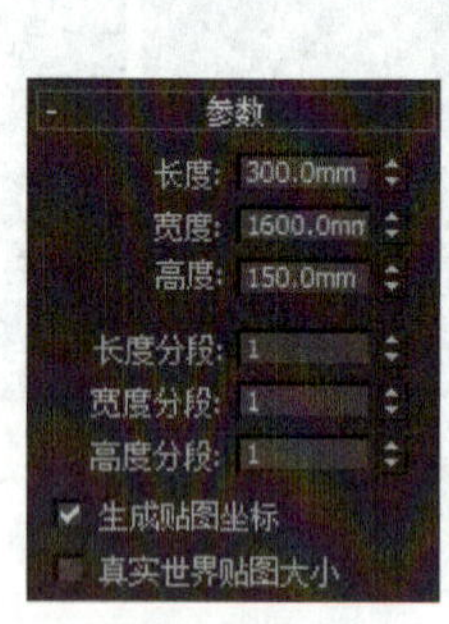

图3-159　桥面

步骤2：在顶视图绘画一个条样条线。选取“桥面”，执行“工具”→“对齐”→“间隔”命令，单击“拾取路径”按钮，在视口中单击刚绘画的样条线，然后调整数量即可，如图3-160所示。

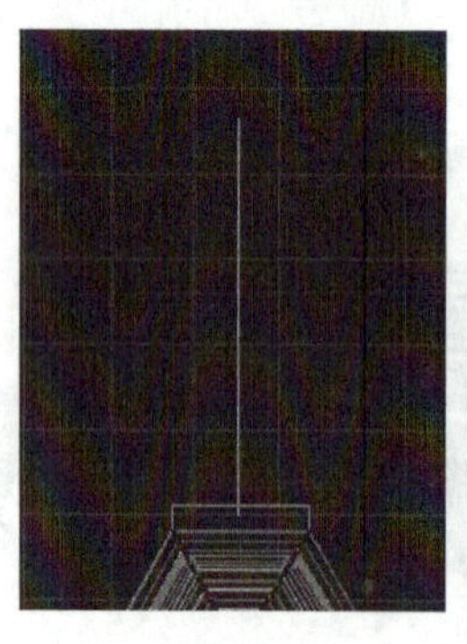
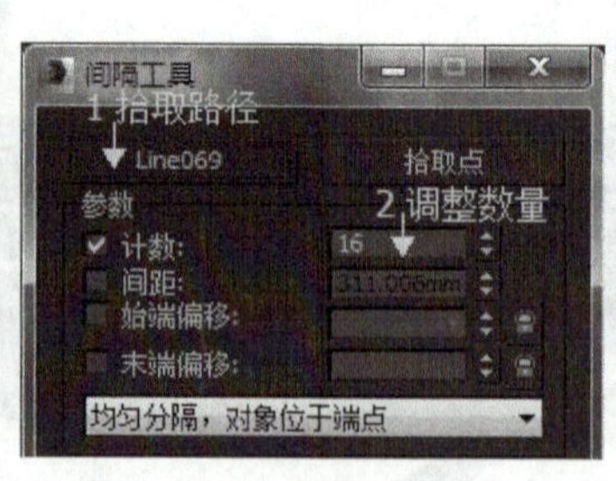

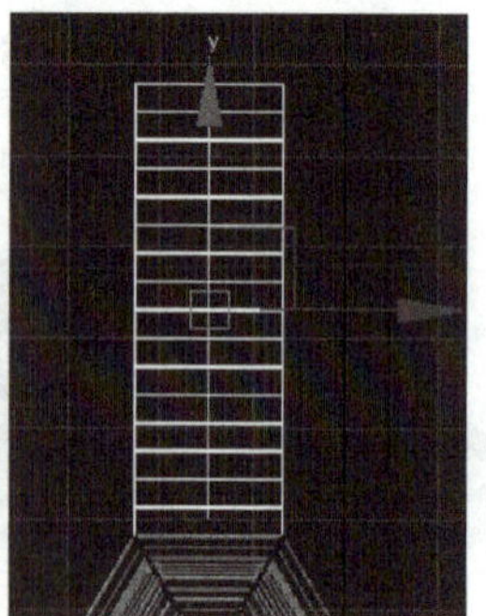

图3-160　复制桥面

步骤3：将“桥面”进行复制、旋转和移动，结果如图3-161所示。

步骤4：激活顶视图，选择“墙”工具，沿桥面边缘绘画，如图3-162所示。

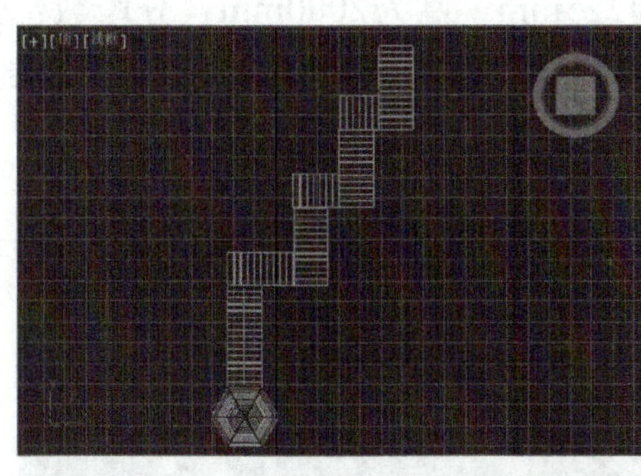

图3-161 调整桥面

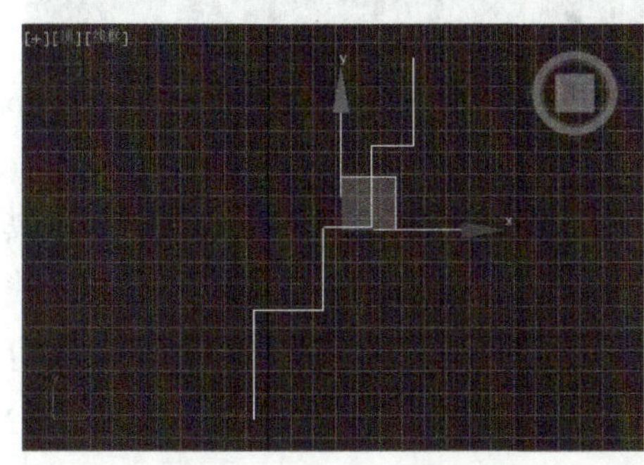
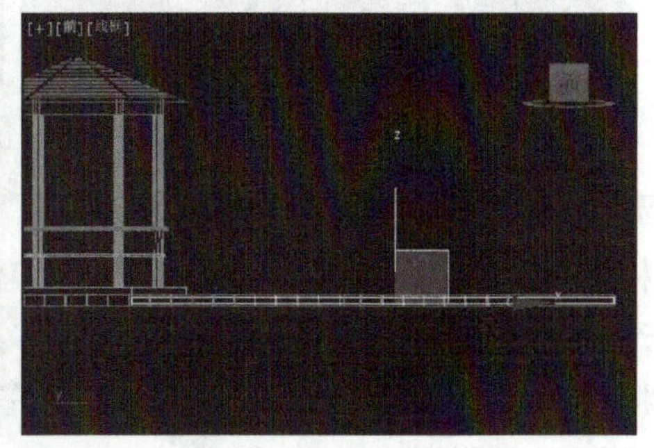

图3-162 利用墙工具制作桥边

步骤5：转至 （修改）面板，展开“墙”选择“分段”子层级，框选所绘制的墙。在修改面板“编辑分段”卷展栏的“参数”项中设置：宽为250mm、高为300mm。然后用“移动”工具将其移动到如图3-163所示的位置。

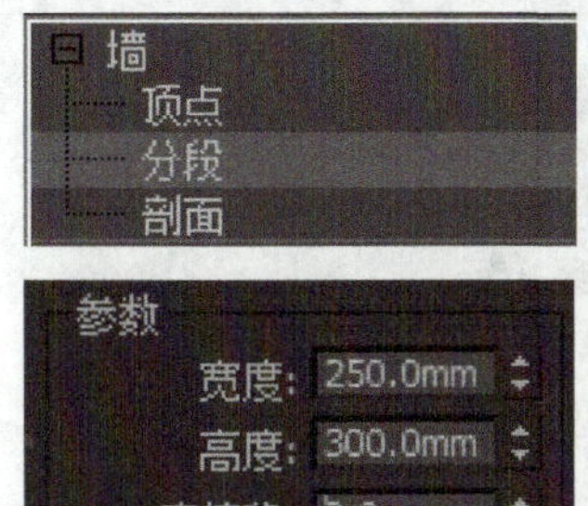

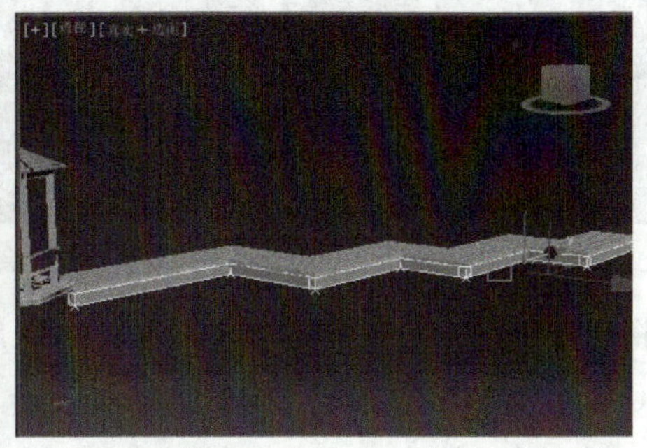

图3-163 修改桥边

步骤6：使用上述办法，为桥底的另一面添加梁，如图3-164所示。

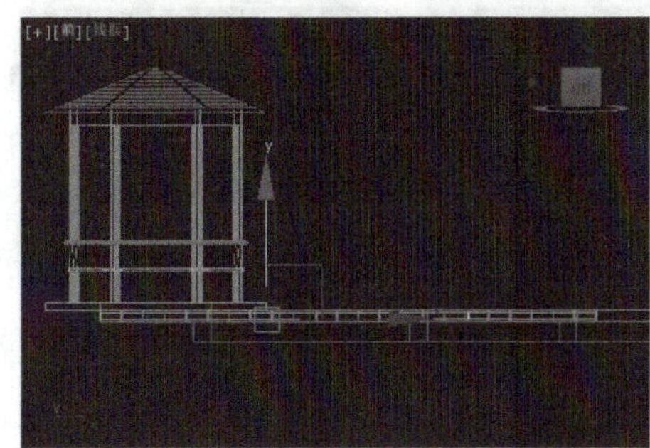

图3-164 复制另一边

步骤7：在顶视图新建长为225mm、宽为225mm、高为2000mm，分段数都为1的长方体，将其重命名为“桥底-柱”。运用“间隔”工具，在“桥底-梁”下复制排列其他“桥底-柱”，如图3-165所示。

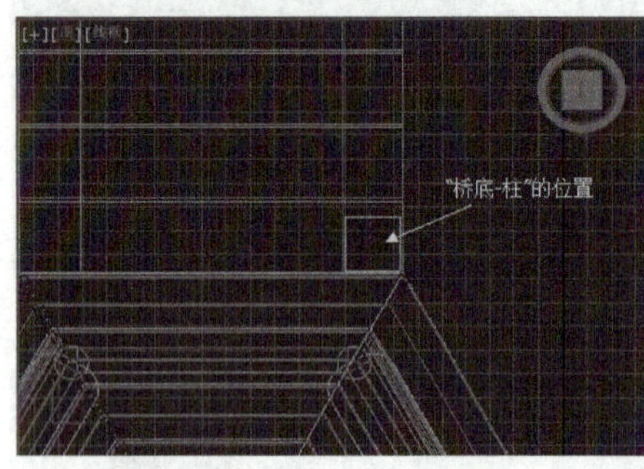

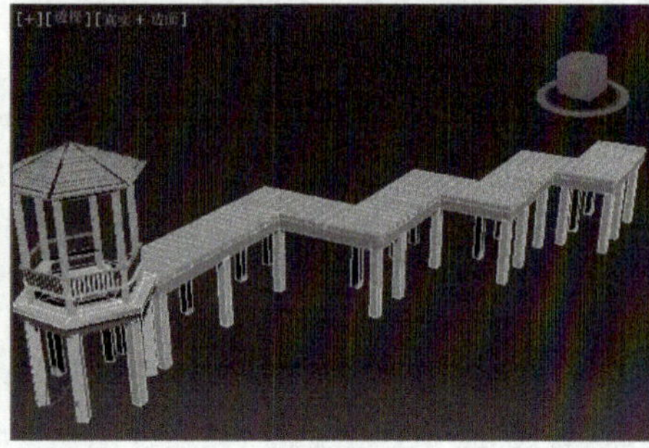

图3-165　桥柱的制作

步骤8：激活前视图，绘制一个矩形，选择该矩形并单击鼠标右键，将其转化为可编辑样条线。利用“点”子层级中的“优化”为矩形加点。接着选择“线段”子层级，选中左边的线段将其删除。返回“点”子层级调整点的位置。退出可编辑样条线，将其命名为“桥面-杆”，添加“车削”修改器，转至修改面板将其分段数改为4，如图3-166所示。

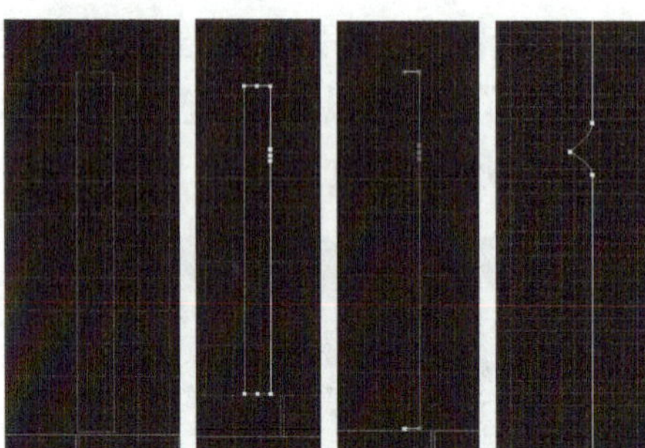
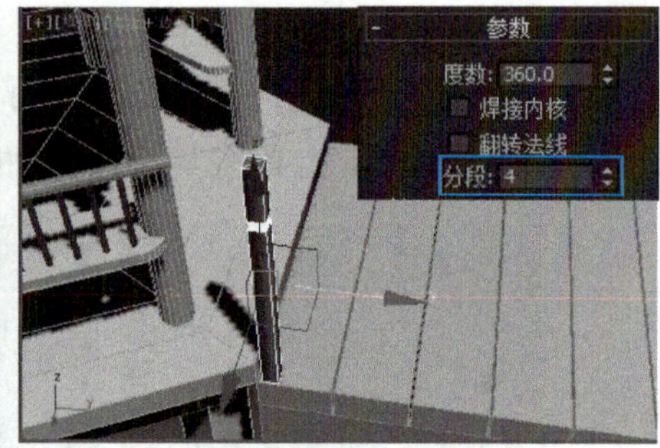

图3-166　栏杆绘制

步骤9：将“桥面-杆”进行复制并移动，利用长方体，在“桥面-杆”上添加两道栏板，长1590mm（请根据栏杆之间的距离确定）、宽为20mm、高为100mm，如图3-167所示。

步骤10：保存文件并命名为“桥.max”。

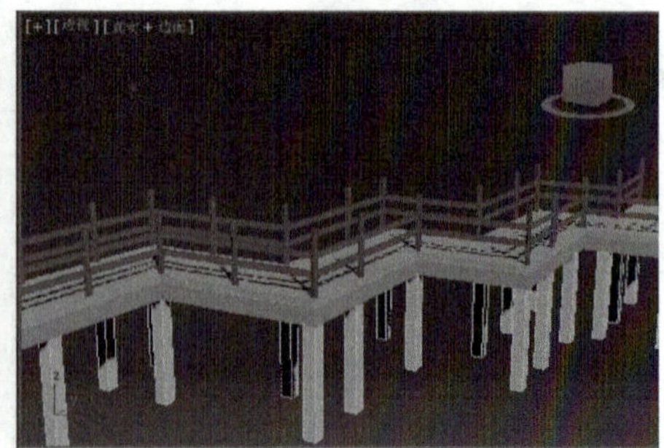

图3-167　复制栏杆

（2）岸边草坪和岩石的制作

步骤1：创建岸边的草坪。在顶视图创建一个长方体。切换到“修改面板”，在“参数”卷展栏中设置：长为14 700mm、宽为40 000mm、高为1 300mm，将其分别命名为“岸-左”。复制出另外两个长方体，分别命名为“岸-中”“岸-右”，排列位置如图3-168所示。

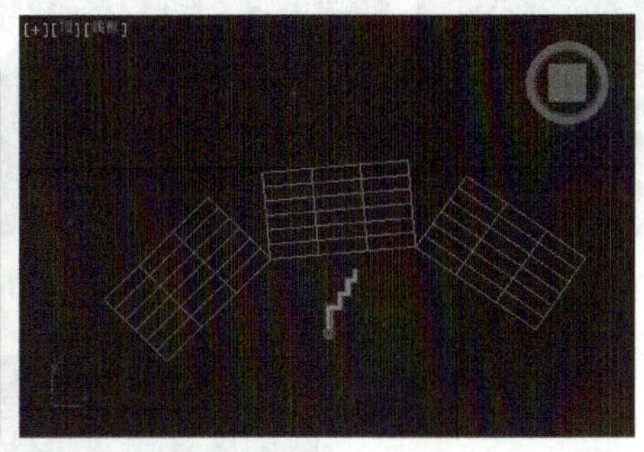

图3-168 建立长方体

步骤2：将“岸-左”转换为可编辑多边形。打开修改面板，在“编辑几何体”卷展栏中单击“附加”按钮，在视口中拾取“岸-中”、“岸-右”两个长方体。进入“面”子层级，将长方体相接的面删掉。然后进入“点”子层级，在“编辑顶点”卷展栏中，单击“目标焊接”按钮，将两个长方体相接的点焊接起来，如图3-169所示。

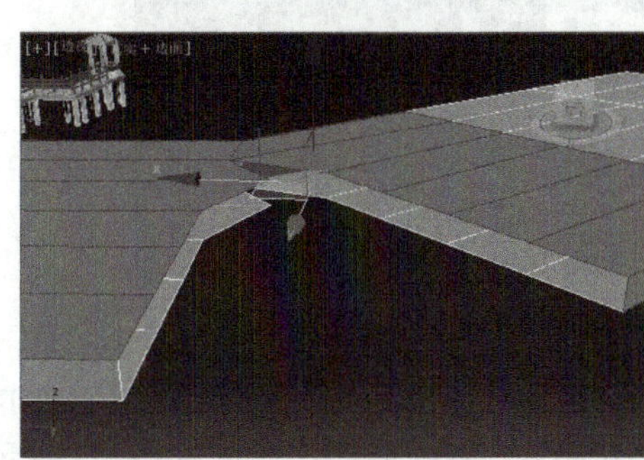
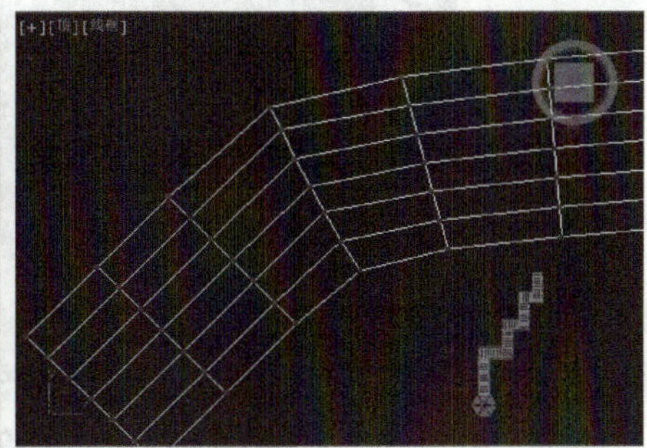

图3-169 合并长方体

步骤3：用同样的方法将另一个长方体相接的点也焊接起来。

步骤4：调整好点的位置并添加适量的线，以便于不同形状的岩石变形时的需要。

步骤5：进入可编辑多边形的“元素”层级，选中“岸-左”，打开“绘制变形”卷展栏，调整“推/拉”值为1000，“笔刷”大小为3500，然后单击“推/拉”按钮，在视图中调整多边形的凹凸感。如果推拉过度，则可以单击右边的“松弛”按钮，在推拉过度的位置重新刷一次就可以了，如图3-170所示。

步骤6：选择“岸-左”，为陆地贴上材质。单击主工具栏上的（材质编辑器）按钮，指定一个新材质球，命名为“陆地”。在材质编辑器的“贴图”卷展栏中为“漫反射颜色”和“凹凸”指定各自的位图文件，然后单击已设置的位图进入其子层级并修改“瓷砖”数值为10，最后在材质球下面的工具栏单击（将材质指定给选定对象）按钮，再单击（视口中显示明暗处理材质）按钮，激活透视图进行渲染，如图3-171所示。

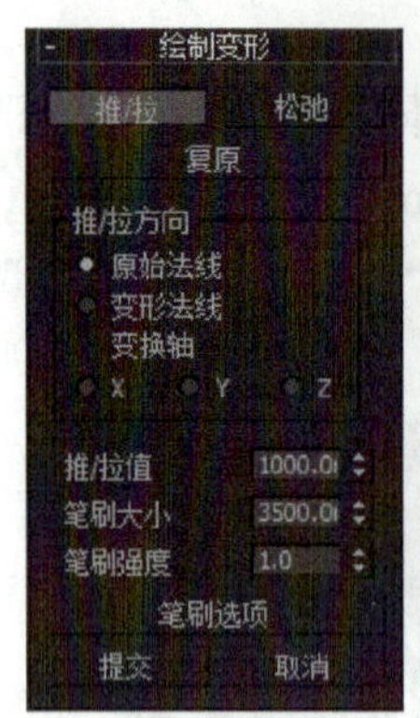

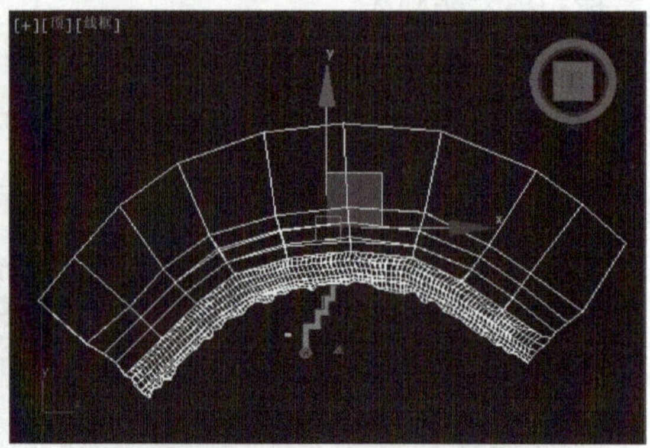

图3-170　调整多边形的凹凸感

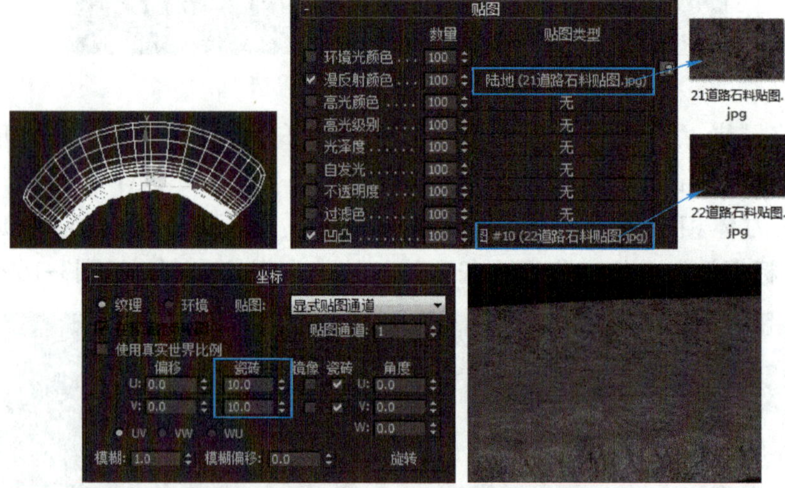

图3-171　指定材质

步骤7：创建岸边的石头。在顶视图建立一个长方体：长为2100mm、宽为2100mm、高为1500mm；长度分段10、宽度分段7、高度分段6，如图3-172所示。

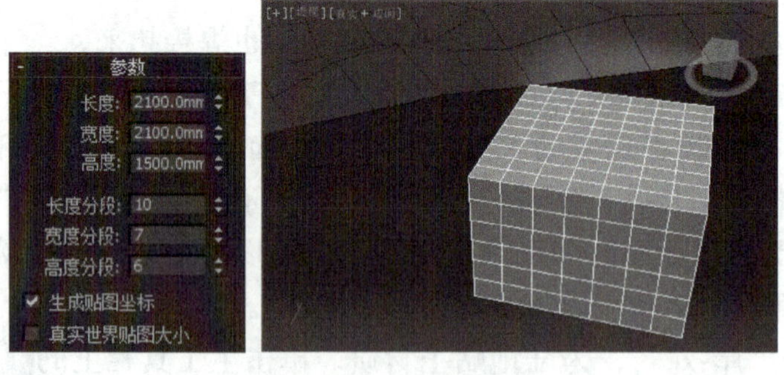

图3-172　建立长方体

步骤8：复制出多个长方体，并摆放到合适的位置。将其中一个转换成“可编辑多边形”，然后将其余的长方体都附加到里面，使之成为一整体。进入“元素”层级，在“绘制变形”卷展栏中，单击“推/拉”按钮，在视图中调整其凹凸感，如图3-173所示。

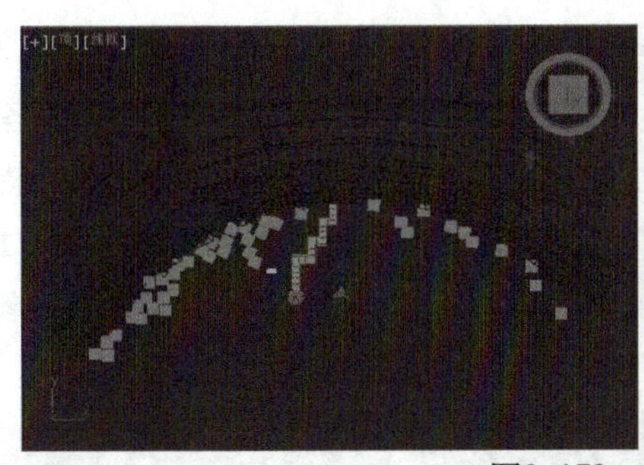
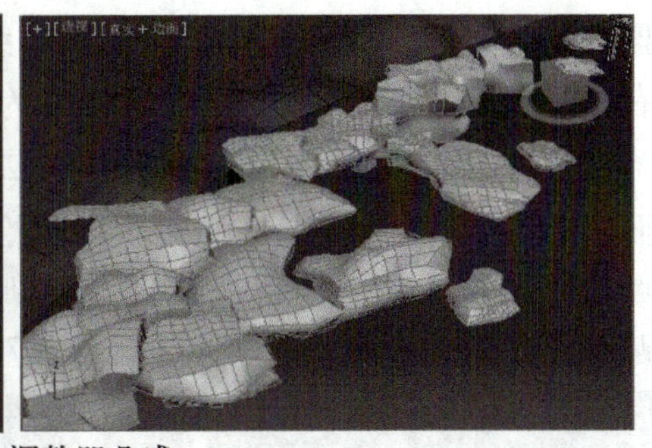

图3-173 调整凹凸感

步骤9：选中场景中的“石头”和“岩石”，单击（材质编辑器）按钮，指定一个新材质球，命名为“石头”。在材质编辑器的“贴图”卷展栏中为“漫反射颜色”和“置换”指定各自的位图文件，然后单击已设置的位图进入其子层级，修改U、V的“瓷砖”数值分别为3和4，最后在材质球下面的工具栏中单击（将材质指定给选定对象）按钮，再单击（视口中显示明暗处理材质）按钮，激活透视图进行渲染，如图3-174所示。

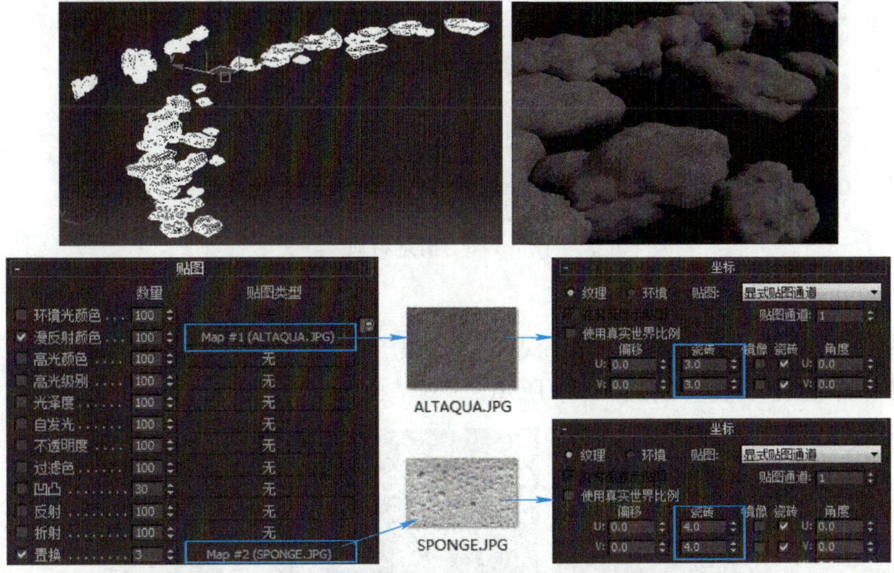

图3-174 指定材质

步骤10：复制出其余的桥面长方体，依据地形的高低起伏进行旋转并延伸到岸上。同理，复制出其余的桥面栏杆和栏板并移动到合适的位置，如图3-175所示。

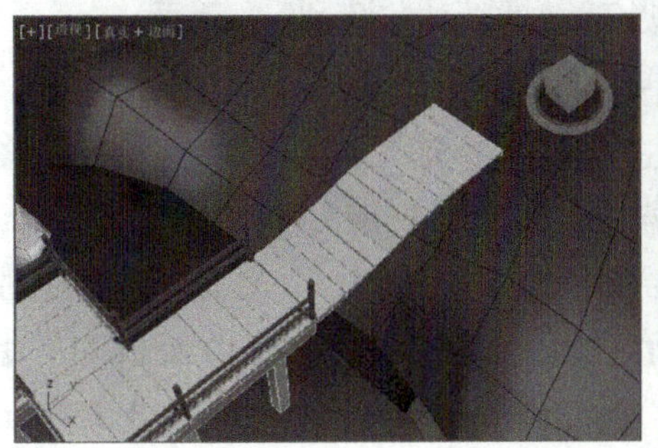

图3-175 桥新复制的部分

步骤11：选择“桥面-板”，打开材质编辑器，指定一个新材质球，命名为“木-浅”。在材质编辑器的“贴图”卷展栏中为“漫反射颜色”和“凹凸”指定各自的位图文件，然后单击已设置的位图进入其子层级修改U、V“瓷砖”数值为5，最后在材质球下面的工具栏中单击（将材质指定给选定对象）按钮，再单击（视口中显示明暗处理材质）按钮，激活透视图进行渲染（注意，可以运用“UVW展开”修改器调整物体贴图纹理的方向和大小），如图3-176所示。

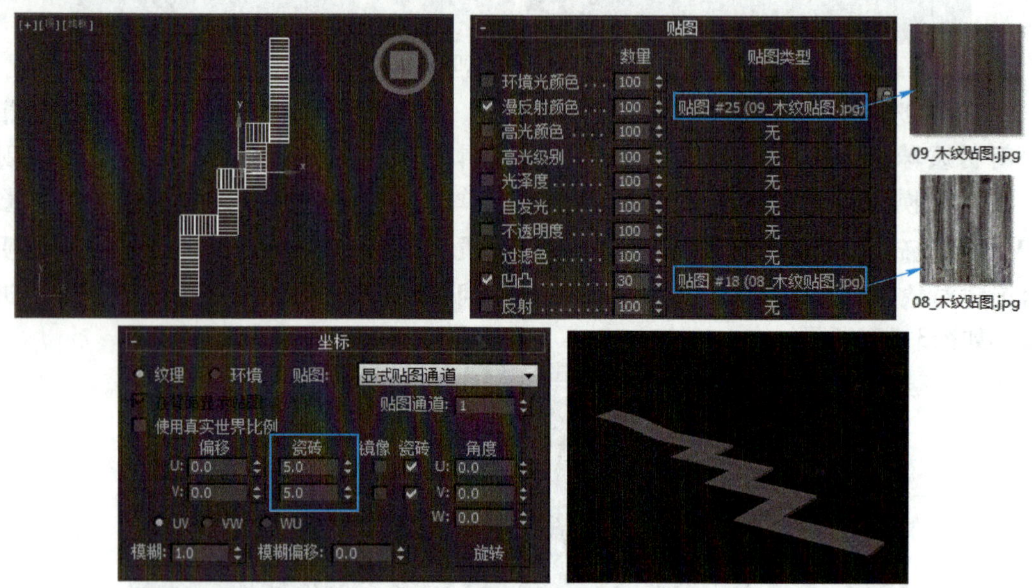

图3-176　指定材质

（3）拱门的制作

步骤1：创建拱门的模型。在前视图拖曳出一个管状体，在修改面板中将其重命名为“拱门”并设置参数，如图3-177所示。

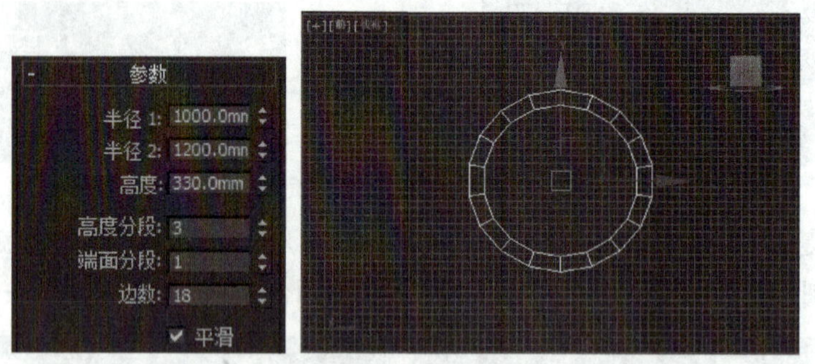

图3-177　创建管状体

步骤2：将拱门转换为可编辑多边形。进入“多边形”层级，框选红色的部分然后删除。接着进入“点”层级，调整拱门下端的点，如图3-178所示。

步骤3：转到可编辑多边形的“点”层级，使用“缩放”工具沿X轴缩放。然后单击“多边形”层级，框选中间的面，取消选择内层的面。在修改面板的“编辑多边形”卷展栏中单击“挤出”旁边的“设置”按钮，选择局部法线挤出350mm，如图3-179所示。

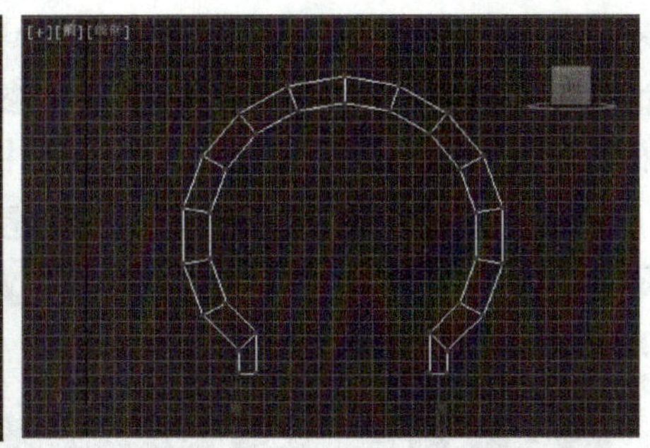

图3-178 调整拱门下端

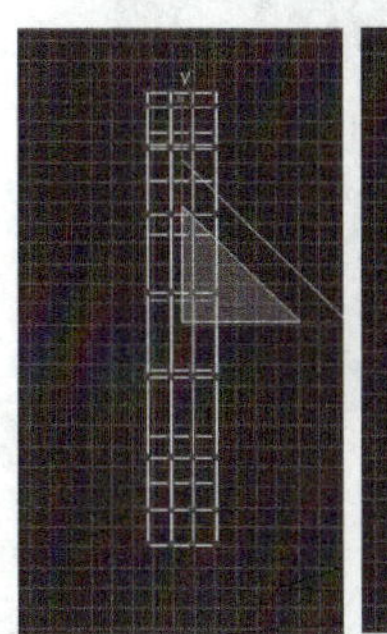
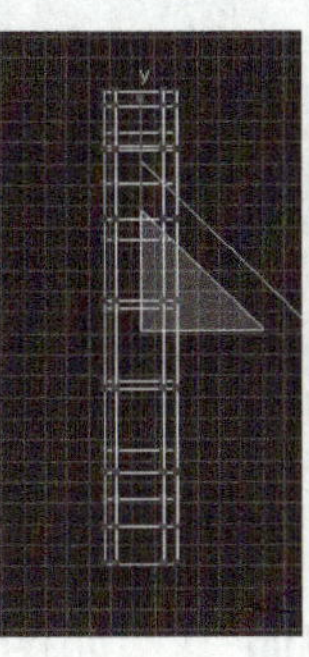
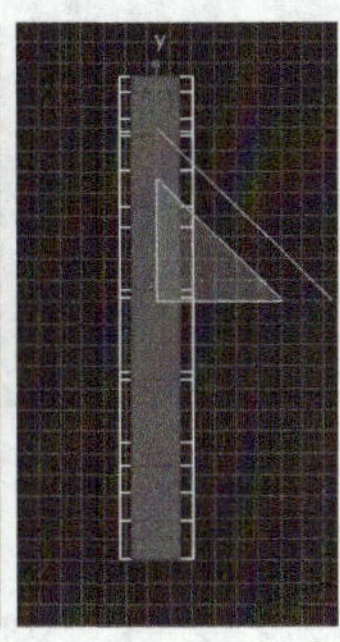
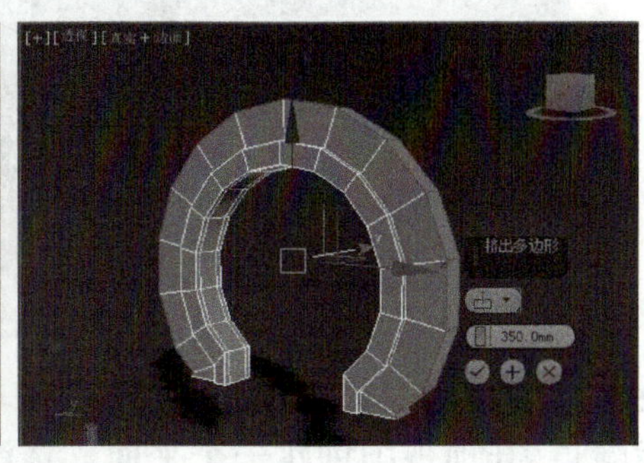

图3-179 挤出成型

步骤4：再次返回可编辑多边形的“点”层级，选中侧面的点进行X轴缩放，然后用（选择并移动）工具向外拉出，如图3-180所示。

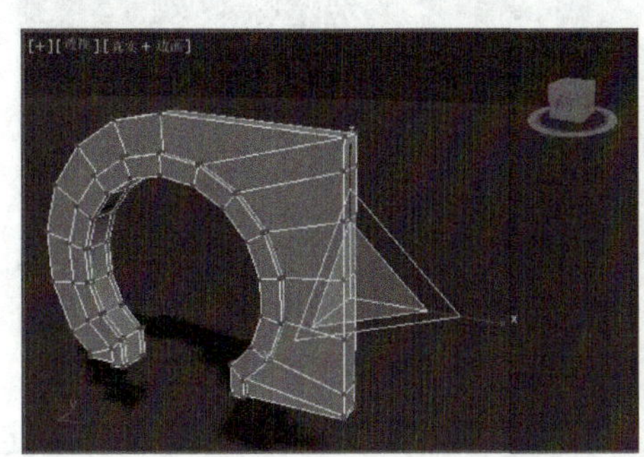
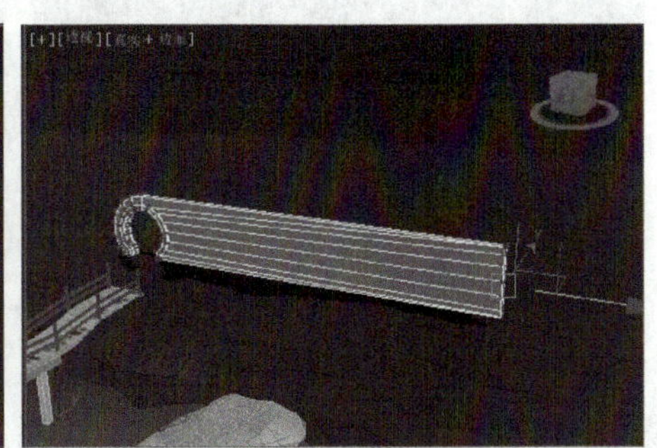

图3-180 拉出围墙

步骤5：用上述方法将拱门左侧的点也进行收缩和移动，然后将拱门与桥面的位置对准，如图3-181所示。

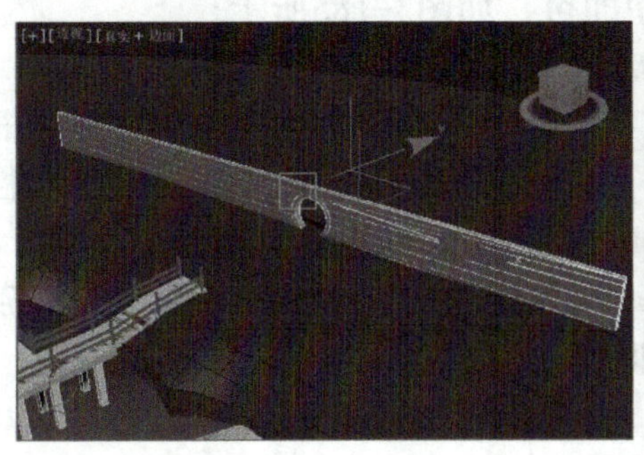
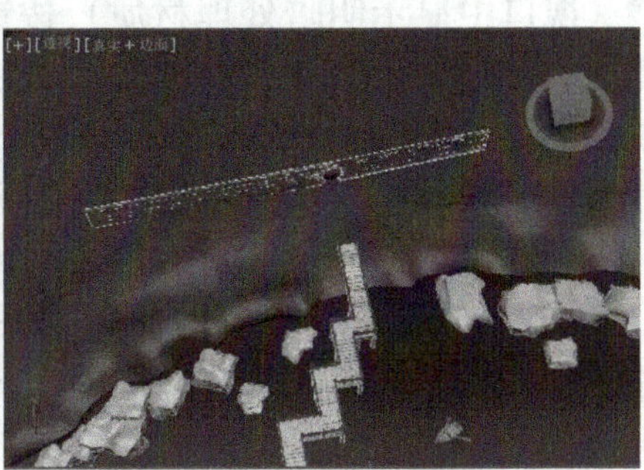

图3-181 调整位置

步骤6：选择“拱门”，打开主工具栏中的 （材质编辑器）按钮，指定一个新材质球，命名为“拱门”。在“明暗器基本参数”卷展栏的下拉选项中选择“Phong”明暗器，然后在“Phong基本参数”卷展栏中单击“漫反射”旁边的色块，修改RGB数值为（91，14，14），单击“确定”按钮退出。最后在材质球下面的工具栏中单击 （将材质指定给选定对象）按钮，再单击 （视口中显示明暗处理材质）按钮，激活透视图进行渲染，如图3-182所示。

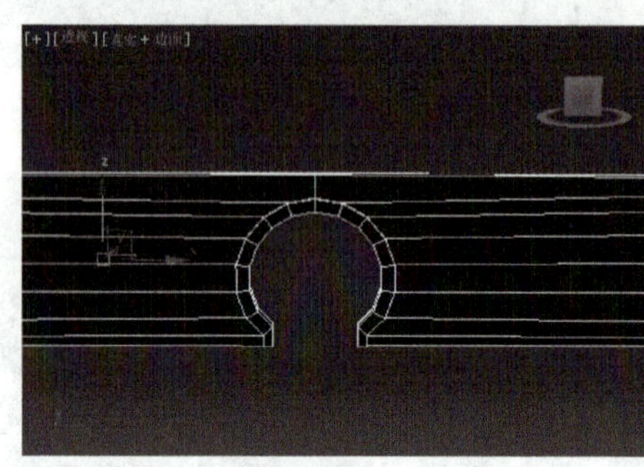

图3-182 指定材质

（4）湖水与天空的制作

步骤1：在顶视图创建一个平面，修改名字为“湖面”，如图3-183所示。接着用“球体”工具，在顶视图创建半圆作为天空，如图3-184所示。

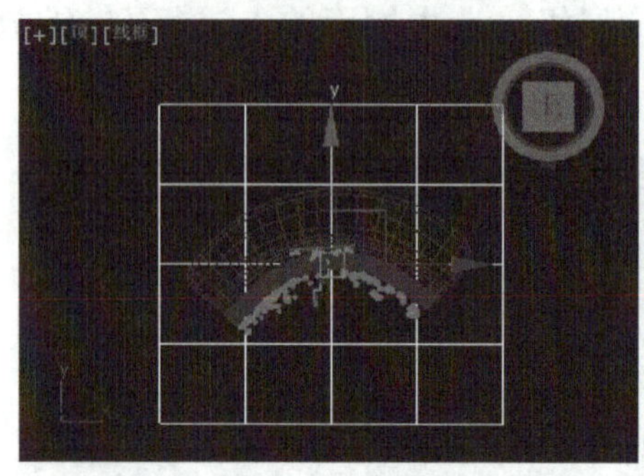

图3-183 创建平面

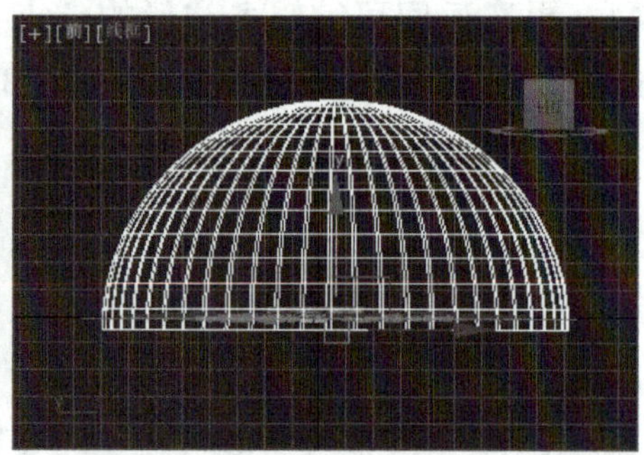

图3-184 创建球体

步骤2：选择“天空”，打开主工具栏上的 （材质编辑器）按钮，指定一个新材质球，命名为“01-天空”。将“自发光”数值调至50（作用是模拟天光），然后单击漫反射右边的设置按钮，为漫反射指定一张天空的贴图，选择“cloud sky.jpg”贴图文件，回到材质编辑器面板，在材质球下面单击 （将材质指定给选定对象）按钮，再单击 （视口中显示明暗处理材质）按钮即可，如图3-185所示。

步骤3：在场景中选中“湖面”，然后打开 （材质编辑器），指定一个新材质球，命名为“湖面”。单击其右边的“Standard”按钮，在弹出的对话框中选择“材质”→“标准”→“光线跟踪”选项，在“光线跟踪基本参数”卷展栏的“明暗处理”下拉选项中选择“Phong”，修改下面的“漫反射”颜色（R=5，G=23，B=15），然后为“反射”和“凹凸”选择“water3.jpg”水材质贴图，再分别修改其贴图坐标中U、V“瓷砖”值为40，然后调整折射率为1.3、高光级别为61、光泽度为51、凹凸为3。打开下面的“扩展参数”卷展栏将“反射”项里面的“增益”改为0.6。最后在材质球下面的工具栏中单击 （将材质指定给选定对象）按钮，再单击

（视口中显示明暗处理材质）按钮，激活透视图进行渲染，如图3-186所示。

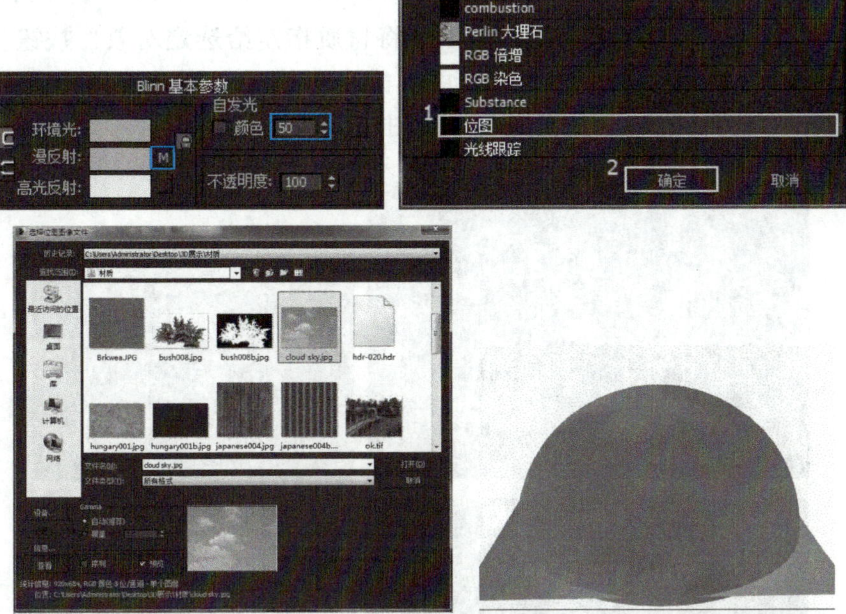

图3-185 指定天空材质

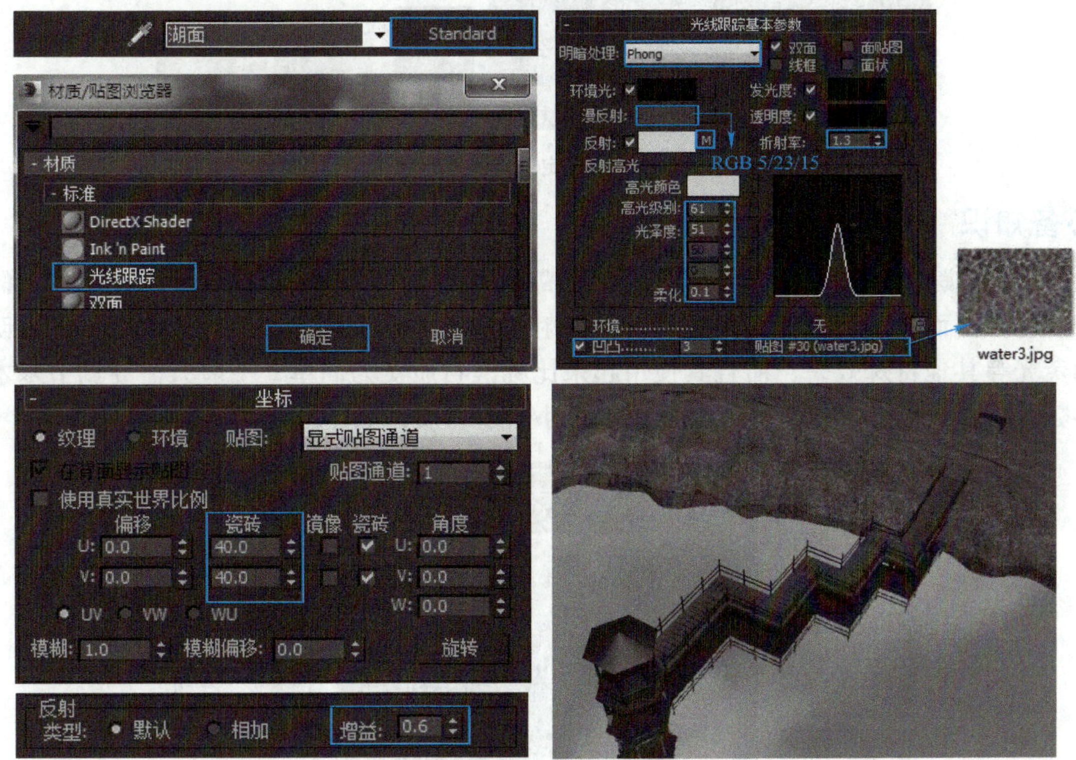

图3-186 指定湖面材质

步骤4：激活前视图，创建多个平面，作为树木贴图的载体。注意，平面的角度要与之后创建的摄影机镜头垂直。

步骤5：为平面附上树材质可以节省计算机内存，加快渲染速度。方法是首先选择一个平面，打开材质编辑器，选择一个新的材质球，命名为“树1”。打开下面的“贴图”卷展栏，为“漫反射颜色”指定位图“summer001.jpg”，为“不透明度”指定位图“summer001b.jpg”。最后顺序单击 （将材质指定给选定对象）按钮、 （视口中显示明暗处理材质）按钮，如果视口中不能显示效果，则直接单击主工具栏的 （渲染）按钮，即可检查贴图是否成功，如图3-187所示。

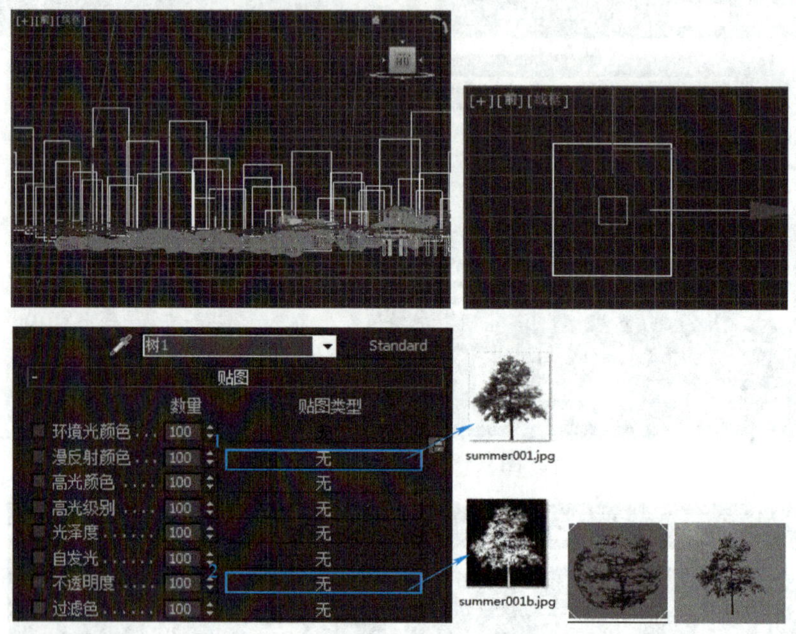

图3-187 指定周边树木材质

必备知识

光线跟踪材质是一种比标准材质更为高级的材质类型，它不仅包括了标准材质的全部特性，而且可以创建真实的反射与折射效果，并且支持雾、颜色的浓度、半透明和荧光等其他特殊效果，而且其使用起来比标准材质更为简单，一般只需要调节基本参数区的设置就可以创建出具有质感的反射/折射材质，如图3-188所示。

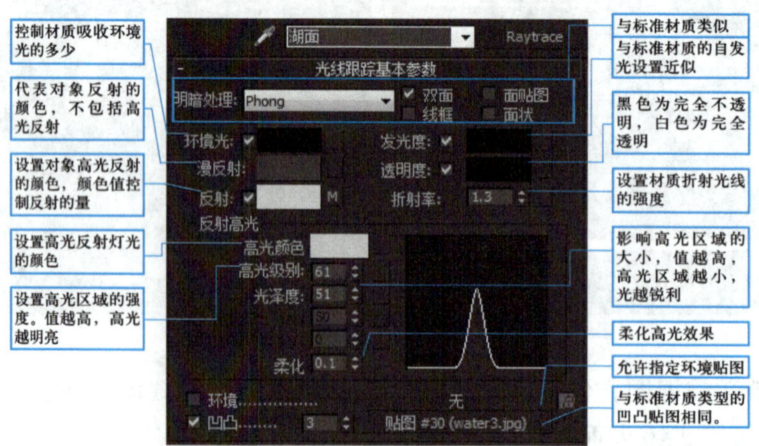

图3-188 材质设置

任务拓展

按照上述的方法可以为平面贴上不同的树材质，然后在视口中进行排列，通过旋转、移动和缩放由远到近安排不同的平面、高低错落地“植树”，使画面层次感更丰富。试着参考图3-189完成环境的美化。

图3-189 练习

任务4 整合与摄影机巡视

任务分析

周边环境制作完成后，就要将之前制作的一些构件，如湖心亭、小船和长椅等整合到场景中，调整好位置与比例。为了体现场景的真实感，还要为场景添加光线，最后制作摄影机巡视动画。因为场景中涉及的物件比较多，加上光线与材质的互相影响，更需要对各自的参数进行耐心调整。

在本任务中，涉及外部文件的导入合并、灯光的设置和设置摄影机巡视路径动画等。

任务实施

步骤1：单击按钮，执行“导入”→“合并”命令，导入之前所创建的湖心亭、小船、长椅文件进行整合，运用（选择并移动）工具和（选择并均匀缩放）工具将它们放置在合适的位置，如图3-190所示。

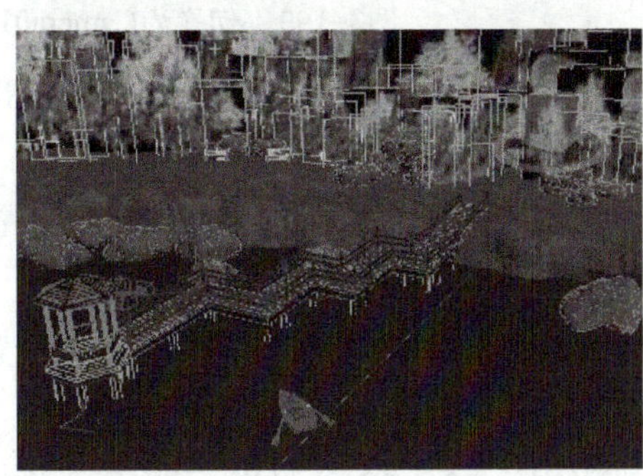

图3-190 整合

步骤2：创建灯光。激活左视图，创建一个泛光灯，移动到合适的位置。进入修改面板。在“常规参数”卷展栏的“阴影”项中勾选“启用”；在“强度/颜色/衰减”卷展栏中将“倍增”的值改为1.8，最后调整“对象阴影”的“颜色”（R=32，G=32，B=32），如图3-191所示。

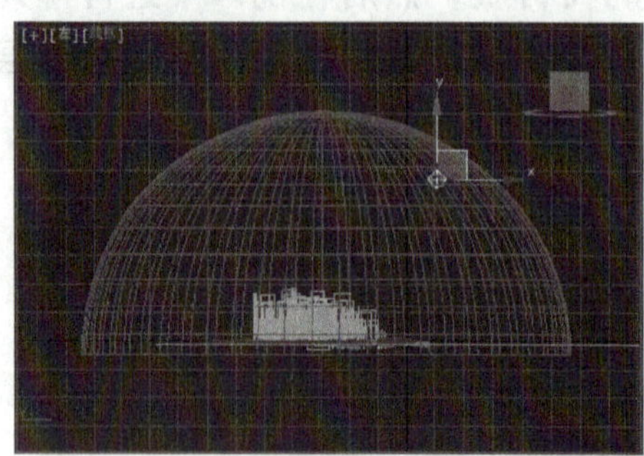

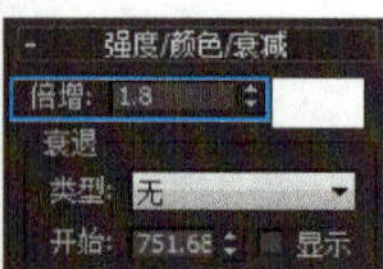

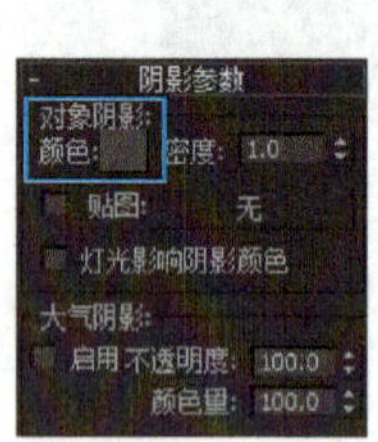

图3-191 设置灯光

步骤3：设置自由摄影机。在前视图中创建一个自由摄影机，如图3-192所示。

步骤4：选择摄影机，进入（修改）面板将“视野”设置为45°。在英文输入状态下，按<C>键，将透视图切换为Camera01视图，如图3-193所示。

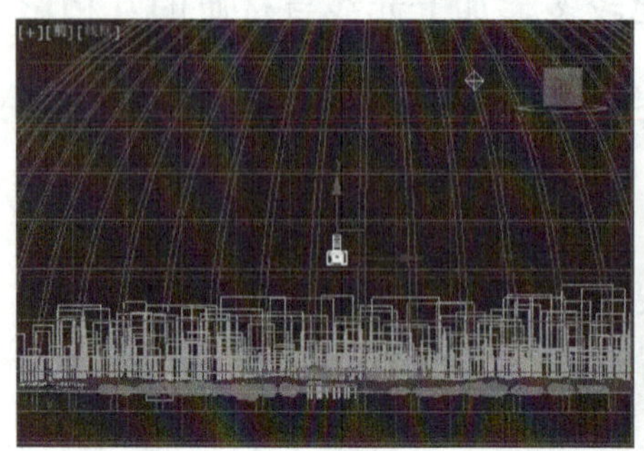
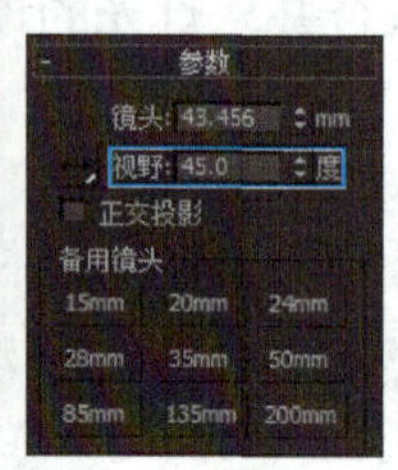

图3-192 创建自由摄影机

图3-193 切换为Camera01视图

步骤5：在顶视图沿着湖心亭和木桥绘制一条形状及位置如图3-194所示的线段，作为摄影机的运动路径。

步骤6：在前视图中选择曲线，调整线段的高度，此高度也就是视平线的高度，如图3-195所示。

步骤7：单击界面右下方的（时间配置）按钮，选择NTSC制式，并设置：取消循环、播放速度为1/4x、动画长度为600，如图3-196所示。

步骤8：选择摄影机，执行“动画”→“约束”→“路径约束”命令，将摄影机轴心点牵引出来的虚线连到刚才所绘制的路径上。打开（运动）面板，在“路径参数”卷展栏中勾选“跟随”“恒定速度”和“循环”这3个复选框。拖动时间轴滑块，动画在当前激活的视口播放，至此摄影机巡视就完成了，如图3-197所示。

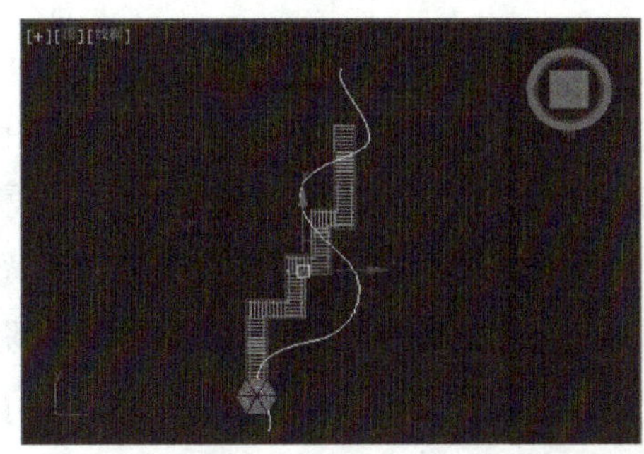

图3-194 调整路线曲线

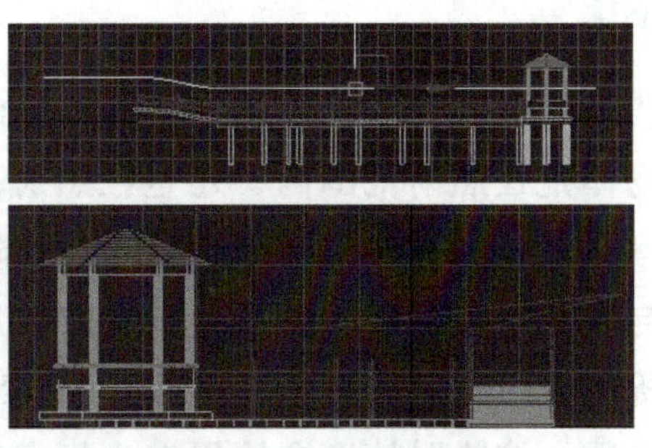

图3-195 调整曲线高度

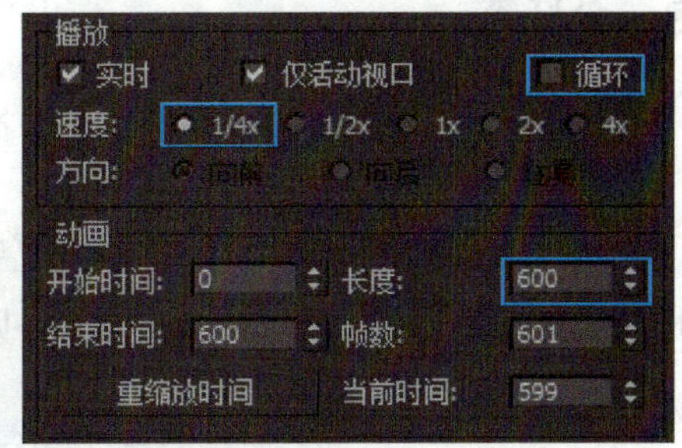

图3-196 设置时间

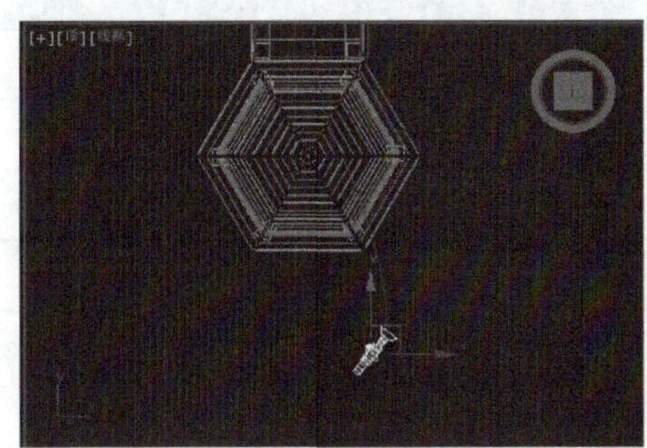

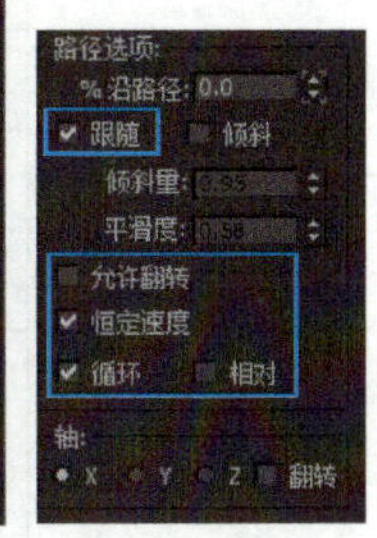

图3-197 指定路径约束

步骤9：执行“渲染”→“渲染设置”命令，弹出对话框。选择“公用”选项卡，在“公用参数”卷展栏中选择“活动时间段”单选按钮，修改动画的输出大小和文件渲染的路径，最后单击对话框右下角的“渲染”按钮，游花园动画制作完成，如图3-198所示。

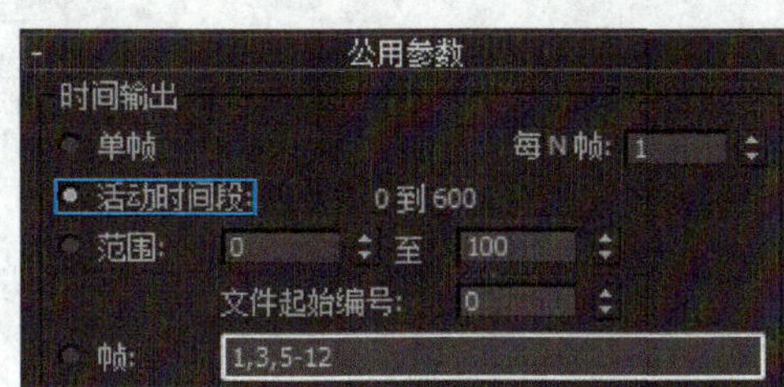

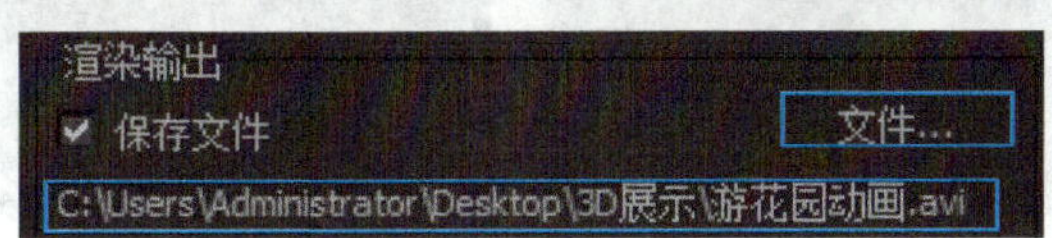

图3-198 设置渲染参数

必备知识

标准的泛光灯可以用来照亮场景，它的优点是易于建立和调整参数，不用考虑场景中的物体是在照射范围内，还是在照射范围外。不过大家要注意的是，场景中不能创建太多的泛光灯，否则会将立体的场景平面化，影响场景的层次感。泛光灯的参数调整与聚光灯基本相同，具有一定的扩展功能，如全面投影、衰减效果、阴影投射等。它所产生的光照效果可以相当于6盏聚光灯所产生的效果，但是如果启用了光线跟踪阴影参数，渲染时速度会比用聚光灯来得慢。此外，泛光灯还可以用来模拟其他的光源对象，如灯泡、台灯等。

项目评价

在本项目中，学习了在3ds Max中进行室内外空间制作的方法、灯光的设置和摄影机的使用，通过本项目的学习，给自己做个评价，见表3-2。

表3-2 项目评价表

	很满意	满意	还可以	不满意
项目的完成情况				
与同组成员沟通、协助情况				
掌握的知识点				
产品设计评价				
心得体会				

实战强化

许多花园设计都可以用以上的方法来完成，试参考图3-199完成一个完整的花园设计。

图3-199 练习

项目10 制作展柜

展柜设计草图如图3-200所示。

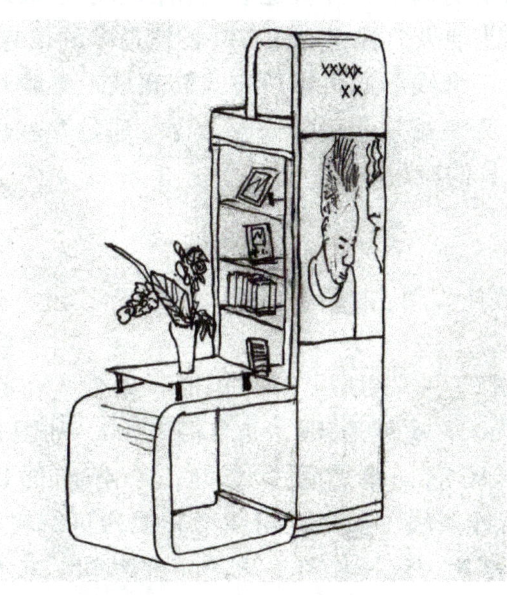

图3-200 展柜设计草图

项目描述

本项目将分为3个任务来完成制作展柜。第一个任务是：制作展柜模型。此处将利用制作展柜模型，进一步熟悉创建标准模型、二维线形绘制图形，重点是利用编辑多边形学习倒角、挤出、壳等修改命令；第二个任务是：熟悉VRay材质设置。学会利用VRay材质对展柜材质、灯光进行设置及渲染输出。在展柜的材质制作中除了进一步熟悉金属、塑胶及展板材质之外，还需要学习将展柜玻璃设置为磨砂玻璃，将装饰垫板设置为透明玻璃。在展柜灯光设置中，利用VR—光源，考虑展柜照明、装饰照明。第三个任务是：将渲染出来的效果图利用Photoshop软件进行后期处理，根据展柜柜台的位置将展品进行合理摆放，突出商家所要展示的展品。

展柜主要是由展架演变而来的，对展架进行封闭性处理即形成了展柜，用于展示的展柜主要由透明材料构成，展柜和展架的共同之处在于其高度、宽度以及各个部位的安排等要符合人体工程学的要求。

随着社会的发展，展柜的造型也越来越简练，展柜在展示中主要是用于放置商家的产品。每个商家都需要有能与自己产品以及独立风格相呼应的展柜，将自己的产品再配上特殊照明装置，会使产品更加精美，同时设计精美的展柜会有助于产品价值的提升。

简洁、洗练、突出主题的设计作品永远是精彩的设计作品，设计者应以此为标准。

任务1 制作展柜模型

任务分析

展柜要适应整个场景的调子，并且还要突出商家所要展示的展品，其造型设置要有个性并实用，能够迅速地吸引观者的注意并传达最多的信息。

在许多情况下，将二维线形通过修改方式转变成三维物体是最常用的方法，这里所运用的倒角、挤出、壳等都是常用的修改命令。通过参展柜的设计与制作，进一步掌握创建命令和修改工具的应用。

任务实施

步骤1：创建展柜底座。单击（3ds Max图标）按钮重新设置系统。设定并打开栅格捕捉。

步骤2：执行“创建”→“图形”→“矩形”命令，在前视图中拖动鼠标创建矩形，参数设置：长度为600，宽度为500，角半径为100，如图3-201所示。

步骤3：选择矩形图形，单击鼠标右键，在弹出的快捷菜单中选择“转换为”→“转换为可编辑样条线”命令，将图形转换为可编辑样条线，然后按<2>键进入样条线的“线段”子层级，选择如图3-202所示的线段，按<Delete>键将其删除。

步骤4：按数字键<1>，进入“顶点”子层级，选择左上端的顶点，将其向左平移到和下端顶点对齐的位置，如图3-203所示。

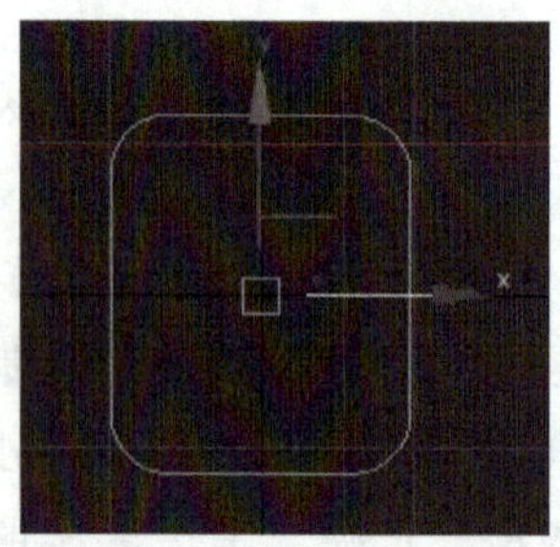

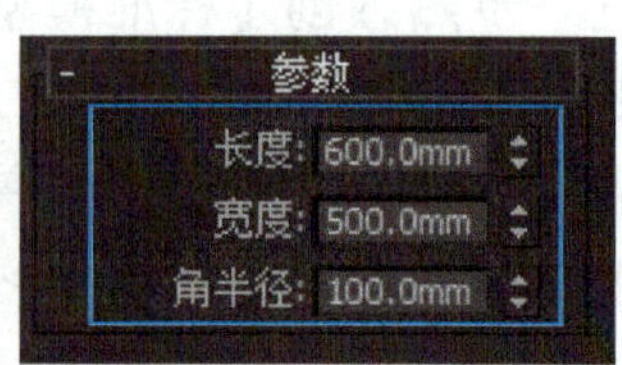

图3-201 创建矩形及其参数设置

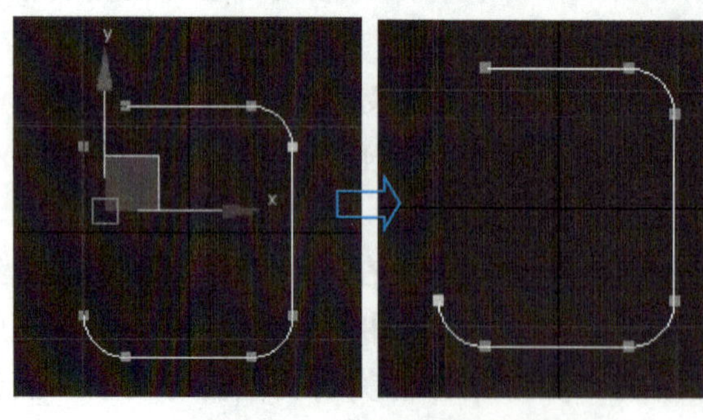

图3-202 删除矩形中的线段

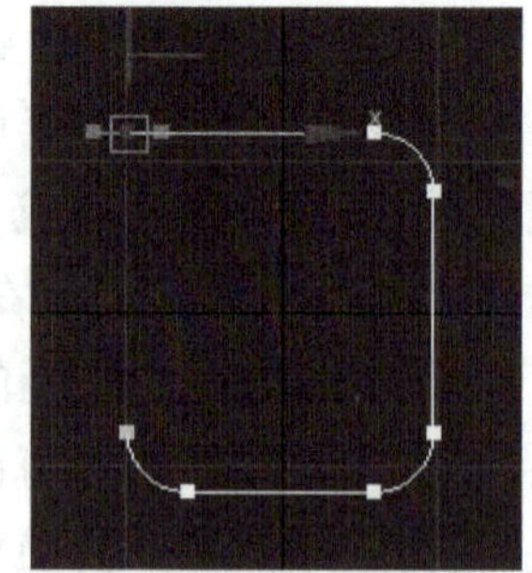

图3-203 调节顶点

步骤5：按数字键<3>，进入“样条线”子层级，在“修改”命令面板的“几何体”卷展栏中，设置轮廓按钮右侧文本框的数值为50，如图3-204所示。

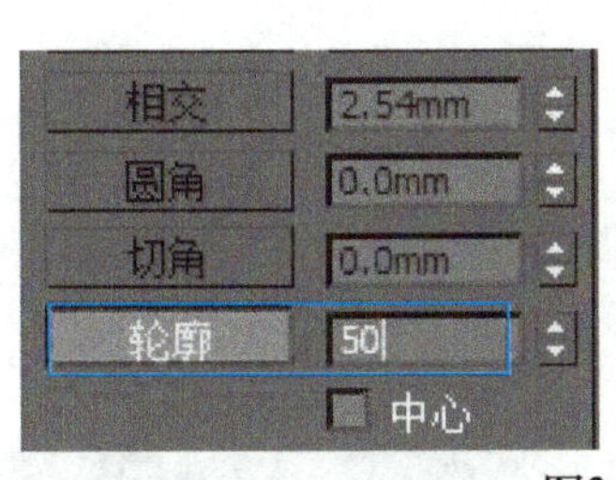

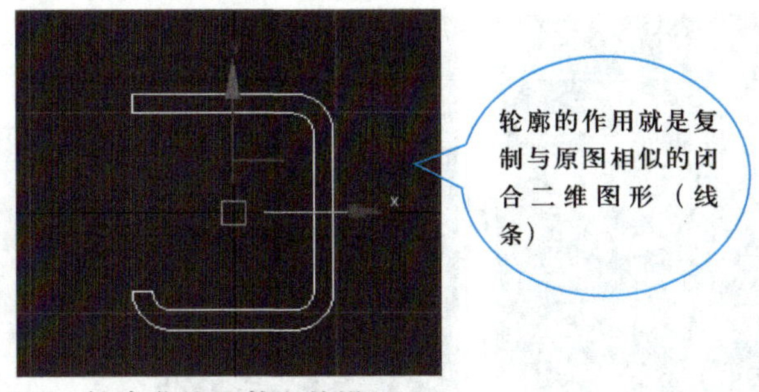

图3-204　轮廓曲线及其参数设置

步骤6：在“修改”命令面板中，给图形添加一个“挤出”修改命令，然后在“参数”卷展栏中设置挤出“数量”为450，如图3-205所示。效果如图3-206所示。

图3-205　挤出参数设置

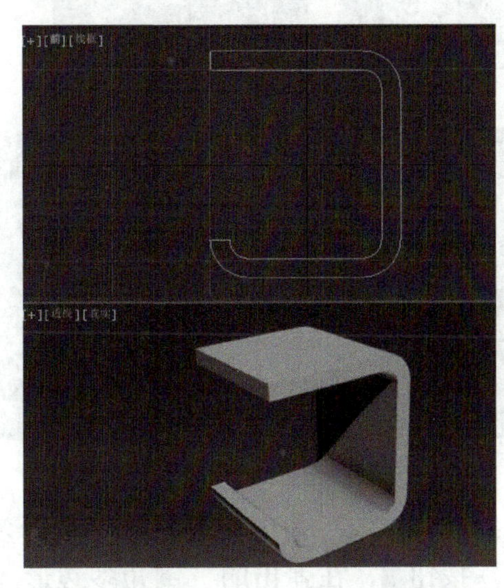

图3-206　挤出效果图形

步骤7：在前视图中再次创建一个矩形，并设置其参数：长度为540，宽度为450，角半径为60，如图3-207所示。调整位置，将矩形置入镜像对象内部。再给该矩形添加一个“挤出”修改命令，并设置其挤出“数量”为400，适当调整位置。

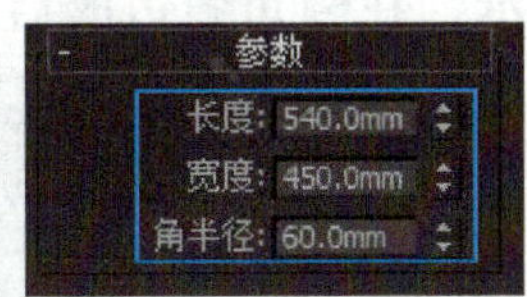

图3-207　矩形参数设置

步骤8：在“修改”命令面板中给挤出图形添加一个“壳”命令，然后在“参数”卷展栏中设置“内部量”为20，挤出的图形会由一个单面体转变为双面体，并有10mm的厚度。效果如图3-208所示。

步骤9：在前视图中再创建一个长方体，参数设置：长度为600，宽度为500，高度为420，选择 （选择并移动）工具，将创建的长方体调整到如图3-209所示的位置。

步骤10：创建上部框架。在刚创建的长方体上再创建一个长方体，参数设置：长度为400，宽度为500，高度为900，如图3-210所示。

步骤11：确定刚才创建的长方体被选择，单击鼠标右键，在弹出的快捷菜单中选择“转换为”→“转换为可编辑多边形”命令，将长方体转换为可编辑多边形，然后按数字键<4>，进入“多边形”子层级中，圈选所有多边形面，如图3-211所示。

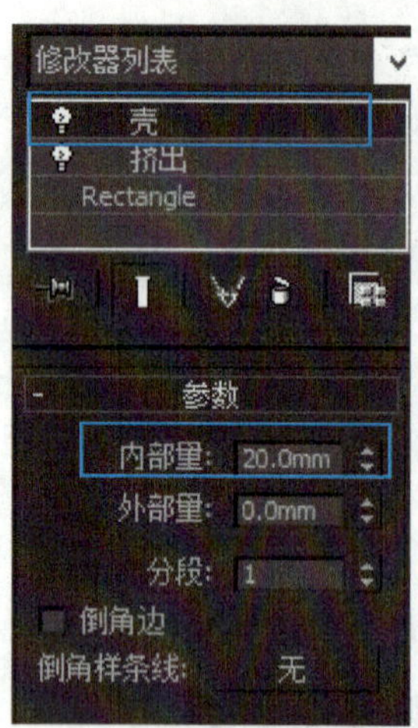

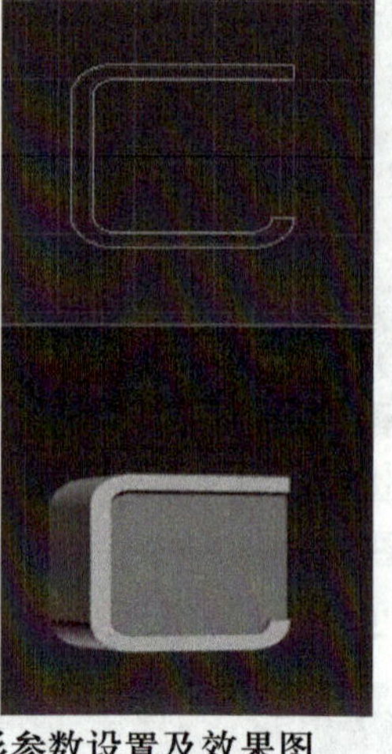

图3-208 壳挤出图形参数设置及效果图

图3-209 创建长方体并调节位置

图3-210 创建上部长方体

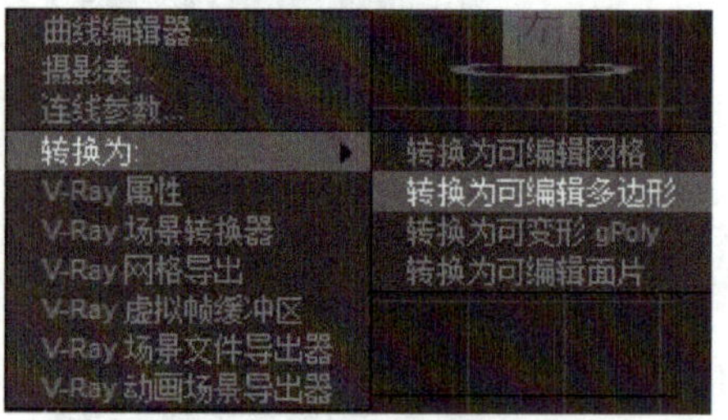

图3-211 选择“转换为可编辑多边形”命令

步骤12：在“修改”命令面板中的“编辑多边形”卷展栏中单击 倒角 按钮右侧的“设置”按钮，在弹出的“倒角多边形”对话框的“倒角类型”选项区域中选择“按多边形”单选按钮，并设置倒角“高度”为0，“轮廓量”为-20，如图3-212所示。在倒角多边形后，按<Delete>键将多边形删除，如图3-213所示。

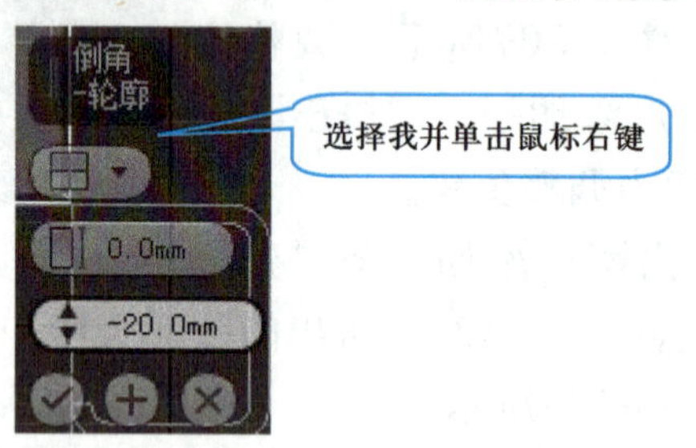

图3-212 倒角多边形

图3-213 删除多边形面

小技巧

当运用多边形建模使用“可编辑多边形”命令时，运行稳定，可以任意调节模型参数。在编辑多边形下的选项中，有许多命令后都有相关的“设置”按钮，这些设置按钮可以使图形编辑得更加精确，更加多样。

步骤13：在“修改”命令面板中，给多边形添加“壳”命令，并设置壳的“内部量”为2，如图3-214所示。

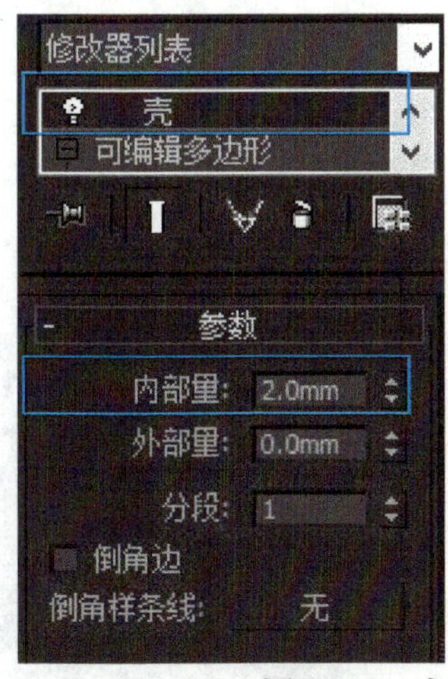

图3-214 壳多边形参数设置及效果图

步骤14：创建放置格。执行“创建”→“图形”→“线”命令，在前视图中创建三条横向的线和一条纵向的样条线，并通过“修改”命令面板的“几何体”卷展栏中的“附加”工具，将样条线设置为一个整体，如图3-215所示。

步骤15：按数字键<3>进入“样条线”子层级中，选择所有的样条线，然后在“几何体”卷展栏中单击 轮廓 按钮，在该按钮右侧的文本框中输入5.0，按<Enter>键确定，如图3-216所示。

图3-215 附加样条线

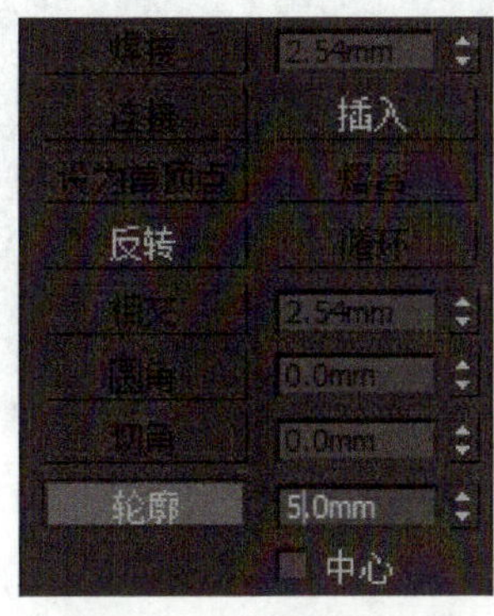

图3-216 轮廓参数设置

步骤16：在“修改”命令面板中给图形添加一个“挤出”修改命令，并设置挤出“数值”为419，如图3-217所示。

步骤17：创建上部框架玻璃。执行“创建”→“几何体”→“长方体”命令，分别在左右两侧及后面创建厚度为2的长方体，并置于展架框中。

步骤18：创建顶端柜头。在展柜顶端创建长方体，参数设置：长度为490，宽度为530，高度为120，并在侧面利用圆柱添加两条装饰，如图3-218所示。

步骤19：创建装饰玻璃。使用 长方体 工具命令在视图中创建一个长方体，参数设置：长度为400，宽度为540，高度为10。复制并使用 （选择并移动）工具调节其位置。使用 圆柱体 工具在视图中创建一个圆柱体，参数设置：半径为10，高度为55。复制并使用 （选择并移动）工具调节其位置。效果如图3-219所示。

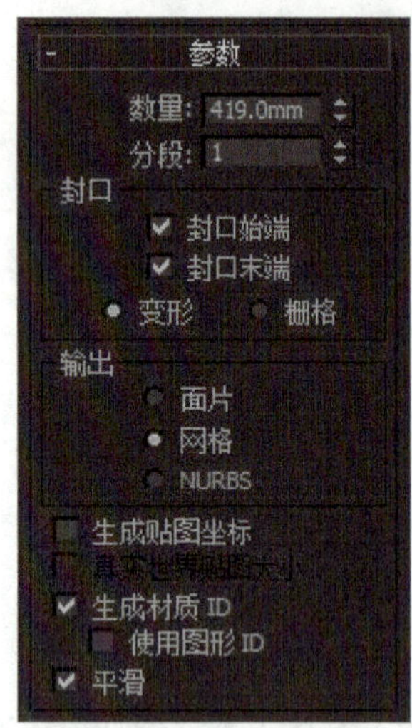

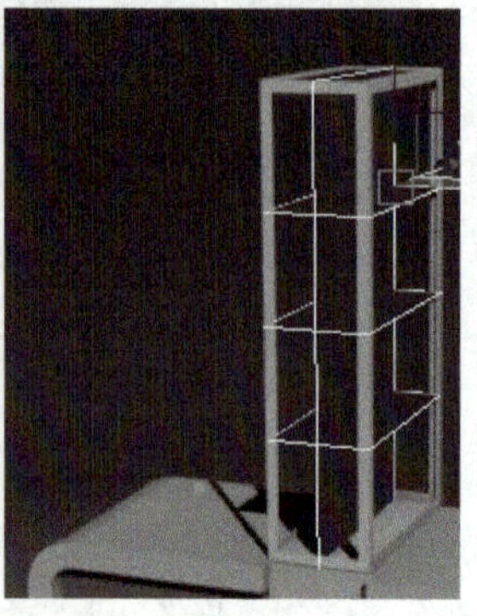

图3-217 挤出样条线参数设置及效果图

图3-218 创建顶端柜头

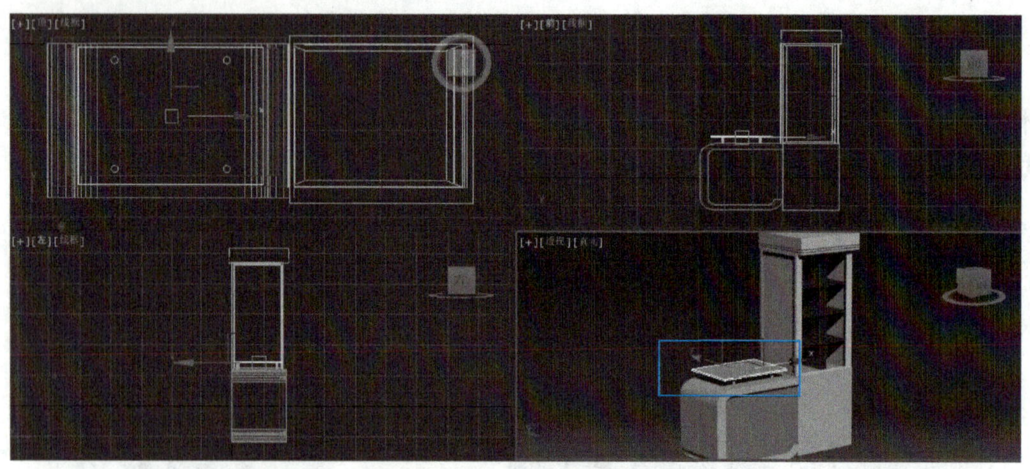

图3-219 创建装饰玻璃

步骤20：创建造型展板。在左视图中绘制一样条线，按数字键<1>进入“顶点”子层级中，在左视图中选择样条线顶端的两个顶点，然后在“修改”命令面板的“几何体”卷展栏中，设置 圆角 按钮右侧文本框中的数值为25。

步骤21：按数字键<3>进入“样条线”子层级中，在“修改”命令面板的“几何体”卷展栏中设置 轮廓 按钮右侧文本框中的数值为-50。

步骤22：在“修改”命令面板中给样条线添加一个“挤出”修改命令，在其“参数”卷展栏中设置挤出“数量”为500，效果如图3-220所示。

步骤23：创建标志。在前视图中执行“创建”→“图形”→“文本”命令，在“参数”卷展栏中输入“IPHONE”，大小设置为40，设置参数如图3-221所示。在前视图单击，创建文本。在“修改”命令面板中给文字添加一个“挤出”修改命令，并设置挤出“数量”为8。

步骤24：参照步骤23创建“苹果”文本。效果如图3-222所示。

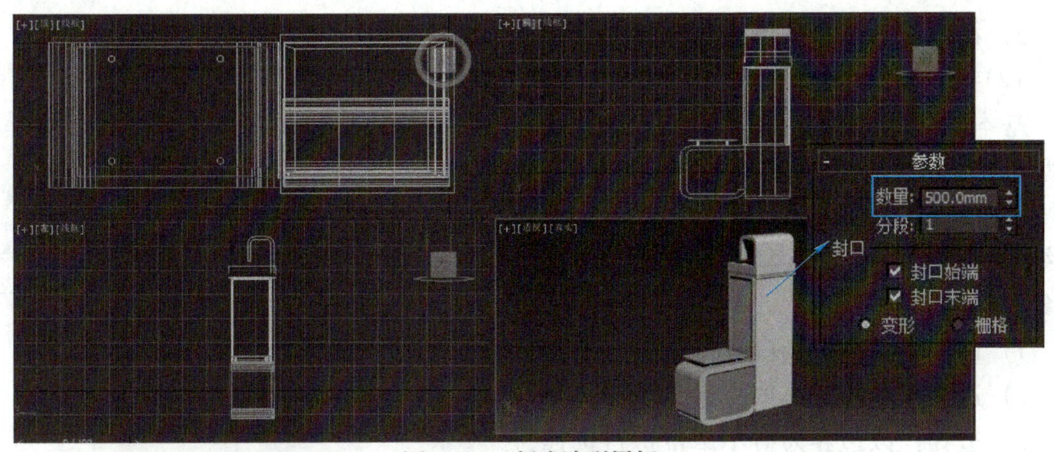

图3-220 创建造型展板

图3-221 创建标志参数设置

图3-222 创建标志效果图示

步骤25：创建背景。在左视图中创建一个曲线，并将样条线挤出曲面，作为背景，如图3-223所示。将文件保存为“展柜模型.max”。

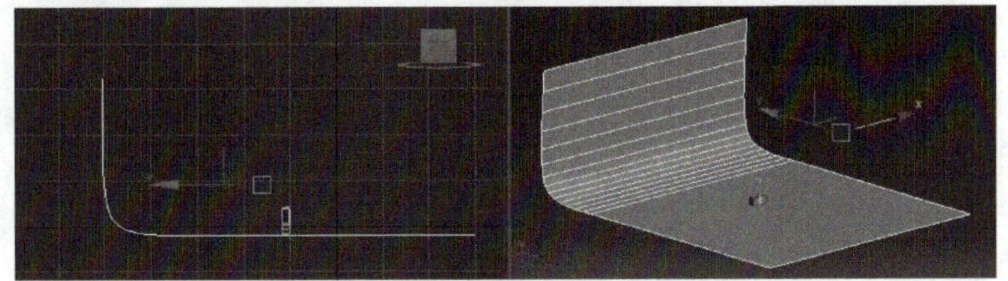

图3-223 创建曲线并挤出背景

必备知识

编辑多边形和可编辑多边形都是一种多边形建模方式。多边形物体也是一种网格物体，面板中的参数和“编辑网格”参数接近，但很多地方超过了“编辑网格”，使用可编辑多边形建模更为方便。多边形建模是将面的次对象定义为多边形，无论被编辑的面有多少条边界，都被定义为一个独立的面。这样，多边形建模在对面的次对象进行编辑时，可以将任何面定义为一个独立的次对象进行编辑。

（1）将对象转换为“编辑多边形”或“可编辑多边形”，操作方法如下：

1）选择物体或修改堆栈并单击鼠标右键，在弹出的快捷菜单中选择“转换为可编辑多边形”命令。

2）在修改命令面板中添加“编辑多边形”修改命令。

（2）“编辑多边形”或“可编辑多边形”的子对象

基本物体是由点、线、面等元素组成的，组成物体的每个基本造型称之为元素或次子对象，在3ds Msx 2014中包括5个次子对象：顶点、边、边界、多边形、元素。在修改器列表中添加“编辑多边形”或“可编辑多边形”修改命令时，可在其下选择子对象，如图3-224所示。

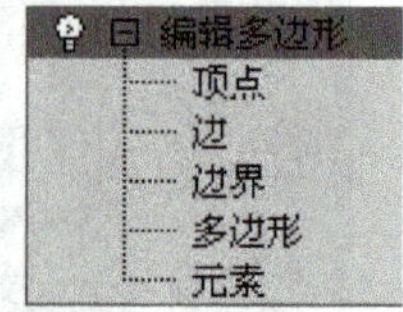

图3-224　编辑多边形

1）顶点：以节点为最小单位进行选择。

2）边：以边为最小单位进行选择。

3）边界：以边界为最小单位进行选择。

4）多边形：以四边形为最小单位进行选择。

5）元素：以元素为最小单位进行选择。

（3）次子对象参数

当选择不同次子对象时，各参数设置有所不同，如图3-225所示。

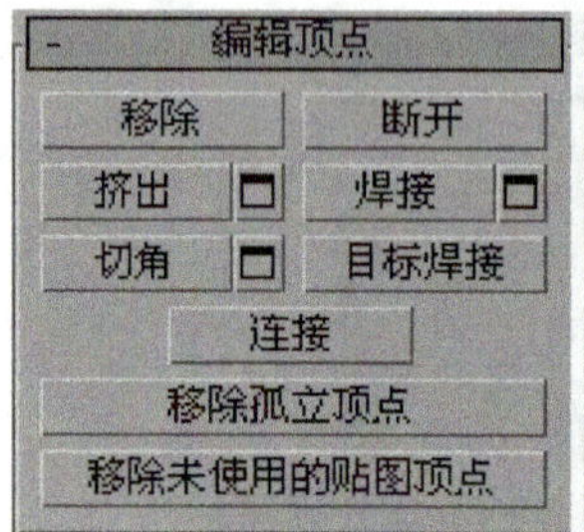

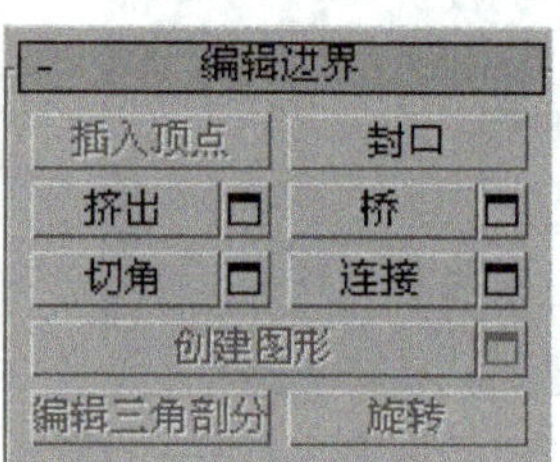

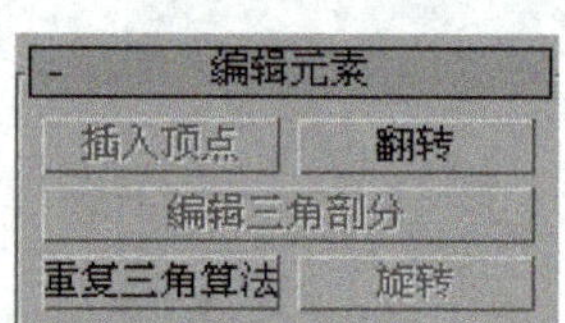

图3-225　5个次子对象卷展栏参数

（4）编辑多边形和可编辑多边形的主要参数设置

在修改面板中添加编辑多边形，可以对所选对象选择相应参数进行修改编辑，在面板中显示的参数卷展栏内容如图3-226所示。

（5）编辑多边形和可编辑多边形的联系与区别

“编辑多边形”和“可编辑多边形”这二者的使用方法基本相同，都可以分别编辑模型的顶点、线段、多边形和元素，但也存在着微小的差别。“编辑多边形”修改器可以保留修改器堆栈中的其他命令，可随时返回某一步进行修改，但是它不能运用部分快捷方式，运行效率也比较低；“可编辑多边形”的优势在于运

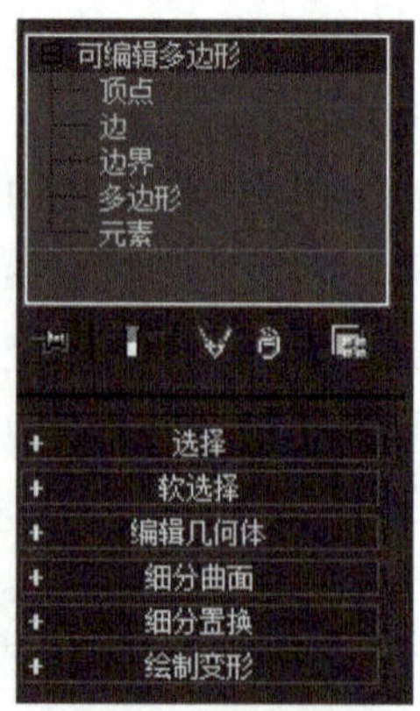

图3-226　参数卷展栏

行稳定，可以任意调节模型和设置动画，但是它不会保留原来的修改命令。

任务拓展

在3ds Max 2014中，多边形建模主要有两种编辑方式，一种是将模型转换为“可编辑多边形”，另一种是添加“编辑多边形”修改器。这两种编辑方式基本相同，通过编辑多边形修改命令右侧的设置按钮，可以精确地设置编辑参数。

练习：1）运用多边形建模制作垃圾桶模型，效果如图3-227所示。

图3-227　垃圾桶效果图

温馨提示：

- 利用圆柱体制作垃圾桶主体。
- 利用编辑多边形时的连接命令增加分段数。
- 利用壳命令制作垃圾桶厚度。
- 利用平滑命令平滑主体物。

2）运用编辑多边形制作存钱罐模型，效果如图3-228所示。

温馨提示：

- 利用球体制作罐身。
- 利用编辑多边形的插入、挤出与切割命令来制作眼、鼻、脚。

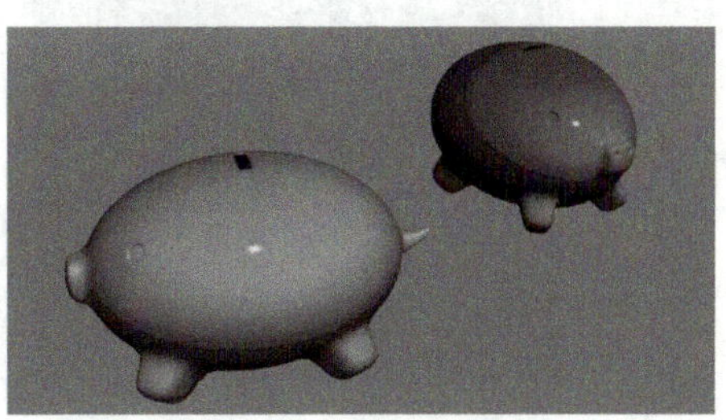

图3-228　存钱罐效果图

任务2　设置展柜材质与灯光

本任务设置展柜的材质，设置展柜场景的灯光。展柜的材质制作主要包括金属、塑胶材质和展板材质，根据展柜的展示特性，这里特别讲解将展柜玻璃设置为磨砂玻璃，将装饰垫板设置为玻璃，运用多维子对象材质对造型展板进行贴图设置。

在展示设计中，灯光照明考虑展柜照明、装饰照明，在整个照明中展品的照明才是最重要的。

任务实施

该场景是用VRay渲染器进行渲染的，一些VRay材质的调节需要将渲染器设置为VRay才能生效。按快捷键<F10>打开“渲染设置”对话框，在“公用”选项卡的“指定渲染器”卷展栏中将渲染器设置为“V-RayAdv 2.40.03”，具体设置如图

3-229所示。

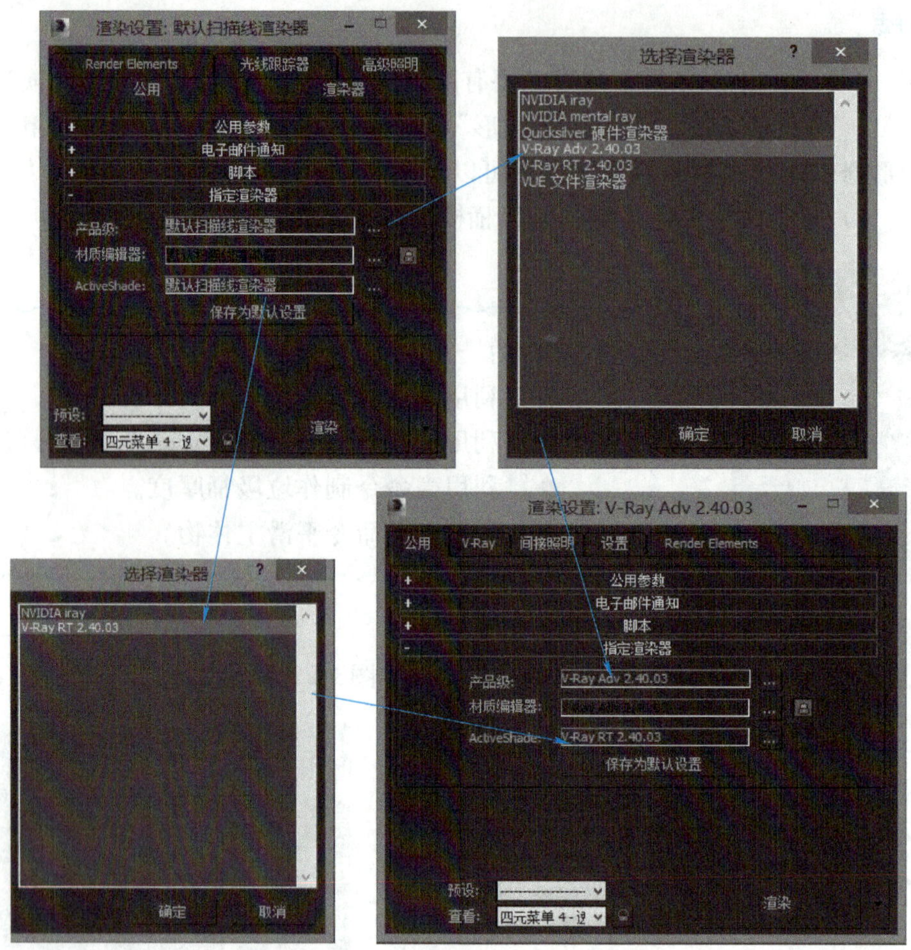

图3-229　设置VRay渲染器

步骤1：设置磨砂玻璃材质。打开任务1中保存的文件“展柜模型.max”。按快捷键<M>打开材质编辑器，在示例框中选择一个示例球命名为“磨砂玻璃”，然后单击 Standard （标准）按钮，在弹出的“材质/贴图浏览器”对话框中选择“VRayMtl”选项，为将材质设置为“VRay”材质，在“基本参数”卷展栏中设置“漫反射”颜色值：红色为108，绿色为205，蓝色为225；设置“反射”颜色红、绿、蓝色均为23，调整“反射光泽度”为0.8，“细分”为24；设置“折射”颜色红、绿、蓝色均为227，调整“光泽度”为0.7，“细分”为24，勾选“影响阴影”选项，设置“烟雾倍增”值为2.0，如图3-230所示。选择装饰玻璃及展柜底座将设置的材质指定给模型。

步骤2：选择第二个示例球，命名为“透明玻璃”，在“基本参数”卷展栏中将“漫反射”颜色值设为：红色为155，绿色为190，蓝色为188；设置“反射”颜色红、绿、蓝色均为195，勾选“菲涅耳反射”；设置“折射”颜色为红、绿、蓝色均为208，“折射率”为1.0，勾选“影响阴影”选项，选择“影响通道”为“颜色+Alpha”，如图3-231所示。选择展柜玻璃将设置的材质指定给模型。

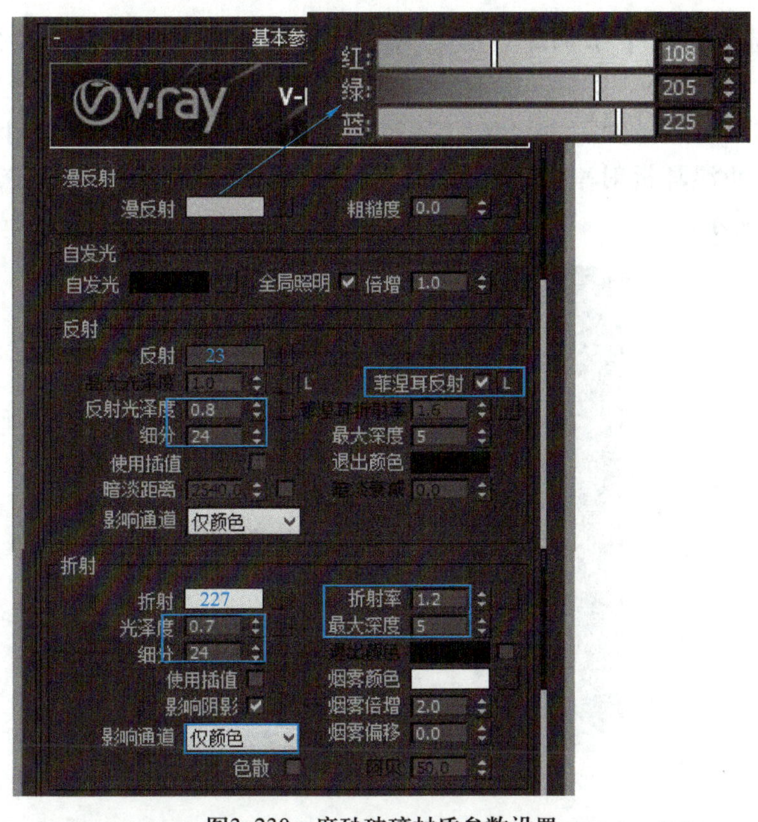

图3-230　磨砂玻璃材质参数设置

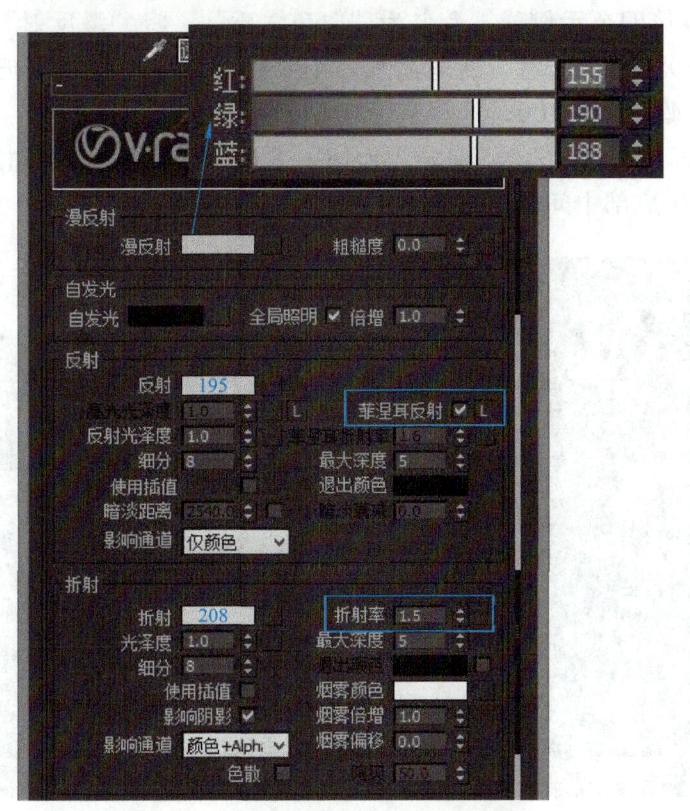

图3-231　透明玻璃材质参数设置

步骤3：选择第三个示例球，命名为“金属”，将“漫反射”颜色设置为红、绿、蓝色均为102。为“反射”颜色设置为红、绿、蓝色均为185，设置“高光光泽度”为0.9，“反射光泽度”为0.96，“细分”为20，勾选“菲涅耳反射”选项，打开L按钮激活“菲涅耳折射率”，然后将“折射率”值设为16，调节“最大深度”为8，如图3-232所示。

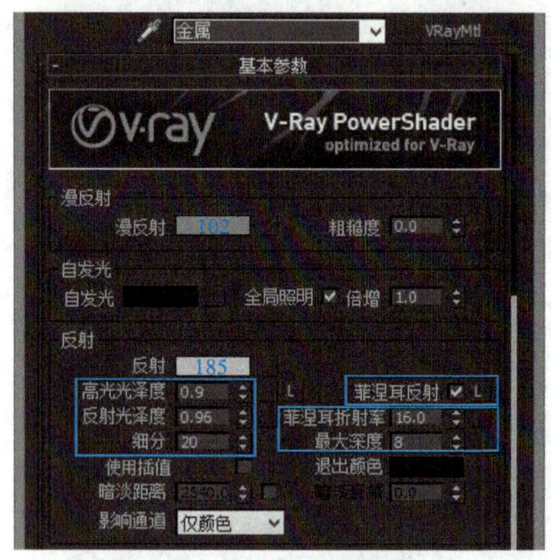

图3-232　金属材质参数设置

将金属材质赋给展柜上部框架及装饰玻璃固定钉。

步骤4：选择第四个示例球，命名为“白色木质”，将“漫反射”颜色设置为红、绿、蓝色均为250。为“反射”通道添加一个“衰减”程序贴图，把“侧”通道颜色设置为红、绿、蓝色均为200，选择衰减类型为“Fresnel”。设置“高光光泽度”为0.97，“反射光泽度”为0.9，“细分”为18，“最大深度”为3，如图3-233所示。将木质材质赋给展柜底部中间的柜子和柜头。

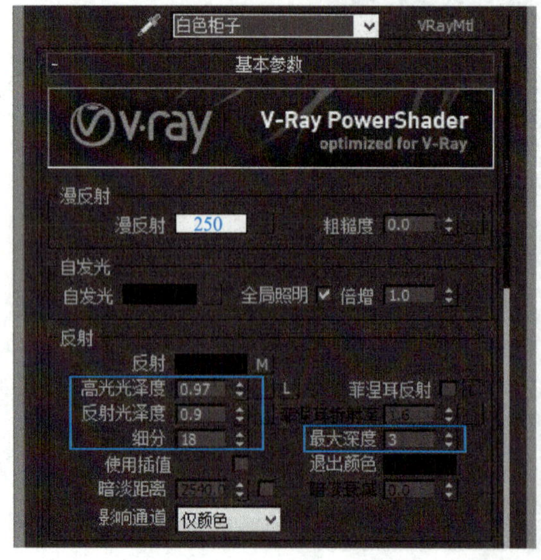

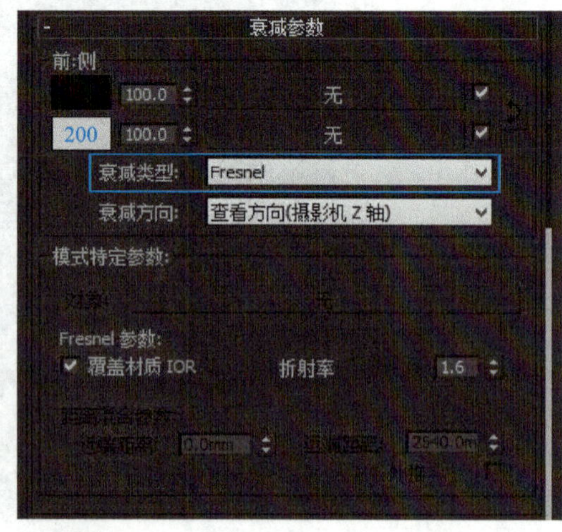

图3-233　白色柜子材质设置

步骤5：参照步骤4给标志设置材质。

步骤6：制作造型板材质。在场景中选择造型板，单击鼠标右键，在弹出的快捷菜单中选择“转换为”→“可编辑多边形”命令，将其转换为可编辑多边形，按数字键<4>进入其“多边形”子层级中，选择其前面的多边形面，如图3-234所示。

步骤7：在“修改”命令面板中的“编辑几何体”卷展栏中单击按钮右侧的“设置”按钮，在弹出的“挤出多边形”对话框中设置“挤出高度”为0。

步骤8：使用“选择并均匀缩放”工具缩放挤出的多边形面，然后使用“选择并移动”工具将多边形面沿Z轴移动到如图3-235所示的位置。

图3-234　选择“多边形”子对象

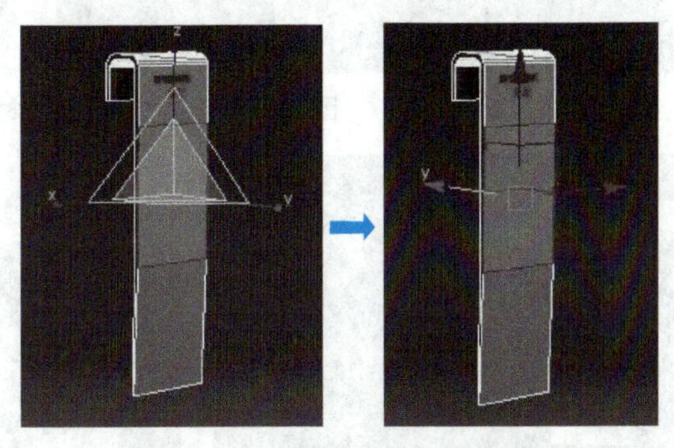

图3-235　缩放并调节位置

步骤9：在“修改”命令面板的“多边形属性”卷展栏中设置挤出的多边形面“材质ID”为1，其他多边形面的“材质ID”为2，如图3-236所示。

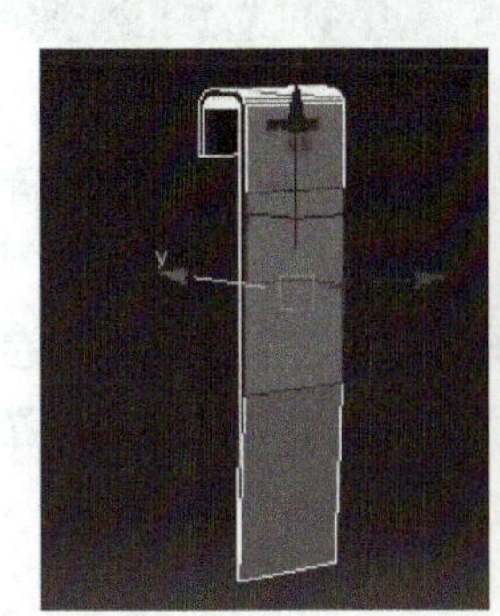

图3-236　分配材质ID

步骤10：在材质编辑器的实例框中另选一个材质球，将其命名为“造型板”，在材质编辑器中单击Standard“标准”按钮，在弹出的“材质/贴图浏览器”对话框中选择“多维/子对象”选项，将材质设置为多维子对象材质，在“多维/子对象基本参数”卷展栏中单击ID为1子材质的“标准”按钮，进入ID为1子材质的编辑面板中，在“Blinn基本参数”卷展栏中单击“漫反射”选项右侧的按钮，在弹出的“材质/贴图浏览器”对话框中选择“位图”选项，在弹出的“选择位图图像文件”对话框中给其指定一个Iphone手机广告位图作为ID为1子材质的贴图，如图3-237所示。

步骤11：在“多维/子对象”卷展栏中，单击ID为2的子材质编辑器，在其“Blinn基本参数”卷展栏中将“漫反射”颜色设置为R为250、G为150、B为0，在“反射高光”选项区域中将“高光级别”设置为20，将“光泽度”设置为25，如图3-238所示。

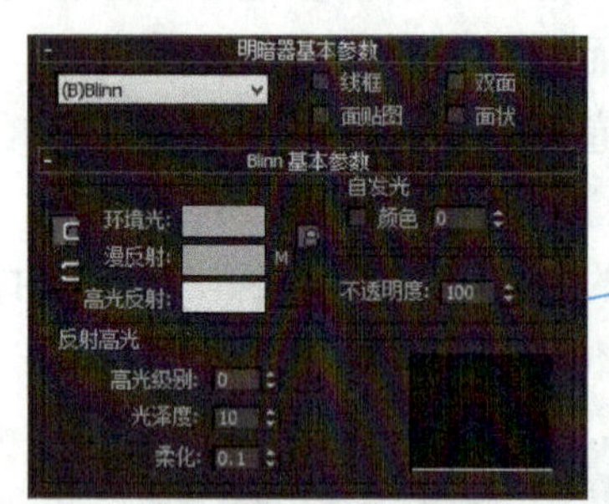
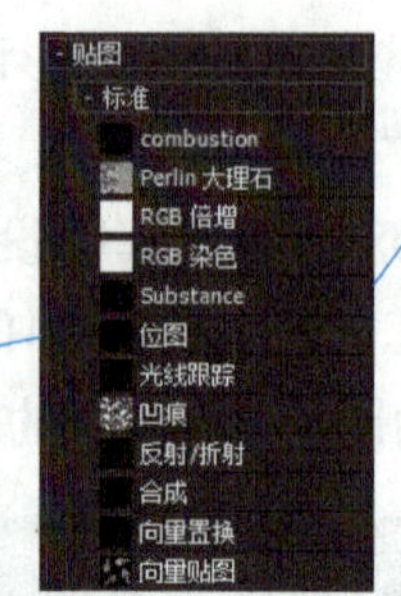

图3-237　设置ID为1子材质的贴图

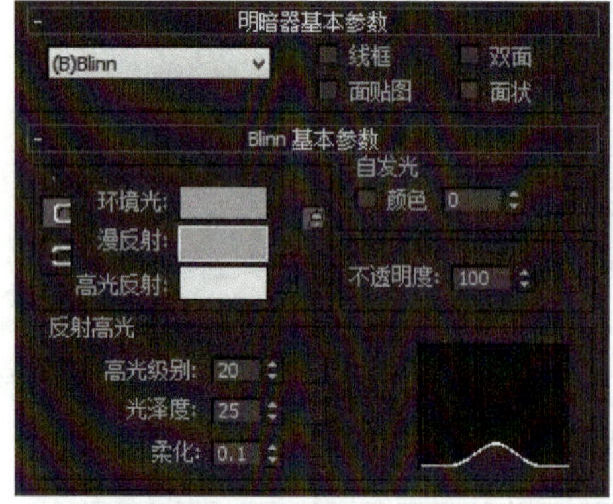
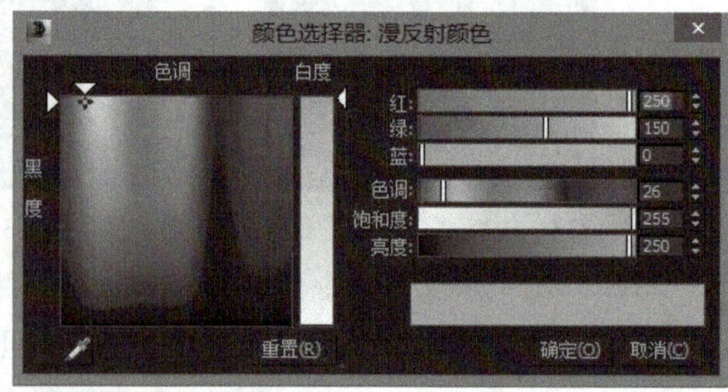

图3-238　设置ID为2子材质的基本参数

步骤12：在“贴图”卷展栏中将“反射”贴图类型设置为“VR贴图”，并设置其反射“数量”为6，将该材质指定给造型板。

步骤13：在“修改”命令面板中给其添加一个“UVW贴图”，在其“参数”卷展栏中选择“面”单选按钮。选择ID为1的子材质贴图“坐标”卷展栏，将W值设置为90。效果如图3-239所示。

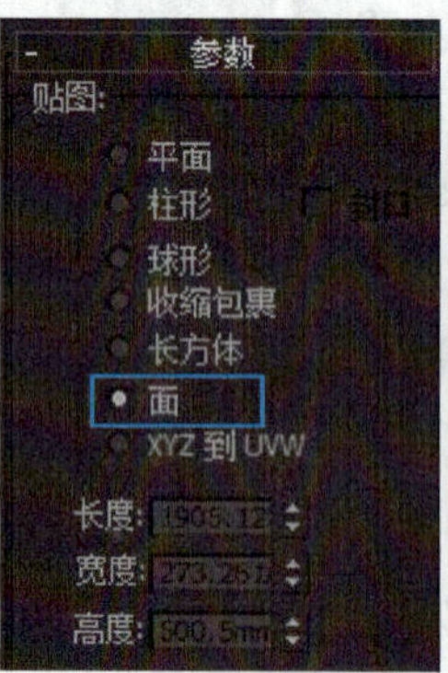

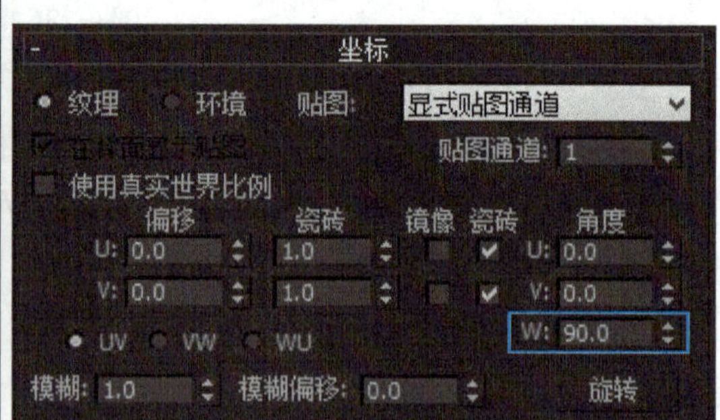

图3-239　修改贴图效果图示

步骤14：环境灯光设置。选择“创建→灯光”命令，将灯光创建类型设置为“VRay”，然后在“对象类型”卷展栏中单击 VR灯光 按钮，在顶视图中拖动鼠标创建灯光，并调节其参数和角度，“倍增器”设为3.0，大小参数设置为：半长度为3132.572，半宽度为2856.852，如图3-240所示。

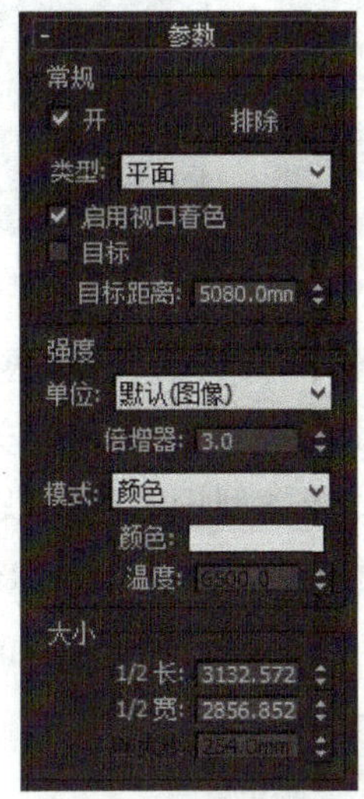

图3-240　创建灯光及参数设置

步骤15：创建摄影机。选择“创建→摄像机”命令，在“对象类型“卷展栏中单击目标按钮，然后按快捷键<T>切换到顶视图中，拖动鼠标创建目标摄影机，并将视图切换到摄影机视图中调节其位置，如图3-241所示。

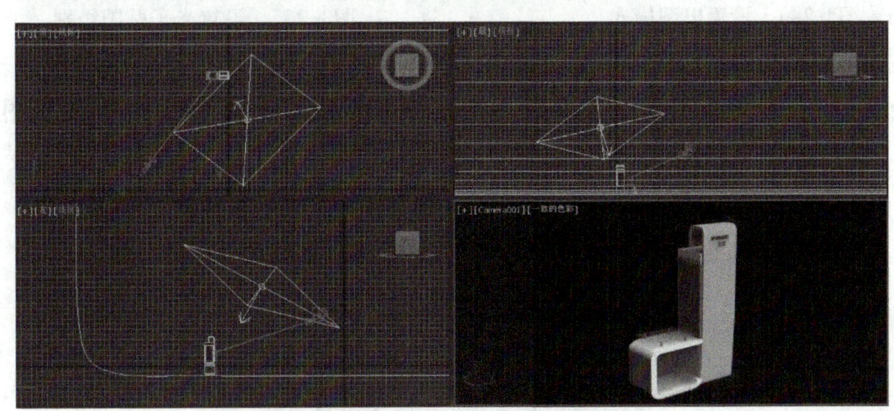

图3-241　创建VR灯光、摄影机并调整其位置

小技巧

在布置展柜照明时，既要保证所有的商品得到充分的光线，又要注意重点商品的特殊照明，做到在整体中的变化，变化中又不失整体。

步骤16：设置渲染参数。按快捷键<F10>，打开“渲染场景”对话框，在“间接照明”选项卡的“VRay::间接照明（全局照明）”卷展栏中勾选“开”复选框，打开全局照明设置，如图3-242所示。

步骤17：在“VRay::环境”卷展栏的“全局照明 环境（天光）覆盖”选项区域中勾选“开”复选框，打开天光照明，并设置天光“倍增器”参数为1，如图3-243所示。

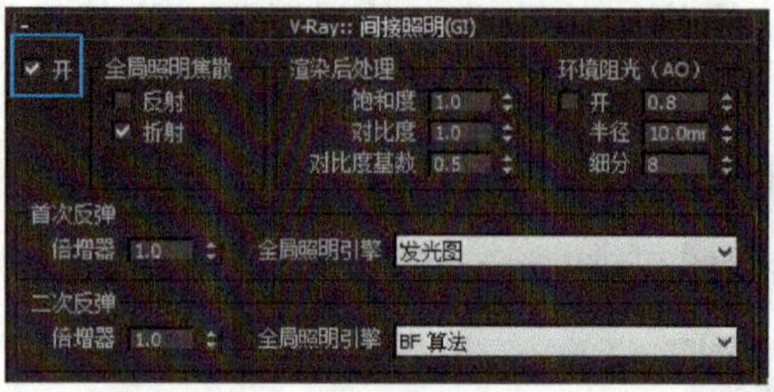

图3-242 VRay间接照明设置

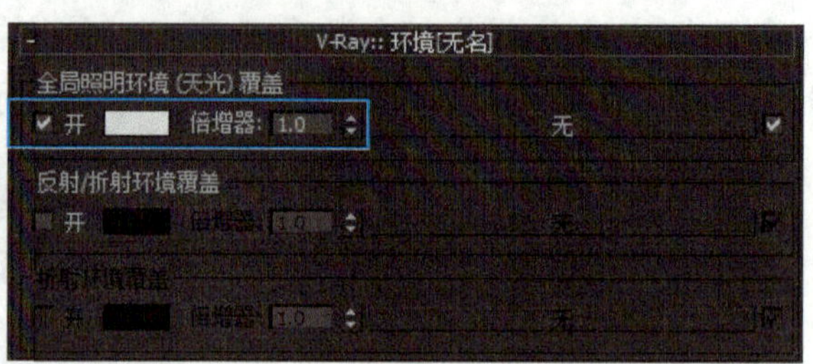

图3-243 VRay天光设置

步骤18：在“VRay::图像采样器（反锯齿）”卷展栏中，选择“图像采样器”选项区域中的“自适应细分”类型（该选项为出图模式，在该模式下渲染出的图片精度较高）。在“抗锯齿过滤器”选项区域中将过滤类型设置为“Catmull-Rom”，如图3-244所示。

步骤19：在“间接照明”选项卡中，选择“VRay::发光图”卷展栏，设置“内建预置”选项区域中的“当前预置”类型为“高”，如图3-245所示。

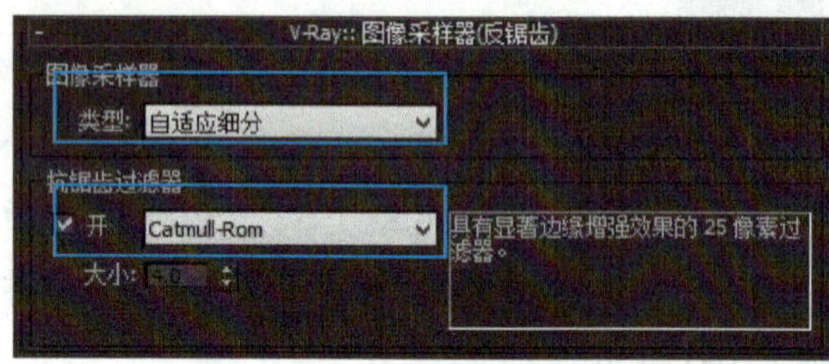

图3-244 设置出图模式

图3-245 设置光子贴图级别

步骤20：在“公用”选项卡中的“公用参数”卷展栏中设置输出图像大小，然后在“渲染场景”对话框中单击“渲染”按钮，进行渲染出图，最终效果如图3-246所示。将文件保存为“展柜效果图.max”，渲染出的图保存为“展柜效果图.jpg”。

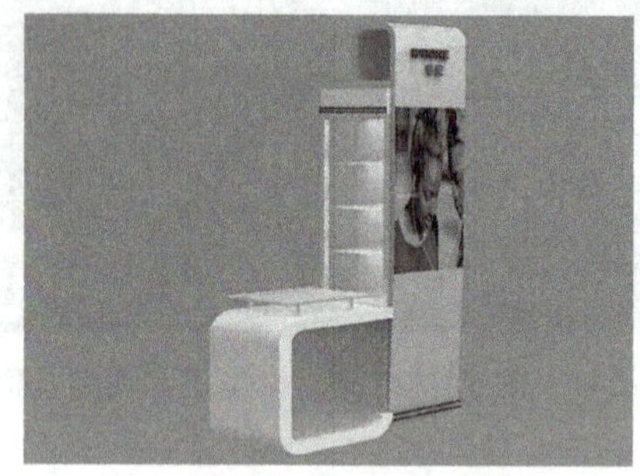

图3-246 展柜效果图

必备知识

一、VRayMtl材质

VRayMtl在VRay渲染器中是最常用的一种材质，用户可以通过它的贴图通道做出真实的材质，比如反射、折射、模糊、凹凸、置换等，并且一个场景如果全部使用VRayMtl材质会比使用3ds Max 材质渲染速度快很多。VRayMtl“基本参数”面板如图3-247所示。下面讲述主要参数：

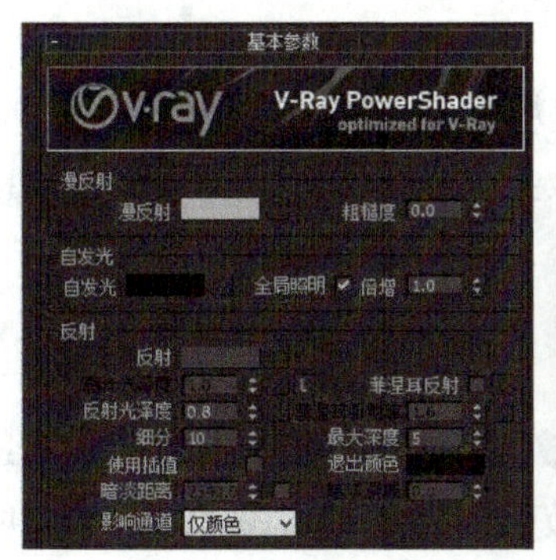

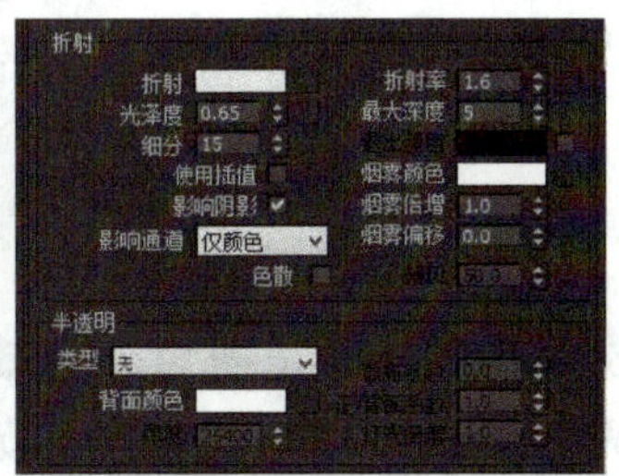

图3-247　VRayMtl基本参数

（1）漫反射

1）漫反射：决定物体的表面颜色。

2）粗糙度：数值越大，粗糙效果越明显。

（2）反射

1）反射：这里的反射是靠颜色的灰度来控制，颜色越白反射越亮，颜色越黑反射越弱。

2）高光光泽度：控制材质的高光大小，默认情况下是和“反射光泽度”一起关联控制的，可通过单击旁边的“锁定”按钮L来解除锁定，从而可以单独调整高光的大小。

3）反射光泽度：所有物体都有反射光泽度。默认的1表示没有模糊效果，而比较小的值表示模糊效果较强烈。单击右边的“空白”按钮，可以通过贴图的灰度来控制反射模糊的强弱。

4）细分：控制“反射光泽度”的品质，较高的值可以取得较平滑的效果。而较低的值让模糊区域有颗粒效果，细分值越大渲染速度越慢。

5）使用插值：当勾选该选项时，VRay能够使用类似于“发光贴图”的缓存方式来加快反射模糊的计算。

6）菲涅耳反射：勾选该项，反射强度会与物体的入射角度有关系，入射角度越小，反射越强烈。

7）最大深度：控制反射的最大次数。

（3）折射

1）折射：颜色越白，物体越透明，进入物体内部产生折射的光线也就越多，颜色越黑，物体越不透明，产生折射的光线也就越少。

2）光泽度：用来控制物体的折射模糊程度。

3）影响阴影：控制透明物体产生的阴影。

4）折射率：设置透明物体折射率。真空的折射率为1，水的折射率是1.33，玻璃的折射率是1.5，水晶的折射率是2.0，钻石的折射率是2.4。

5）烟雾倍增：烟雾的浓度。值越大，雾越浓，光线穿透物体的能力越差。不推荐使用大于1的值。

二、磨砂玻璃材质设置

发光玻璃的材质分为地面、磨砂玻璃、白球等。

1）漫射：白色或浅色。

2）反射：灰色，高光：0.8，光泽（模糊）：0.9。

3）折射：折射255，光泽（模糊）：0.9，光折射率1.5，勾选阴影，“烟雾培增”设置为2.0。

任务拓展

材质与灯光效果是否真实是衡量一张效果图质量的重要因素。VRay对真实的光照效果、模拟自然光、天光及反射效果非常好，特别是其设置简单、快速渲染的特点已成为人们首选的渲染器。

练习：1）运用VRay灯光材质制作壁灯灯罩发光体材质，效果如图3-248所示。

图3-248　壁灯灯罩发光材质

温馨提示：

- ◆ 利用车削命令制作灯罩。
- ◆ 利用可渲染线命令与多边形建模制作壁灯。
- ◆ 利用VRay灯光材质制作灯罩发光体材质。

2）利用VRay材质制作酒瓶材质，效果如图3-249所示。

温馨提示：

- ◆ 设置VRay物理相机。
- ◆ 利用VRay材质制作酒瓶材质。
- ◆ 设置酒水的漫射、反射、折射参数。

图3-249　酒瓶材质效果图

任务3　展柜后期处理

任务分析

使用Photoshop对3ds Max进行后期处理，主要是对渲染出的效果图进行修饰，包括配景的融合、色调明暗的调整、图片精度的设置等。展框后期处理是根据展柜模型效果出图后，需要配置相应的展示产品，才能真实地体现出展示的效果。因此，在该实例中运用Photoshop软件给效果图添加一些苹果系列的电子产品图，展示展柜的背景和配置整个画面的气氛效果。

任务实施

步骤1：用Photoshop软件（以下简称PS）打开“展柜效果图.jpg”文件。

步骤2：将“展柜/素材/PS后期处理”文件夹中的“05.JPG”在PS中打开，选择（钢笔）工具，在图像窗口中绘制路径，按<Ctrl+Enter>键，将路径转换为选区，如图3-250所示。

步骤3：选择（移动）工具，将选区图像拖曳到“展柜效果图.jpg”文件，按<Ctrl+T>键，调整大小，选择（移动）工具，将图像移动到如图3-251所示的位置。

图3-250　Ipad 4图像选区

图3-351　Ipad 4缩放、移动位置

步骤4：在PS中打开“02.JPG”文件，参照步骤2和3将Iphone5手机图像进行缩放、移动。

步骤5：确定拖曳过来的Iphone 5手机图像为当前图层，选择“滤镜”→“模糊”→“高斯模糊”菜单命令，在打开的“高斯模糊”对话框中设置“半径（R）：0.4”像素，单击“确定”按钮（设置模糊的目的是因为该产品放置于玻璃后面）。效果如图3-252所示。

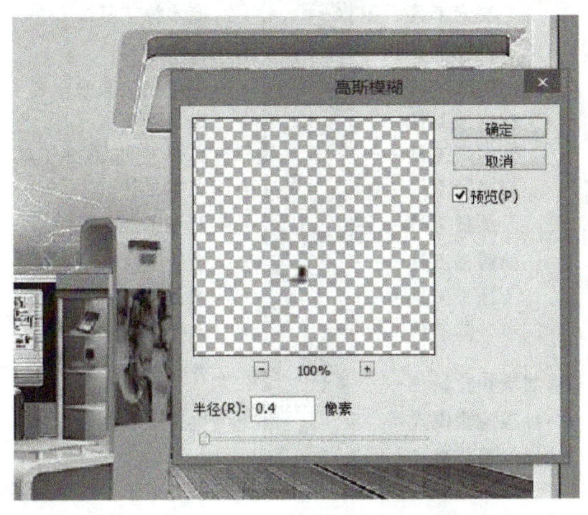

图3-252　Iphone 5手机模糊设置及效果图示

步骤6：参照步骤4和5将素材“03.JPG”“04.JPG”图像放置到展柜中。

步骤7：在PS中打开“草.psd”文件，将图像进行缩放、移动。最终效果如图3-253所示。

图3-253 展柜后期处理最终效果图示

必备知识

一、熟悉Photoshop 界面工具箱工具按钮（以Photoshop CS3为例）

打开Photoshop 软件，工具箱默认位于工作界面的左侧，包含了各种图形绘制和图像处理工具，如图3-254所示。工具箱及隐藏的工具按钮详细内容如图3-255所示。

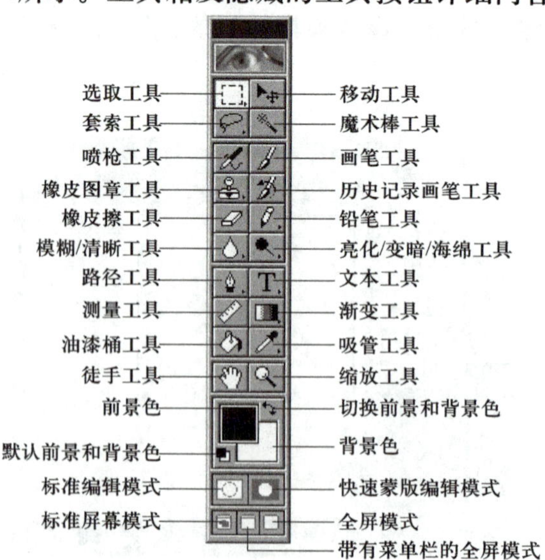

图3-254 Photoshop CS3 工具箱

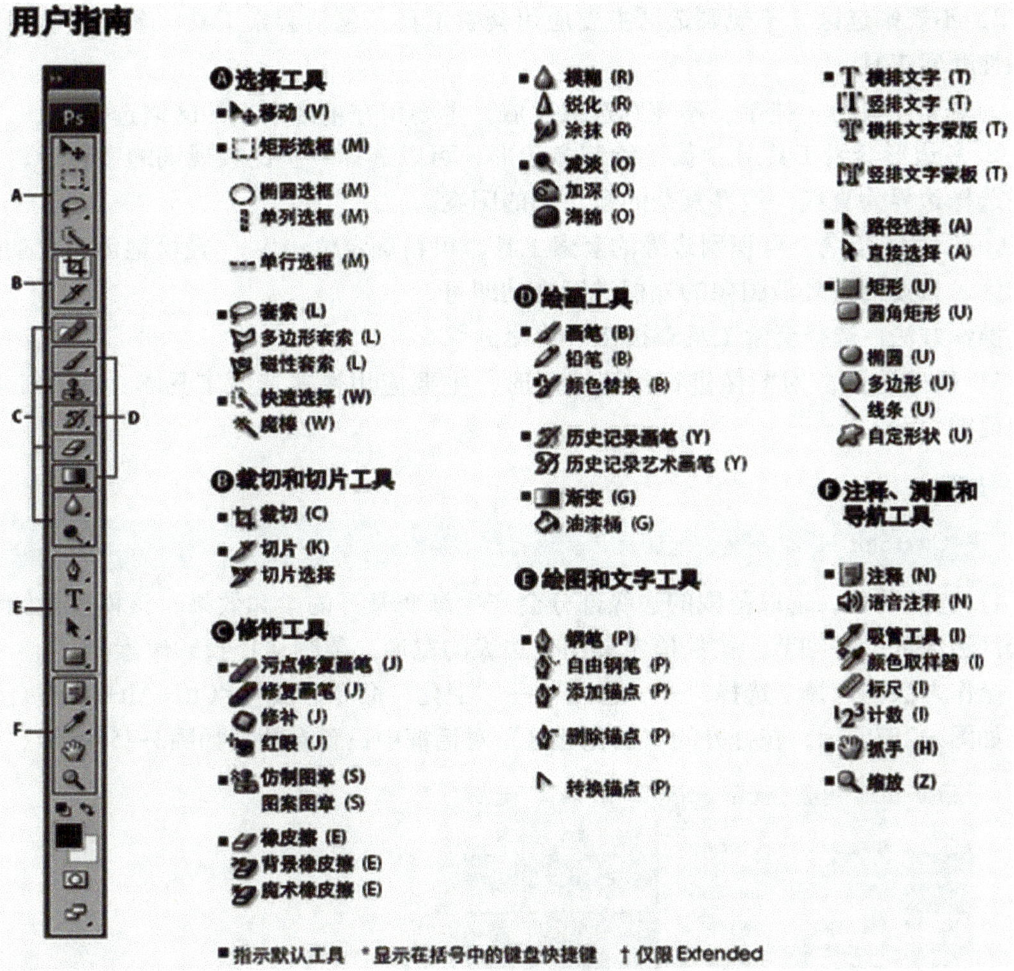

用户指南

A　B　C　D　E　F

Ⓐ选择工具
- ■移动 (V)
- ■矩形选框 (M)
- 椭圆选框 (M)
- 单列选框 (M)
- 单行选框 (M)
- ■套索 (L)
- 多边形套索 (L)
- 磁性套索 (L)
- ■快速选择 (W)
- 魔棒 (W)

Ⓑ裁切和切片工具
- ■裁切 (C)
- ■切片 (K)
- 切片选择

Ⓒ修饰工具
- ■污点修复画笔 (J)
- 修复画笔 (J)
- 修补 (J)
- 红眼 (J)
- ■仿制图章 (S)
- 图案图章 (S)
- ■橡皮擦 (E)
- 背景橡皮擦 (E)
- 魔术橡皮擦 (E)
- ■模糊 (R)
- 锐化 (R)
- 涂抹 (R)
- ■减淡 (O)
- 加深 (O)
- 海绵 (O)

Ⓓ绘画工具
- ■画笔 (B)
- 铅笔 (B)
- 颜色替换 (B)
- ■历史记录画笔 (Y)
- 历史记录艺术画笔 (Y)
- ■渐变 (G)
- 油漆桶 (G)

Ⓔ绘图和文字工具
- ■钢笔 (P)
- 自由钢笔 (P)
- 添加锚点 (P)
- 删除锚点 (P)
- 转换锚点 (P)
- ■横排文字 (T)
- 竖排文字 (T)
- 横排文字蒙版 (T)
- 竖排文字蒙板 (T)
- ■路径选择 (A)
- 直接选择 (A)
- ■矩形 (U)
- 圆角矩形 (U)
- 椭圆 (U)
- 多边形 (U)
- 线条 (U)
- 自定形状 (U)

Ⓕ注释、测量和导航工具
- ■注释 (N)
- 语音注释 (N)
- ■吸管工具 (I)
- 颜色取样器 (I)
- 标尺 (I)
- 计数 (I)
- ■抓手 (H)
- ■缩放 (Z)

■指示默认工具　*显示在括号中的键盘快捷键　†仅限Extended

图3-255　工具箱及隐藏的工具

二、选区工具应用

1）规则选区。运用矩形、椭圆形、单行、单列选框工具可创建规则选区。

操作方法：工具箱中选择选区工具按钮（快捷键<M>），在图像窗口中用鼠标拖动出规则选区。

按住<Shift>键拖曳鼠标，可以创建正方形、正圆选区。

在选取了选区后，按住<Shift>键添加选区，按住<Alt>键减去选区、按住<Shift+Alt>键组合选区会交叉，如图3-256所示。

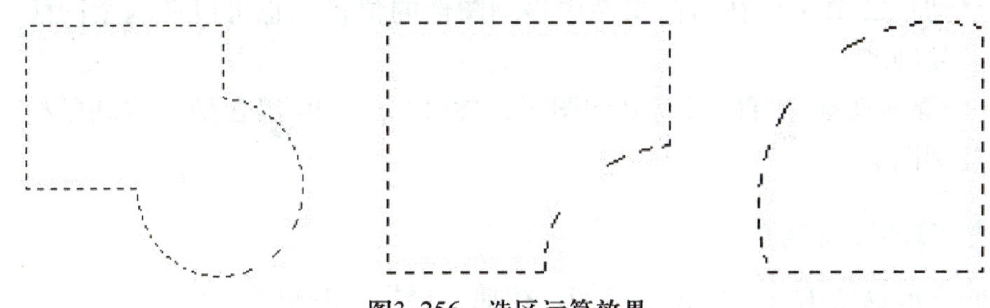

图3-256　选区运算效果

2）不规则选区。不规则选区主要应用套索工具，包括套索工具、多边形套索工具和磁性套索工具。

①套索工具：徒手、不规则选取区域。主要用在精度不高的区域选择上。

②多边形套索工具：徒手绘制多边形，可以选择一些比较规则的多边形。主要用在选择边界为直线、边界复杂的多边形的图案。

③磁性套索：可识别边缘的套索工具，可精确定位边界，轻松地创建复杂图像的选区，只要沿着外沿图像的外框进行拖动即可。

操作方法：选择套索工具按钮（快捷键<L>）。

3）快速选区。对图像进行快速选区时，主要应用快速选区工具、魔棒工具（快捷键<W>）。

小技巧

按<Ctrl+Shift+I>组合键将选区反选。

4）选区羽化。选取范围的边缘部分会产生渐变晕开的柔和效果。该模糊边缘将丢失选区边缘的一些细节。该数值定义羽化边缘的宽度，范围从1～250像素。

操作方法：选择“选择”→“修改”→“羽化”命令。或按<Ctrl+Alt+D>组合快捷键，如图3-257所示。在打开的“羽化选区”对话框中设置参数，如图3-258所示。

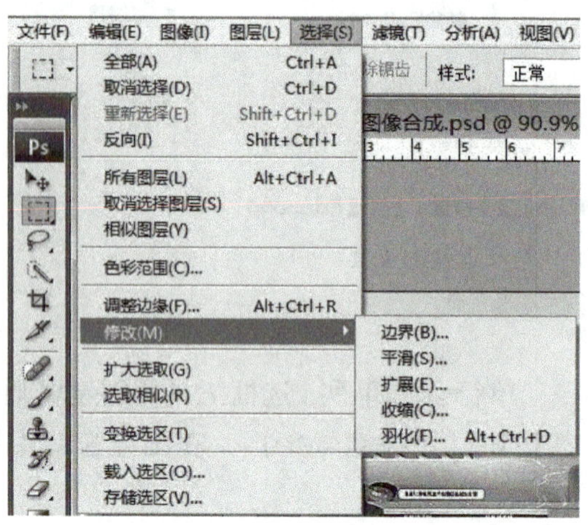

图3-257 选择“羽化”命令

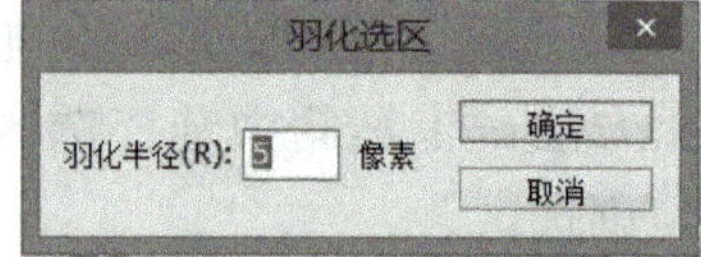

图3-258 “羽化选区”对话框

三、图像的移动和复制

利用移动工具可以在当前文件中移动图像的位置，也可以在两个图像之间完成图像的移动复制。

按<Alt>键拖动鼠标可以移动复制图形，按<Shift+Alt>组合键，拖动鼠标可垂直或水平移动复制图形。

四、图像的变形操作

图像的变形包括缩放、旋转、斜切、扭曲、透视、变形等。

操作方法：

1）选择“编辑”→“自由变换”命令（或按<Ctrl+T>组合键）。

2）选择“编辑”→“变换”（旋转、斜切、扭曲等）”命令。如图3-259所示。

图3-259 图形变换菜单命令

任务拓展

利用3ds Max完成场景设计后，总是要将三维模型渲染输出为位图文件，因此在完成一幅完整的效果图制作过程中，总是通过Photoshop软件进行后期处理。这里所说的后期处理主要是对渲染出的效果图进行修饰，包括充实效果图中的图像元素、调整整个图像色调的明暗程度等。

练习：1）将3ds Max 渲染的汽车展示效果图进行后期处理，如图3-260所示。

图3-260 对汽车展示效果图进行后期处理

2）根据所提供的素材，参考如图3-261b所示的最终效果图，对别墅进行后期处理。

a)

b)

图3-261 对别墅三维渲染效果图进行后期处理后的最终效果

项目评价

本项目是完成苹果系列电子产品展柜模型制作及材质设置。利用建模熟练掌握标准模型、二维线形绘制图形的方法，通过编辑多边形来重点学习倒角、挤出、壳等修改命令；在展柜的材质制作中运用VRay材质除了熟悉前面已学习的金属、塑胶及展板材质设置之外，还要学会将展柜玻璃设置为磨砂玻璃，将装饰垫板设置为透明玻璃。在展柜灯光设置中，利用VR—光源，考虑展柜照明、装饰照明。后期处理将苹果产品以其独特风格在展柜上展示出来，使两者配合更加有助于产品价值的提高。

通过本项目的学习，给自己做个评价，见表3-3。

表3-3 项目评价表

	很满意	满意	还可以	不满意
项目的完成情况				
与同组成员沟通及协作情况				
掌握的知识点				
产品设计评价				
体会和经验				

实战强化

1）利用标准基本体、图形创建、可编辑多边形等命令进行展柜建模，运用VRay进行材质、灯光设置，完成图3-262和图3-263所示的效果图。

图3-262 展柜（1）效果图

图3-263 展柜（2）效果图

2）将展柜（1）、（2）进行自行创意的展示设计，并运用Photoshop软件进行后期处理，得到最终效果图。要求展示设计中的设计风格能充分反映内容主题（素材自备）。

单元小结

在本单元中，主要完成了三个场景的制作，了解了室内、室外和展示空间的基本架构。在制作的过程中，要遵循空间建造的基本流程，一般是先建立主体空间，再建立空间内的物品，由主到次、由大到小、由整体到局部的搭建原则。

建造室内空间时，应先建立主体空间，然后创建窗户、门、天花、地面和墙体，最后创建桌椅和其他室内物件。设计的时候应以实际尺寸，并注意各物件的比例协调。在材质方面，家具等木质材质的反射效果要尽量减少，玻璃材质则应放在最后来设置。

在建造室外空间时，应注意从地面开始建立，最后是周边环境和天空的创建，尺寸当然不能按实际尺寸，应该按比例缩小。周边环境要用贴图的方式完成，这样不占用存储空间。